JN111371

R言語ではじめるプログラミングとデータ分析

Programming & Data Analysis Primer with R
Shinya Baba

Logics of Blue 管理人
馬場 真哉著

ソシム

●本書のサポートページ（著者運営）について

本書の内容に関するサポート情報やサンプルデータ、ソースコードへのリンクなどが、本書の著者により提供されます。

サポートページ URL

https://logics-of-blue.com/r-programming-intro-book-support/

●商標等について

- 本書に記載されている社名、製品名、ブランド名、システム名などは、一般に各社の商標または登録商標です。
- 本文中では、®、©、™ は表示していません。

●諸注意

- 本書に記載されている情報は、2019 年 12 月現在のものであり、URL などの各種の情報や内容は、ご利用時には変更されている可能性があります。
- 本書の内容は参照用としてのみ使用されるべきものであり、予告なしに変更されることがあります。また、ソシム株式会社がその内容を保証するものではありません。本書の内容に誤りや不正確な記述がある場合も、ソシム株式会社は一切の責任を負いません。
- 本書に記載されている内容の運用によっていかなる損害が生じても、ソシム株式会社および著者は責任を負いかねますので、ご了承ください。
- 本書のいかなる部分についても、ソシム株式会社との書面による事前の同意なしに、電気、機械、複写、録音、その他のいかなる形式や手段によっても、複製、および検索システムへの保存や転送は禁止されています。

はじめに

この本の特徴

この本では、R 言語というプログラミング言語の基本と、データ分析の初歩を解説しています。

この本は、R 言語をとにかく使ってみたい、あるいは使う必要がある、という方の最初の 1 冊になることを想定して執筆しました。よく分からないままに R プログラムを書いていたものの、プログラミングの意味を理解できるようになりたいと思い始めた方の参考書としても使える本です。

R 言語はデータ分析にとても強いという特徴を持っています。プログラミングに詳しくないという方でも、R 言語はお勧めできます。短いプログラムで直感的にデータ分析が実行できるからです。もちろん無料で使えます。

エンジニアの方であっても、第二言語としての R 言語の習得をお勧めします。R 言語は長く使われており、R 言語を使った統計分析にかかわる教科書などが豊富に出版されています。R 言語が扱えると、情報収集能力という点で見ても大きなメリットがあります。

すでに多くの R 言語の書籍が出版されています。その中でこの本の特徴は「教科書ではなくチュートリアル」を目指していることです。基礎から始めて、応用的な事例へとステップアップする構成です。プログラミングの基本的な考え方や、ベクトルとは何かということなど、本当の基本事項から解説します。そして統計分析を実施する方法や、Tidyverse の考え方など、入門事項の一歩先まで解説します。その代わりに、教科書的な網羅性はある程度犠牲にしました。

この本は「流し読み」がしやすいのが大きな特徴です。節ごとに難易度を★マークで示しました。低難易度の節だけを読んで、全体をざっと眺めるという使い方もできます。★★★が難易度「低」で、★★★が難易度「中」、★★★が難易度「高」です。一方で、目次を細かく書き、そして巻末に逆引き R リファレンスを付けました。このため「復習と読み返し」がしやすいのも大きな特徴です。

この本の対象読者

この本は、大きく２通りの読者を想定しています。１つはプログラミングに詳しくないものの、データ分析をすぐに行わなければならない立場にいる読者。もう１つは、切羽詰まった事情はないものの、プログラミングとデータ分析を両方同時に学びたいと思っている読者です。

この本では、３行以下のプログラミングで終わる様々な分析事例を載せています（第２部第９～13章）。プログラミングもデータ分析も初めてだという方は、まずはこちらの分析事例を理解するのを目標にしてください。インターネットで検索すればさまざまな分析コードの例が参照できます。しかし、それを自分の分析に活用するためには、R言語の基本を理解する必要があります。必要最低限のR言語の使い方を体系的に学びたいという方にとって、本書はきっと役に立つはずです。もちろん、余力のある方は、難易度が高い節やMEMOという囲み記事、そして第３部以降にもぜひ挑戦してください。

Tidyverseと呼ばれる、データ分析の生産性を上げてくれる便利なパッケージ群の紹介をしているのも、この本の大きな特徴です。Tidyverseという言葉を初めて聞いた方や、名前は知っているけれども使用をためらっている方にも、この本をお勧めします。

プログラミングの経験が無くても、この本を読むことができます。ただし、パソコンの基本的な使い方を知っていることが望ましいです。例えば簡単な文章を作成できる、Web上からソフトウェアをダウンロードしてインストールできる、という読者を想定しています。

R言語における上級者向けの内容を知りたいという方は読者として想定していません。この本では初歩的なデータ分析を実行する方法に絞って解説をしています。データを収集したり、結果をレポーティングしたりする方法の解説はありません。範囲を狭めている分、データ分析の実行の仕方については、ページ数を割いて丁寧に解説しました。

数理統計学の理論は、この本では解説していません。この本の目次にあるような分析手法、例えば回帰分析やt検定などは、すでにその概要を知っている、あるいは別途これから学んでいく、という人を対象としています。ただし、個別の分析手法に関するごく簡単な解説は、必要に応じて補足しました。

この本の構成

この本は、導入～初級～中級～応用と順を追ってステップアップしていく構成となっています。

導入編では、R 言語そのもの、そして RStudio と呼ばれる「R 言語のプログラミングを簡単にするためのツール」の紹介とインストールの方法を解説します。多くの読者が使っているであろう Windows のパソコンを前提としていますが、これらのソフトは Mac や Linux でも使用できます。

初級編では、3 行プログラミングを実践します。名前の通りとても短いプログラミングです。しかし、この 3 行を自由自在にプログラミングするためには、それなりの知識や技術が必要です。初級編がこの本で最もページ数が多くなっています。R 言語の基本を、ここでたくさんの具体例を通して解説します。最速で読み切りたい場合は、節のタイトルに★★★がついている難易度「低」の内容だけを参照しても良いでしょう。MEMO という囲み記事や難易度が高い節は、やや応用的な内容も扱っています。

中級編では、3 行を超える長いプログラミングを行うための技術を紹介します。ここで、Git によるバージョン管理の基本や、条件分岐・繰り返し・関数の作成などのプログラミングの構文を解説します。

応用編では、Tidyverse と呼ばれるパッケージ群を活用した R プログラミングを解説します。第 3 部までは一切 Tidyverse に属するパッケージは使いません。標準的あるいは古典的な R プログラミングから現代的な R プログラミングへ移る構成になっています。まずは Tidyverse の概要を説明したうえで、パイプ演算子の導入をします。それからデータの操作・集計・可視化を、簡単に、そして直観的かつ柔軟に行う技術を解説します。

プログラミングは、さまざまな問題を解決するための便利な道具です。プログラミングを教える書籍も便利な道具であるべきです。

この本が皆さんにとって、有用なツールとなることを願います。

謝辞

松田純佳様(北海道大学大学院水産科学研究院)、芳山拓様には、読者の立場から原稿を読んでいただき、貴重なコメントを賜りました。ありがとうございます。ソシム編集部には、企画の段階からご尽力いただきました。感謝いたします。

目次 CONTENTS

第2部 【初級編】Rによるデータ分析の基本 45

第4部 【応用編】Tidyverse の活用 325

導入

Tidyverse によるデータ処理

第 1 部

【導入編】R を始める

第 1 章 R プログラミングの考え方

章のテーマ

R 言語によるプログラミングを始める前に、プログラミングの基本的な考え方や用語を紹介します。

章の概要

プログラミングとはどのような作業か
→入力・処理・出力の関係
→プログラミングの基礎用語の紹介→ R 言語の紹介→ RStudio の紹介
→ CRAN の紹介

1-1-1 プログラミングを始めよう

プログラムとは、計算処理などの手順をコンピュータに伝えるものだといえます。プログラムを作成することを**プログラミング**と呼びます。

例えば「平均値を計算したい」と思ったとします。コンピュータを使わない場合は、紙に数字を書いて、筆算などをすることになります。電卓を使うと少し簡単になりますが、数字が多くなると入力するだけでも大変です。データが 1 つでも変わると、最初から計算をやり直さなければなりません。計算ミスがあるかもしれません。

プログラミングすることによって、複雑な計算を、何度でも、短い時間で、正確に実行できます。数理統計学の教科書を開くと、たくさんの数式が載っていることがありますが、こういった複雑な計算であっても、多くの場合、とても短い時間で結果を得ることができます。

この本で学ぶ R 言語は、Excel などの表計算ソフトと比べて、とてもたくさんのデータ分析機能を持っています。R 言語によるプログラミングの方法を学ぶことで、多くの場合、データ分析にかかるコストが少なくなるはずです。

これはプログラミングを学ぶコストを支払っても、十分にお釣りがくるレベルだと思います。理系文系は問わず、プログラミングの能力を持っていると、「複雑な計算をしたいとき」や「似たような計算を何度も行う必要があるとき」などいろいろな場面で役立つはずです。

コンピュータは融通が利きません。どのような計算処理を行うのか、どういう手順で行うかを、明確に示す必要があります。少なくとも初心者にとっては、このやり方を学ぶことが、プログラミングを学ぶことだと言えるでしょう。この本では、R言語を使って「どのような計算処理を行うのか、どういう手順で行うかを、コンピュータに明確に示す」やり方を、豊富な具体例を通して解説します。

1-1-2　入力・処理・出力

例えば「平均値を計算したい」と思ったとします。「データが集まったから、平均値を計算しておいてね」とコンピュータに語りかけても、結果は得られません。SFアニメに出てくるロボットのようなものが開発されない限り、残念ながら無理です。

データを分析しようと思ったとき、**入力・処理・出力**という3つの要素を検討しなければなりません。

1. 分析の対象となる入力値
2. どのような計算を行うかという計算処理
3. 計算結果の出力の方法

R言語はとても優秀なので、わざわざ「計算結果を出力してよ」と指示しなくても、勝手に結果が表示されることもあります。しかし、入力・処理・出力の3つの手順を踏んで、私たちは計算結果を目にしているのだ、というイメージを持っておくとよいでしょう。

平均値を計算する場合は、何らかのデータが入力値になるはずです。例えば1日の気温が3日間分{20度，19度，23度}と得られていたとします。これをコンピュータに伝えなくてはなりません。

ここで単純に「201923」と3つの数値をくっつけてしまうと、「二〇万一千九百二十三」だと勘違いされそうです。データの入力という単純そうに見えることでも、ちゃんとルールを学ぶ必要があります。逆に言えば、一度ルールを覚えてしまえば、とても簡単に計算を実行できるようになります。コンピュータは、何度でも、短い時間で、正確に計算を実行できる、素晴らしい道具なのですから。

計算処理に関しては、さまざまな指定の方法があります。例えば「まずは合計値を計算して、その次に合計値を要素の数で割りなさい」という平均値の計算手順を指示する方法です。

しかし、R言語は大変に優秀なので「平均値を計算しなさい」という指示を直接与えることができます。そのため、とても簡単にプログラミングが終わります。「平均値を計算できるくらいで何を偉そうに」と思われるかもしれません。しかし、これが回帰分析などの複雑な手法になってくると、1度指示を出すだけで計算ができることの便利さが理解できるはずです。

出力に関しても、実はさまざまなやり方があり得ます。平均値の計算の場合、例えば画面上に平均値が表示されるだけで終わるのか、別のファイルに平均値を記載したものを保存するのか、といったことを考える必要があります。

また、データ分析の結果は、しばしばグラフとして出力することがあります。例えば売り上げの変遷を確認したい場合は、折れ線グラフを描くことになるでしょう。グラフを表示させるだけでなく、画像ファイル（例えばJPEGやPNGファイル）として保存することもできます。

1-1-3 プログラミングの基礎用語

プログラミングという行為にまつわるさまざまな用語があります。厳密な定義を述べることはできませんが、大体のイメージをここで整理しておきます。少し難しい内容も含まれているので、流し読みする程度で構いません。

プログラムとは、計算処理などの手順をコンピュータに伝えるものだと説明しました。実は、コンピュータに指示を“直接”に伝えることはなかなか大変な作業です。コンピュータは、0と1の数字の羅列を読み取って計算処理などを行うからです。「平均値を計算してよ」という指示を0と1の数字の羅列で表現するのは大変そうですね。どのような表現になるのか、想像することも難しいです。0と1で表現された、コンピュータが直接理解できる言語を**機械語**と呼びます。さすがに機械語を直接に人間が記述するのは現実的ではありません。

そこで私たちは**プログラミング言語**を使って計算処理などの指示をコンピュータに伝えます。「平均値を計算してよ」といった指示のことを**ソースコード**と呼びます。単に**ソース**であるとか**コード**と呼ぶこともあります。

R言語で記述された指示は**スクリプト**と呼びます。スクリプトが書かれたファイルを**スクリプトファイル**と呼びます（スクリプトと呼ぶかどうかは、プログラミング言語の種類によって変わります）。のちほど紹介するRStudioというソフトウェアを使っていると「Script」といった用語がメニュー画面などに登場することがあります。スクリプトファイルを作って、そこにいろいろな指示を記述していくのだな、というイメージを持っておくと、こういった用語が現れたときに対応しやすくなるかもしれません。

この本においてプログラミングすることは、**実装**すると表現されることもあります。プログラミングを通して何かを作り出すこと（例えばデータ分析を行うためのソフトウェアを作るなど）を**開発**と呼ぶことにします。

1-1-4　R言語

この本で紹介する**R言語**はプログラミング言語の1つです。プログラミング言語にはほかにも、CやJavaそしてPythonなどさまざまあります。

R言語は誰でも無料で使えるプログラミング言語の1つです。R言語はデータ分析を簡単に行うことができるのが大きな特徴です。大学の研究者から企業で仕事をしている人など、とても多くの人に使われています。少し大きな本屋で「統計学」を扱っている書棚に行くと、たくさんのR言語の書籍が並んでいるはずです。GoogleやBingなどで「R言語」と検索すると、たくさんの情報が得られるはずです。無料なので気軽に始められるし、高機能なのでさまざまな場面で役に立つし、いろいろな人が使っているからノウハウもたくさん蓄積されています。

この本では、Rプログラミングの初歩を解説しつつ、データ分析に活用する方法もあわせて説明します。

1-1-5 RStudio

プログラムは、さまざまなソフトウェアを使って実装できます。テキストファイルを編集する機能を持つソフトウェア（Windowsの場合は「メモ帳」というアプリなどがあります）ならば、なんでも大丈夫です。しかし、プログラミングに向いているソフトもあれば、そうでないものもあります。

例えば「{20度，19度，23度}という3つの気温の平均値を計算してね」という指示をプログラムに記述したとします。次はこの指示を読み取って計算を実行しなければなりません。「メモ帳」アプリを使っている場合は、また新たに別のアプリを起動させて、計算を実行させるという手間が発生します。プログラムを実装したら、それをすぐに実行して結果を確認できると便利ですね。

R言語の場合は**RStudio**と呼ばれる便利なソフトウェアが提供されているので、これを使います。RStudioは**統合開発環境**（Integrated Development Environment）の略で**IDE**と呼ばれるものの1種です。プログラミングを通して何かを作り出すことを開発と呼ぶのでした。開発をするのを簡単にしてくれる便利なソフトウェアがIDEです。RStudioはR言語による開発を簡単にしてくれる便利なソフトウェアです。もちろんRStudioも無料で使えます。

R言語を扱った少し古い教科書では、RStudioが使われていないこともあります。R言語の歴史は長く、RStudioが普及する前に書かれた本もあるからです。

しかし、RStudioを使うことで、プログラミングの生産性は飛躍的に向上します。なぜならば、プログラミングを支援してくれる機能がたくさんあるからです。例えば左カッコ「(」を入力すると、右カッコ「)」が自動的に入力されます。かっこの閉じ忘れがなくなるので、プログラミングのミスを減らすことができます。他にもさまざまな機能があります。長いプログラムを書くときは特に、RStudioを使うとさまざまなメリットが得られます。

1-1-6　CRAN

CRAN というのは Comprehensive R Archive Network の略称で、R 本体やパッケージを格納している、世界中の ftp および Web サーバーのネットワークです。平たく言えば、R などを提供してくれる Web サイトです。パッケージについては第 2 部第 14 章で解説します。

R というソフトウェアを手に入れようと思ったら、CRAN にアクセスすることになります。CRAN にはミラーサイトと呼ばれる「中身がまったく同じ Web サイト」があります。全世界の人たちが同じ Web サイトにアクセスすると動作が重くなることがあります。ミラーサイトを活用することで、その負荷を軽減させているのです。のちほど、統計数理研究所のミラーサイトから R をダウンロードしていただきます。

第 2 章
R を始める

章のテーマ

この章では、まず R と RStudio のインストールの方法を解説します。Windows の使用を前提として解説しますが、Mac や Linux などでも R や RStudio を使うことができます。

その後に、RStudio の基本的な操作手順を説明します。具体的なプログラミング演習は、次章から行います。

章の概要

●プログラミングを実行する前準備

R のインストール → RStudio のインストール → RStudio の起動
→ RStudio のエラー対応 → プロジェクトの作成

●RStudio を使ってプログラミングをする方法

ソース → コンソール → 計算処理の実行方法 → 四則演算
→ コメントの記述

●プログラミングが終わった後にすること

スクリプトファイルの保存 → スクリプトファイルの読み込み
→ ワークスペースの保存 → ワークスペースの読み込み
→ RStudio の終了 → RStudio により自動で作成されるファイルの補足

1-2-1　R のインストール

R は統計数理研究所が提供している Web サイトからダウンロードできます。「URL: https://cran.ism.ac.jp/」にアクセスします。すると英語で書かれた Web ページが出てきます。そこで「Download R for Windows」をクリックします（Windows 以外の OS をお使いの場合は、OS にあわせて変更してください）。

Windows パソコンをお使いの方は、続くページで「base」をクリックします。そして「Download R ○．○．○ for Windows」をクリックすると、ファイルがダウンロードされます。「○．○．○」は R のバージョンです。執筆時点では「R 3.6.1」となっていました。

ダウンロードされたファイル（著者実行時は「R-3.6.1-win.exe」というファイルでした。バージョンによってファイル名は変わります）をダブルクリックして実行するとインストールが始まります。「このアプリがデバイスに変更を加えることを許可しますか」などの確認メッセージが出たときは、「はい」をクリックします。基本的には何も設定を変えずに「OK」や「次へ」を押していくだけでインストールが完了します。

まずは、図 1-1 のように、言語の選択画面が出てくるので、日本語を選択して「OK」をクリックします。

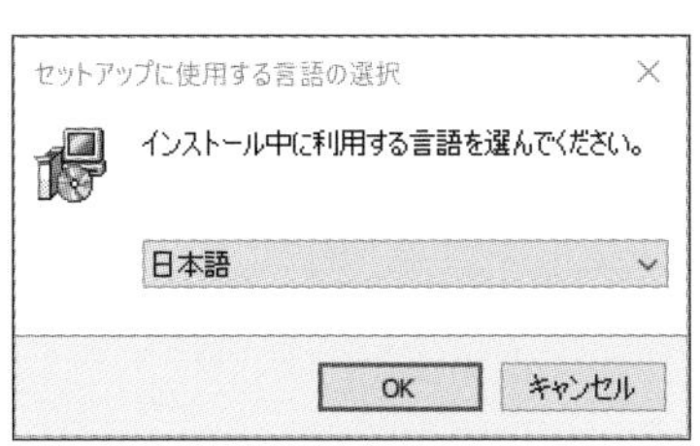

図 1-1　言語選択画面

情報確認画面は、内容を確認したうえで「次へ」をクリックします。

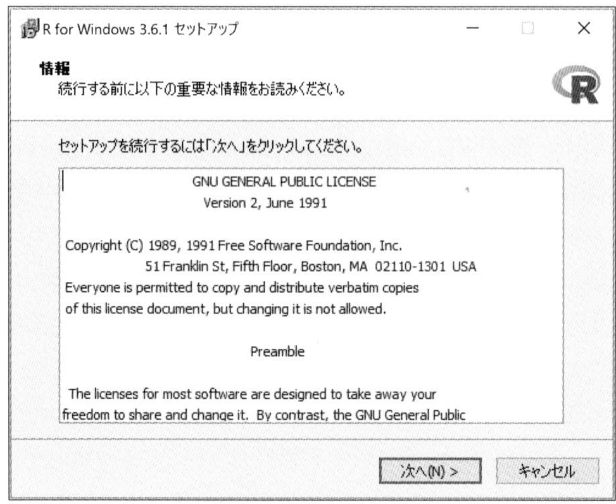

図 1-2　情報確認画面

続くインストール先の指定画面、コンポーネントの選択画面、起動時オプション設定画面は、設定を変更せずに「次へ」をクリックします。

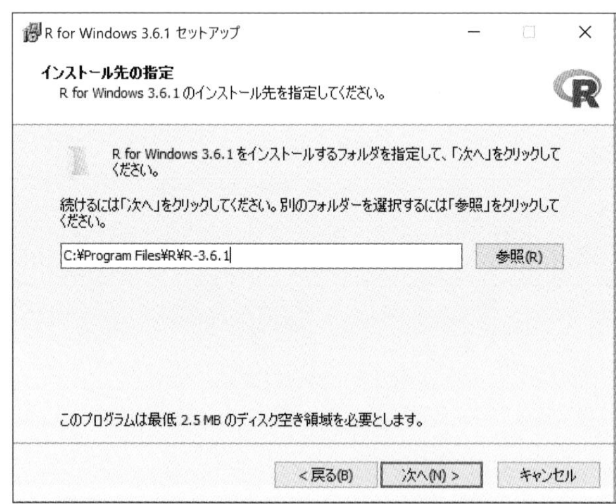

図 1-3　インストール先の指定画面

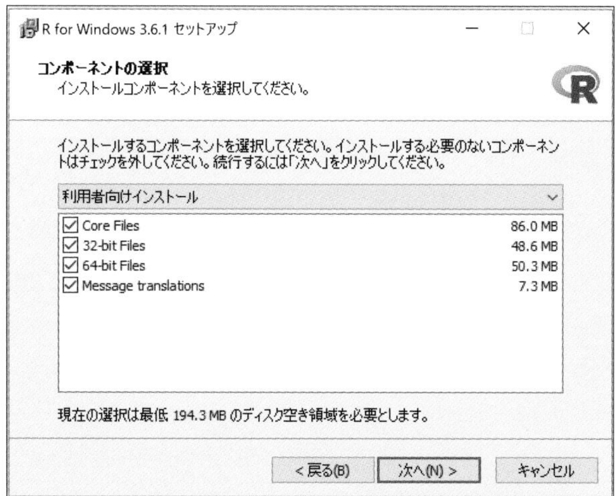

図 1-4　コンポーネントの選択画面

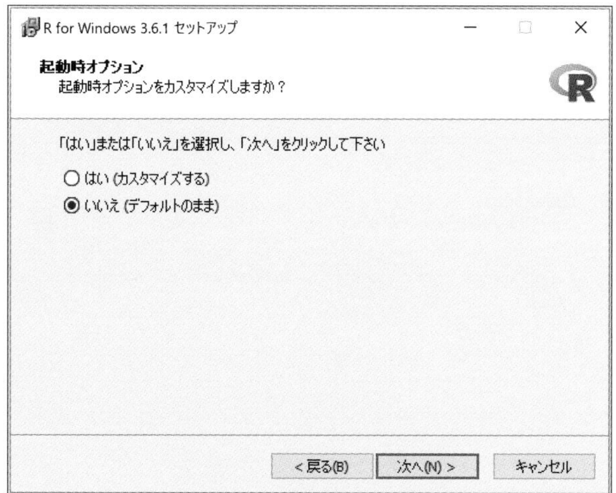

図 1-5　起動時オプション設定画面

続くスタートメニューフォルダーの指定画面、追加タスクの選択画面でも変更せずに「次へ」をクリックします。すると、インストールが開始されます。

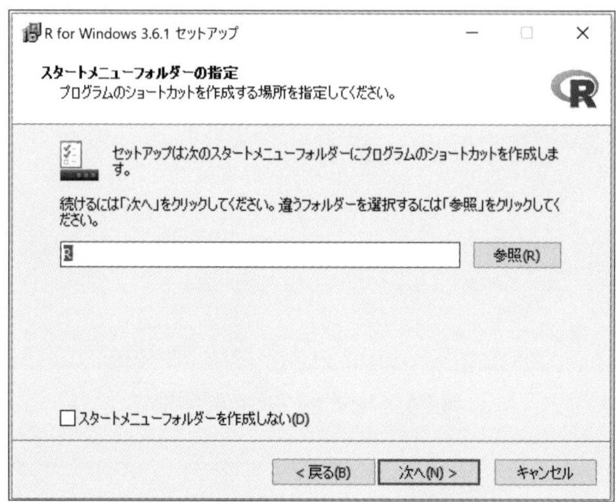

図 1-6　スタートメニューフォルダーの指定画面

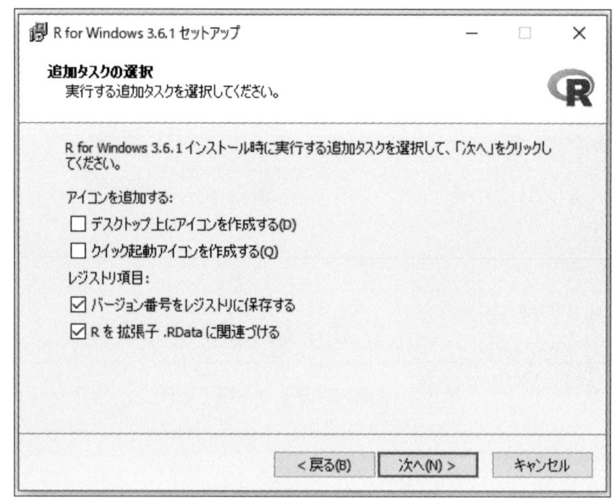

図 1-7　追加タスクの選択画面

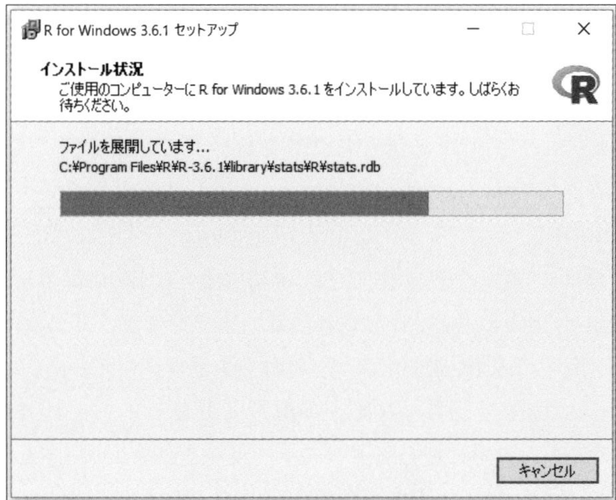

図 1-8　インストール状況画面

図 1-9 のようにセットアップの完了画面が出たら、インストール完了です。

図 1-9　セットアップの完了画面

1-2-2 RStudio のインストール

RStudio は下記の Web サイトからダウンロードできます。

「URL: https://www.rstudio.com/products/rstudio/download/」

上記 URL にアクセスすると「RStudio Desktop」や「RStudio Server」などと書かれた画面が出てくるはずです。その中から「RStudio Desktop Open Source License」直下にある「DOWNLOAD」ボタンをクリックします。するとダウンロードボタンが出てきますので、それをクリックすると、インストーラーがダウンロードできます。ちなみに、Web サイトのデザインはしばしば変わります。Web サイトの指示に従ってインストーラーをダウンロードしてください。

ダウンロードされたファイル（著者実行時は「RStudio-1.2.5019.exe」というファイルでした）をダブルクリックして実行するとインストールが始まります。こちらでも何度か確認画面が出ますが、設定を変える必要はありません。RStudio も基本的には「次へ」を押し続けていれば正しくインストールされます。セットアップ画面とインストール先設定画面は「次へ」を、スタートメニューフォルダーの指定画面は「インストール」をクリックします。

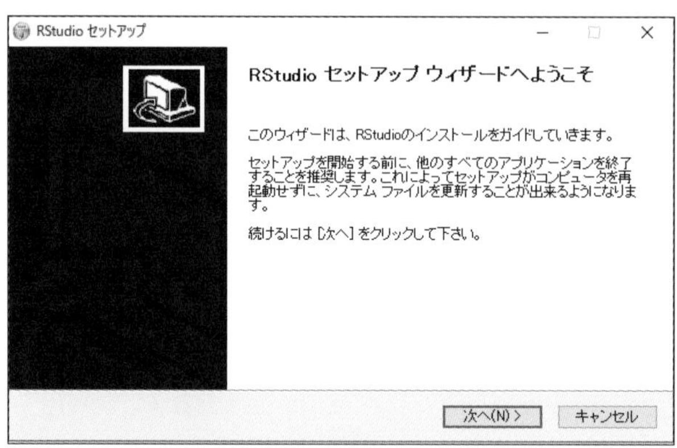

図 1-10 RStudio セットアップ画面

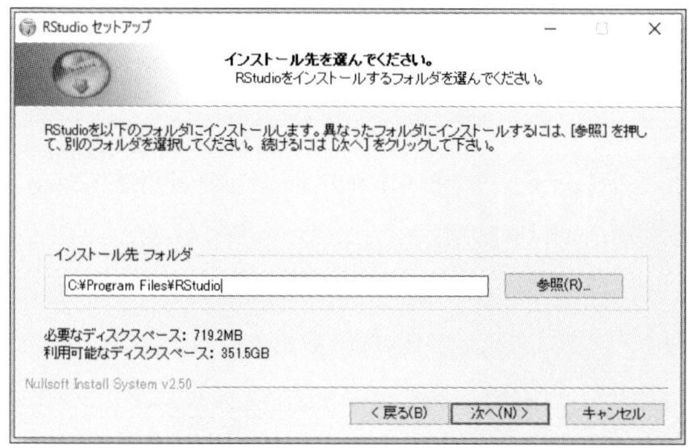

図 1-11　インストール先設定画面

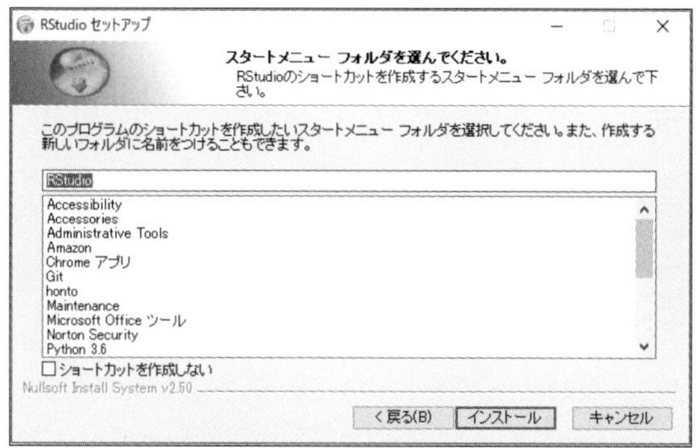

図 1-12　RStudio のスタートメニューフォルダーの指定画面

すると図 1-13 のような画面になり、インストールが開始されます。

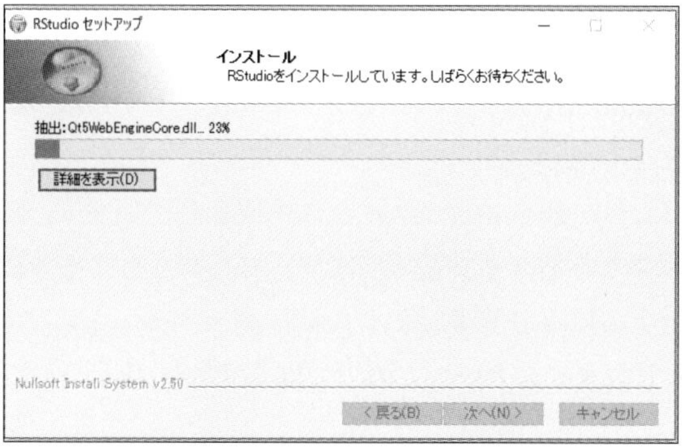

図 1-13　RStudio のインストール状況画面

図 1-14 のようなセットアップの完了画面が出たら、インストール完了です。

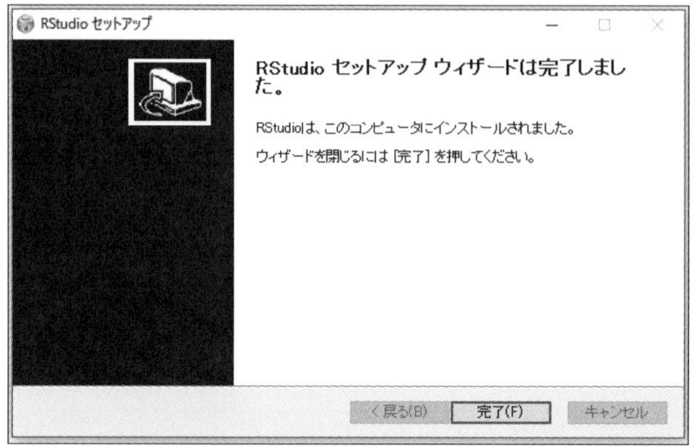

図 1-14 RStudio のセットアップ完了画面

1-2-3 RStudio の起動

まずは RStudio を起動しましょう。単なる R ではなく RStudio を起動させることに注意してください。私たちが直接いじるソフトウェアは RStudio です。

Windows 10 をお使いの場合は、画面の左下にある検索ボックスに「RStudio」と入力します。検索結果として出てきたアプリをクリックすれば、RStudio が立ち上がります。

ちなみに、Windows 7 をお使いの場合は、画面左下の「スタートボタン」を押してから「すべてのプログラム」を選び、「RStudio」のフォルダを選択します。その中にある「RStudio」のアイコンをダブルクリックすれば、起動されるはずです。

RStudio はいくつかの小さなパネルから構成されています。RStudio 上の区分されたパネルのことを**ペイン**と呼びます。ペインごとにその役割が異なっています。詳細は次節以降で解説します。なお、「ペイン」という言葉はあまり親しみがないかもしれませんので、この本では「パネル」という呼び方もします。

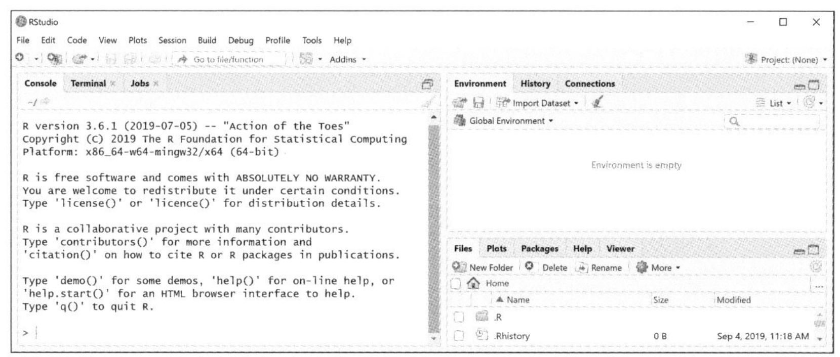

図1-15　RStudioの起動画面

1-2-4　RStudioがうまく起動できなかったら

Windowsで日本語のユーザー名をお使いの方は、RStudioが正しく起動できないことがあります。RStudioが正しく立ち上がらなかった場合は「C:¥Users」フォルダを確認してください。このフォルダの中に日本語のフォルダがある場合は、多くの場合ユーザー名が原因です。

日本語のユーザー名をお使いの場合は、新たに半角英数文字だけを使ったユーザーを作成することをお勧めします（多くの場合、既存ユーザー名の「変更」で解決するのは困難です。別のユーザー名を持つ新規ユーザーを作った方が簡単です）。新規のユーザー追加に関しては本書の範囲を超えますが、およそ30分で終わる程度の作業です。「windows10 ユーザー追加」などで検索すれば情報が出てくるはずです。RStudio専用のユーザーだと割り切って使えばよいでしょう。

日本語ユーザーのままでRStudioを使うことはお勧めしません。しかし、RStudioのアイコンを右クリックして「管理者として実行」すると、多くの場合は立ち上がるはずです。

無事に立ち上がっても第2部第11章で紹介するグラフ描画の際などに失敗することがあります。このときは以下の手順でうまく実行できることがあります。

1. 「C:¥r_home¥tmp」というフォルダを作成する
2. 以下のコードを実行して一時ファイルを保存する場所を変更する（コードの実行方法は 1-2-8 節を参照してください）

```
write("TMPDIR=C:/r_home/tmp", file = ".Renviron")
```

3. RStudio をいったん閉じてから、もう一度開きなおす

上記のコードを実行すると「.Renviron」というファイルが作成されますが、これは削除しないでください。なお、ご使用の PC によってはうまくいかないこともあるかもしれません。その場合は、英語名のユーザーを新規で追加することを検討してください。

MEMO

古い RStudio のインストール

RStudio がバージョンアップしたときなど、まれに 32bit バージョンの OS において RStudio が起動できなくなることがあるようです。具体的には「このアプリはお使いの PC では実行できません」というエラーが出ます（文言は微妙に変わるかもしれません）。

このときは、古いバージョンの RStudio をインストールすることで解決できることがあります。古いバージョンの RStudio は例えば「https://support.rstudio.com/hc/en-us/articles/206569407-Older-Versions-of-RStudio」からインストールできます。

1-2-5 プロジェクトの作成

プログラミングをしてデータを分析するとき、複数のファイルを相手にすることが頻繁にあります。例えば、単純なデータ分析においても

1. 分析のためのソースコードが記述されたスクリプトファイル
2. 分析対象となるデータが格納されたファイル

の2つのファイルが必要になります。また、第3部で紹介しますが、長いコードを書くときに用いるテクニックとして、プログラムを複数のファイルに分割することがあります。これらのファイルたちがまったく別々のフォルダに格納されていては、どこに何があるのかを毎回探さなくてはいけませんね。これはとても不便です。1つのフォルダにまとめておくのが良いでしょう。

例えば「C:¥r_analysis」というフォルダを作って、そこでプログラミングを行うと決めたとします。分析用のプログラムやデータなどはこのフォルダに入れていきます。次のステップに進む前に「C:¥r_analysis」というフォルダを作っておいてください。

実はというと、複数のファイルを1つのフォルダにまとめるだけではまだ不十分です。「私はこのフォルダで作業します」とRやRStudioに指示する必要があります。RStudioには**プロジェクト**という考え方があるので、それを活用しましょう。「私は『C:¥r_analysis』というフォルダでプログラミングをしますよ」と最初に指定することで、ここから先の作業が簡単になります（例えばファイルからデータを読み込むのが簡単になる）。

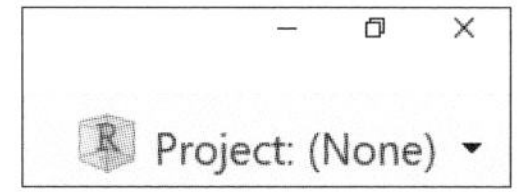

図1-16　プロジェクトの選択ボタン

プロジェクトの作り方を解説します。RStudioを立ち上げたとき、画面の右上に「Project:(None)」と書かれたマークがあるのが見えるはずです。初めてRStudioを立ち上げたときは、プロジェクトがまだ作られていないのでNoneと表示されているのです。

「Project:(None)」と書かれたマークをクリックして「New Project」を選択します。そうしたら図1-17のような、プロジェクト新規作成画面が出てくるはずです（RStudioのバージョンによって、画面のデザインが変わる可能性があります）。

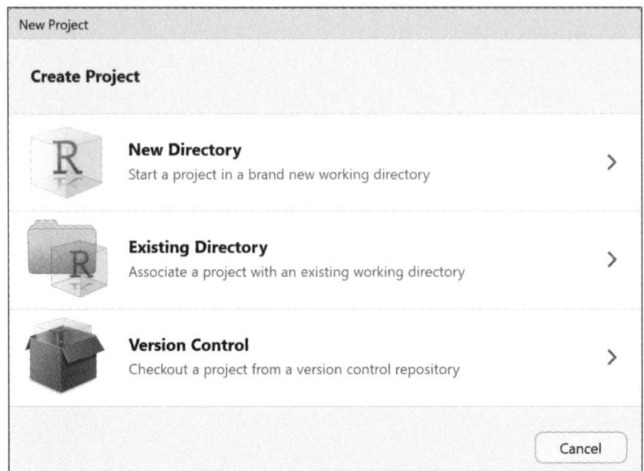

図 1-17　プロジェクトの新規作成

今回はすでに作成済みの「C:¥r_analysis」というフォルダにプロジェクトを作るので、中段の「Existing Directory」を選択します。すると、プロジェクトを作成するフォルダを指定する画面（図 1-18）が現れます。

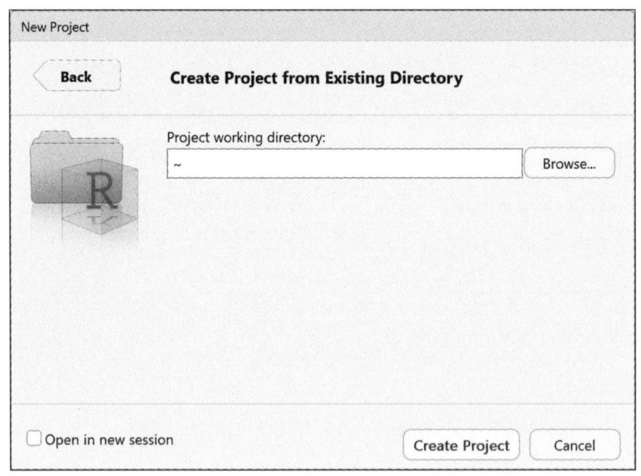

図 1-18　プロジェクトのフォルダの指定

ここで「Browse...」というボタンをクリックすると、フォルダ選択ダイアログ（図 1-19）が出てくるので、「C:¥r_analysis」を選択して「Open」をクリックします。

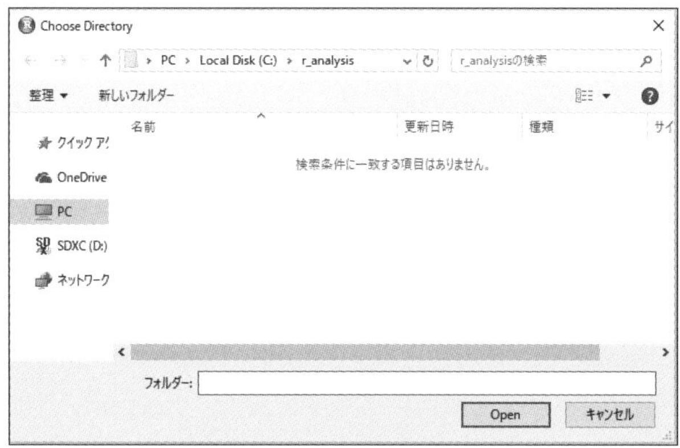

図 1-19　フォルダ選択ダイアログ

フォルダの選択が完了したら、図 1-18 の画面に戻るので、ここで「Create Project」ボタンをクリックします。プロジェクトが作成されるはずです。

プロジェクトが出来上がった後に「C:¥r_analysis」フォルダを見てみると「r_analysis.Rproj」というファイルが作られているのに気づくはずです。次回以降はこのファイルをダブルクリックすることで、いつでもこのプロジェクトを開くことができます。

RStudio においても図 1-20 のように「r_analysis.Rproj」が作られているのが確認できます。

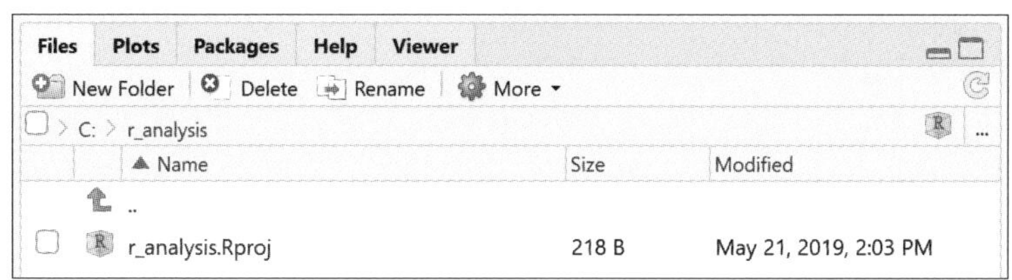

図 1-20　プロジェクト完成

これでプログラムを書く準備が整いました。次の節から実際にプログラムを書いていきましょう。

★★★

1-2-6　ソース (Source)

ソースコードを編集するパネルは**ソース** (Source) と呼びます。ソースコードを編集 (edit) する場所なので**エディター**や**ソースエディター**と呼ばれることもあります。

RStudio を初めて起動させたときになどには、ソースエディターが出ていないことがあります。そのときは、RStudio 上部のメニューから「File」→「New File」→「R Script」と順番にクリックしていくと、ソースエディターが出てきます。

試しに「1 + 1」の計算をしてみましょう。ソースエディターに記述する内容は、この本において四角で囲まれています。

```
1 + 1
```

ソースコードを書くときは、全角文字が混ざらないように注意してください。上記のソースコードはすべて半角で記述されています。

MEMO

半角スペースについて

先のコードでは、+ 記号の前後に半角スペースが入っています。このスペースは必須ではありません。なくても正しく計算が実行されます。とはいえ、半角スペースを入れると、コードが読みやすくなります。この本では基本的に、以下の箇所に半角スペースを入れます。

- プラス (+) などの演算子の前後
- カンマ (,) の直後
- シャープ (#) の直後

ただしコロン (:) は演算子ですが、前後にスペースは入れません。

1-2-7　コンソール（Console）

ファイル出力など特別な指定をしなかった場合、計算処理などの実行結果は**コンソール**（Console）パネルに出力されます。なお、RStudio を立ち上げた直後は、コンソール上に「R のバージョンと公開日」や R を使う上での注意書きなどが出力されています。

コンソールに出力される結果は、この本において灰色の網掛けがされています。例えば「1 ＋ 1」の計算結果は以下のように表示されるはずです（コードの実行方法は次の節で解説します）。

```
> 1 + 1
[1] 2
```

1-2-8　「Ctrl + Enter」を押して計算処理を実行する

計算処理を実行する場合、Windows をお使いの方は、実行したいソースコードをソースエディター上で選択してから「Ctrl」と「Enter」を同時に押します。

ソースコードを選択しなくても、該当する箇所にカーソルを移動させてから「Ctrl」と「Enter」の同時押しをしてもかまいません。この場合は、1 行ずつ実行されます。「Ctrl ＋ Enter」を押すたびに、カーソルが 1 行ずつ下に移動していきます。

1+1 の計算結果がコンソール上に出力されれば成功です。

基本的には、以下の流れになります。

1. ソースエディターに処理を記述
2. 「Ctrl + Enter」を押すことで計算処理を実行
3. コンソールに結果を出力

そのため、ソースエディターに記述する内容（四角で囲まれたソースコード）とコンソールの出力（灰色の網掛け）はペアになるはずです。しかし、コンソールを見ると、「> 1 + 1」のように、実行されたソースコードもあわせて出力されていますね（この本では、コンソールに出力される実行コードは赤文字で示されています）。このため、この本では、ソースエディターに記述する内容は省略して、コンソールの結果のみを載せることもあります。

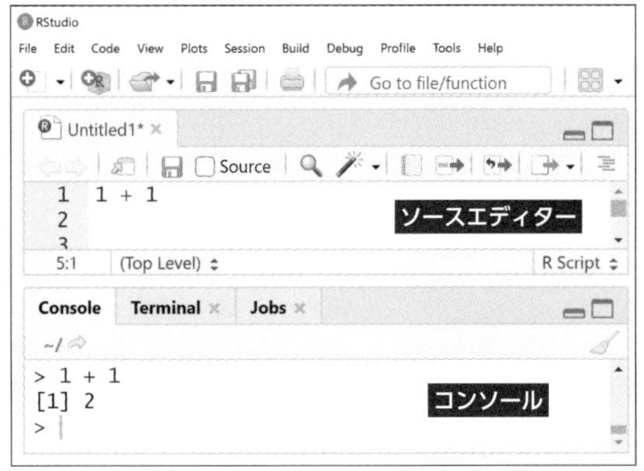

図1-21 ソースエディター（上）とコンソール（下）：1 + 1の実行結果

MEMO

コンソールから直接コードを実行する

ソースエディターを使わず、コンソールに直接コードを書いて実行することもできます。例えば1 + 1というコードをコンソールに書いてから「Enter」キーを押すと、計算結果である2が得られます。

とはいえ、コンソールにコードを実装する方法を、この本では採用しません。コンソールにコードを実装すると、そのコードを再実行するのが困難だからです。例えば100行にわたる長いコードをコンソールに書いて実行したとしましょう。RStudioを閉じてから再度開きなおすと、コンソールに書かれていたコードはすべてなくなっています。ソースエディターに実装した場合は、1-2-11節で解説する方法でコードを保存できるので、再実行が容易です。

★☆☆

1-2-9　四則演算を行う（+ - * / ）

１＋１だけでなく、さまざまな計算を行うことができます。最初は四則計算のやり方からみていきます。

足し算は「+」、引き算は「-」、掛け算はアスタリスク「*」、割り算はスラッシュ「/」で計算結果が得られます。

```
1 + 1
4 - 3
6 * 5
8 / 2
```

上記の４行を選択してから「Ctrl ＋ Enter」を押す、あるいはコードの選択をやめた状態で「1 + 1」と書かれた行にカーソルをあわせて「Ctrl」を押しながら「Enter」を４回連打すると、以下のような結果が得られるはずです。

```
> 1 + 1
[1] 2
> 4 - 3
[1] 1
> 6 * 5
[1] 30
> 8 / 2
[1] 4
```

1-2-10　コメントを記述する（#）

四則計算ぐらいならば簡単なのですが、複雑な処理を記述すると「これは何の計算をしているのだったかな？」と自分でも忘れてしまうことがあります。これは笑い話ではなく、とても大きな問題です。「２か月前に書いた分析コードを、プレゼンテーションする直前に読みなおしたら、何が何だかさっぱりわからなかった。明日の朝に発表があるのに、どうしよう……」という状況は相当に恐ろしいものです。また、コードの意味を他の人でも理解できるようにしておくと、複数人で協力してプログラミングをするときなどに便利です。

ソースコードに**コメント**を記述することで、ソースコードの理解のしやすさは大きく高まります。例えば、以下のようにソースコードを記述したとします。

```
3000 * 1.1
```

単なる掛け算なのですが、"どのような目的で"この計算を行うのかを記しておくと、後で読み返したときに便利です。

例えば、上記の計算には「3000 円の商品を 2019 年 12 月に購入したときの税込み価格（消費税率は 10%）を求めたい」という意図があったとします。そうしたら、計算の意図をちゃんとソースコードに記述しておきます。

ただし単純に「消費税率 10%のときの税込み価格を計算する」などと記述するとエラーになります。

```
> 消費税率10%のときの税込み価格を計算する
Error: unexpected input in "消費税率10・
```

「計算処理をしたい訳じゃない。単なるコメントだよ」と R に伝えるために、行の頭に半角のシャープ記号「#」を付けます（この本では、コメントは赤文字で示されています）。コメント行は実行されないので、エラーが出力されることはありません。

ソースコードは以下のようになります。

```
# 消費税率10%のときの税込み価格を計算する
3000 * 1.1
```

出力は以下のようになります。コメントがあると、意図が理解しやすいですね。

```
> # 消費税率10%のときの税込み価格を計算する
> 3000 * 1.1
[1] 3300
```

シャープ記号を付けてコメント行として扱うと、たとえ正しい計算処理であったとしても、その処理が行われないことに注意が必要です。例えば以下のコードにカーソルを当てて「Ctrl + Enter」を押しても、「2」という計算結果は出力されません。

```
# 1 + 1
```

これを利用して、「とりあえず今は実行したくないコード」をコメント行にしてしまうこともたまに行われます。これを**コメントアウト**と呼びます。

★★★

1-2-11　スクリプトファイルの保存

頑張って書いたソースコードをすぐに破棄してしまうのはもったいないことです。ソースコードを保存して使いまわせると便利です。

ソースコードを保存する場合は、RStudioにおいてメニューから「File」→「Save」を選びます。それからお好きな名前（どのような意図で作ったファイルなのかが分かる名前にしましょう）を指定して「Save」をクリックすると、保存が完了します。

R言語で記述されたスクリプトファイルは、単に**Rファイル**と呼ぶこともあります。

★★★

1-2-12　スクリプトファイルの読み込み

前書きにも記したように、この本で使用されるソースコードはすべてサポートページ（URL：https://logics-of-blue.com/r-programming-intro-book-support/）からダウンロードできます。以前にご自身で保存されたスクリプトファイルを読み込んだり、配布されているスクリプトファイルを読み込んだりすることは、RStudioを使えば簡単にできます。

例えば「1-2-start-r.R」というスクリプトファイルを読み込むことを考えます。RStudioにおいてメニューから「File」→「Open File」と選択すると、ファイル選択ダイアログが出てきます。これで「1-2-start-r.R」を選択して「Open」ボタンをクリックすればよいです。

読み込むスクリプトファイルが、プロジェクトを作ったフォルダの中にある場合は、RStudio の File パネル（図 1-22）にスクリプトファイルが出てきます。それをクリックすれば、ファイルを読み込むことができます。こちらの方が便利です。

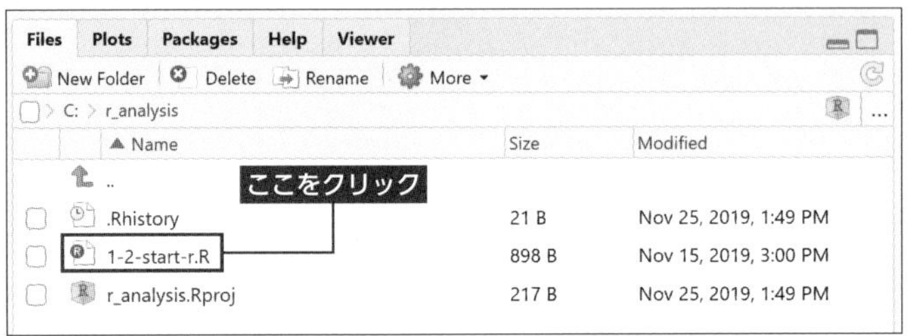

図 1-22　ファイル一覧画面からのスクリプトファイルの読み込み

1-2-13　ワークスペースの保存

スクリプトファイルを保存しておくことで、何度でも同じ計算を繰り返すことができます。しかし「計算をやり直す」必要はあります。

計算をやり直すのではなく「計算結果そのものを保存する」ことを次に考えます。例えば `9999 * 100` という計算を行うことを考えます。これを何度も繰り返すのではなく、この計算結果である `999900` という値を保存するわけです。ただの掛け算くらいでしたら、1 秒もかからずに計算が終わってしまいます。しかし、1 回の計算で何時間もかかる計算ですと、何度も計算を繰り返すのは嫌ですね。こういう場合は、計算結果を保存します。逆に言えば、本章で紹介した四則計算のようなものを保存する意味はあまり無いと言えるでしょう。

計算結果を保存する場合は、RStudio のメニューから「Session」→「Save Workspace As...」を選択します。例えば「result」というファイル名を指定して「Save」ボタンを押してみます。この方法で保存すると「result.RData」というファイルが作られているはずです。この作業を**ワークスペース**の保存と呼ぶこともあります。

また、以下のコードを実行することでもワークスペースの保存ができます。

```
save.image("result.RData")
```

前述のように、本章ではほとんどコードを記述していないため、RData ファイルを作ったり、作られた「result.RData」を読み込んだりしても、何も結果が変わりません。

1-2-14　ワークスペースの読み込み

RData ファイルを読み込む場合は、RStudio のメニューから「Session」→「Load Workspace...」を選択します。例えば本書サポートページからダウンロードできる「1-2-read-calc-result.RData」を選択して「Open」ボタンを押すことで読み込むことができます。

また、「1-2-read-calc-result.RData」がプロジェクトの直下にある場合は、以下のコードを実行することでもワークスペースの読み込みができます。

```
load("1-2-read-calc-result.RData")
```

ワークスペースを読み込んだ後、以下のように実装します。

```
calc_result
```

以下のような結果がコンソールに出力されます。

```
> calc_result
[1] 999900
```

今まで一度も 9999 * 100 という計算を行っていなかったのにかかわらず、その計算結果が出力されました。これは「1-2-read-calc-result.RData」に計算結果が保存されていたからです。仮に、ワークスペースを読み込まないまま

で `calc_result` というコードを実行すると、エラーになります。

どのような計算結果が保存されているか、どのようにすればその結果を出力できるのか、といったことは、読み込まれるワークスペースによって変わってきます。

1-2-15 RStudioの終了

スクリプトファイル（これは常に保存します）とワークスペース（こちらは時間がかかる計算を行ったときだけ保存します）の保存が終わったら、RStudioを終了させます。Windowsをお使いの場合は、RStudioの右上にある「×」ボタンを押せばよいです。

なお、ワークスペースを保存しないままでRStudioを終了させると「Save workspace image to（中略）？」という確認ダイアログが出てくることがあります。保存したい場合は「Save」ボタンを、保存したくない場合は「Don't Save」ボタンを押します。

1-2-16 RStudioにより自動で作成されるファイル

RStudioでプログラミングをしていると、プロジェクトフォルダに作った覚えのないファイルやフォルダが保存されていることがあります。これらの意味を知っている必要は特にないのですが、何も知らないままだと気持ちが悪いと感じる方もいるかもしれないので、簡単に補足します。

まず「.Rhistory」というファイルが勝手に作られます。こちらは実行されたコードが記録されたファイルです。RStudioで何度かコードを実行した後、RStudioを閉じると、実行されたコードが「.Rhistory」ファイルに記載されます。

また、隠しファイルなので目にする機会は少ないですが「.Rproj.user」というフォルダが作られています。この中にプロジェクトの情報が格納されています。

第 2 部

【初級編】R による データ分析の基本

第 1 章 データ分析を体験する

章のテーマ

3 行ほどの短いコードで終わってしまう短いプログラミングを、この本では「3 行プログラミング」と呼ぶことにします（2 行で終わるコードでも「3 行プログラミング」と呼ぶことがあります）。

短いコードでいくつかのデータ分析を行う事例を紹介します。分析コードの詳細は次章以降で解説します。この章では「分析を実行してみる」という体験をしていただきます。このやり方でなぜうまくいくのか、という仕組みについては、第 2 章以降で解説します。

章の概要

データ分析の目的 → 入力 → 処理 → 出力
→ 分析を実行するための準備 → 単回帰分析を実行するコード

2-1-1　データ分析の目的

今回は R 言語による簡単なデータ分析を体験してもらうため、ごく単純な分析の目的を設定しました。

親とその子供の身長データ（単位：cm）が 10 セットあります（仮想のデータです）。このデータを使って、親子での身長の関連性を探ります。例えば親の身長が大きければ子供も大きいという関連性があるのか、あるいは親子で身長に関連性がないのか、といったことを調べます。

2-1-2　入力

入力データは「2-1-1-height.csv」というファイルに記録されています。このファイルは前書きに示した本書のサポートページからダウンロードできます。このファイルには、以下のような親子の身長データが格納されています。

表 2-1　分析対象となるデータ

children	parents
159.6	159.3
167.6	163.0
171.7	170.0
175.6	181.8
161.3	157.1
180.1	181.4
175.2	183.1
166.1	173.1
157.7	172.0
166.5	152.2

2-1-3　処理

単回帰分析と呼ばれる分析手法を適用するコードを実装します。そして親の身長と子供の身長の関連性を探ります。

MEMO

単回帰分析

単回帰分析は、2つの数量データの関連性を探る分析手法の1つです。今回の場合は、子供の身長と親の身長に以下の関連性があることを想定します。

子供の身長 = 切片 + 傾き × 親の身長 + 誤差

切片と傾きという2つのパラメータを推定することで、子供の身長と親の身長の関連性が明らかになります。例えば傾きの値が +0.7 だったとしたら、これはプラスの値なので「親の身長が大きければ、子供の身長も大きいのだな」という関連性があることがわかります。切片と傾きの値がともに推定できれば、親の身長から子供の身長を予測する計算式を得ることもできます。

パラメータを推定するためには、最小二乗法や最尤法といった手法を学ぶ必要がありますが、この解説は数理統計学の専門書（例えば松原他（1991）、R を使ったものなら馬場（2015）など）に譲ります。R 言語を使うと数行のコードでパラメータが得られることを、ここでは体験していただきます。

2-1-4　出力

今回はシンプルに、RStudio のコンソールに結果を出力させることにします。他のファイルに出力したり、グラフを描いたりする方法は、第 2 部第 7 章や第 11 章で解説します。

2-1-5　分析を実行するための準備

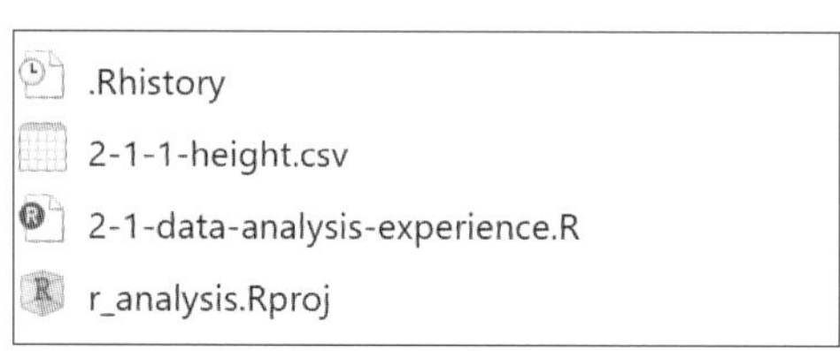

図 2-1　プロジェクトフォルダの中身

実際に分析のためのコードを実装する前に、分析を実行するための準備が整っていることを確認しておきます。

まずは、1-2-1 節と 1-2-2 節に従って R と RStudio がインストールされている必要があります。そして 1-2-5 節に従って、RStudio のプロジェクトが「C:¥r_analysis」フォルダに作成されていることを前提とします。フォルダの場所は変わっても大丈夫です。このときは適宜フォルダの位置を読み替えてください。ただし、プロジェクトは必ず作っておいてください。

私たちが実装するスクリプトファイルは「2-1-data-analysis-experience.R」という名称になっているとしましょう。このRファイルは「C:¥r_analysis」フォルダに作成します。

分析対象となる身長のデータは先述の通り「2-1-1-height.csv」という名称で保存されています。データが入ったこのファイルも「C:¥r_analysis」フォルダに配置します。

RStudioのプロジェクトを作ったフォルダ「C:¥r_analysis」には、図2-1のように4つのファイルがあるはずです（まだ1度もコードを実行していない場合は「.Rhistory」ファイルがありません）。

1. スクリプトファイル（2-1-data-analysis-experience.R）
2. データが格納されたファイル（2-1-1-height.csv）
3. RStudioのプロジェクトファイル（r_analysis.Rproj）
4. RStudioが勝手に作成する実行履歴ファイル（.Rhistory）

ここまで準備ができれば、後は「2-1-data-analysis-experience.R」にコードを書くだけです。

2-1-6　単回帰分析を実行するコード

ファイルからデータを読み込み、単回帰分析を行い、その結果を出力するコードは以下のようになります。

```
data_height <- read.csv("2-1-1-height.csv")
mod_lm <- lm(children ~ parents, data = data_height)
summary(mod_lm)
```

1行目でファイルからデータを読み込んでいます。

2行目で単回帰分析を実行し、結果をmod_lmに格納しています。

3行目で単回帰分析の分析結果の要約（summary）を得たうえで、コンソールに出力させています。

上記のコードを実行すると、以下のような結果がコンソールに出力されます。

```
> data_height <- read.csv("2-1-1-height.csv")
> mod_lm <- lm(children ~ parents, data = data_height)
> summary(mod_lm)

Call:
lm(formula = children ~ parents, data = data_height)

Residuals:
    Min      1Q  Median      3Q     Max 
-11.677  -3.148   1.236   3.016   6.417 

Coefficients:
            Estimate Std. Error t value Pr(>|t|)  
(Intercept)  90.5770    29.5947   3.061   0.0156 *
parents       0.4581     0.1745   2.626   0.0304 *
---
Signif. codes:  0 '***' 0.001 '**' 0.01 '*' 0.05 '.' 0.1 ' ' 1

Residual standard error: 5.777 on 8 degrees of freedom
Multiple R-squared:  0.4629,Adjusted R-squared:  0.3958 
F-statistic: 6.895 on 1 and 8 DF,  p-value: 0.03037
```

コンソールに出力された結果の Coefficients という表の Estimate 列を見ると、切片 (Intercept) の値は 90.5770 と、親の身長における傾き (parents) の値は 0.4581 となっているのが確認できます。無事にパラメータの推定結果が得られました。

傾きがプラスの値をとっているので「親の身長が大きければ、子供の身長も大きい」という関連性があることが示唆されます。しかし、データには測定誤差なども含まれているので、Estimate 列の値を見るだけでなく、Std. Error の列で出力された、パラメータの標準誤差の大きさにも気を配っておくとよいでしょう。興味のある方は MEMO に記した統計的仮説検定の結果も参照してください。

実際のデータ分析においては、回帰分析を適用する前にグラフを使ってデータの特徴を調べるのが普通です。グラフ描画については第 2 部第 11 章で解説します。

MEMO

単回帰分析の結果

分析結果には、統計的仮説検定の結果などさまざまな情報が出力されています。例えば「傾きが 0 であるとみなせるか否か」を t 検定と呼ばれる手法で調べた結果も `Coefficients` の表に載っています。`parents` 行の `Pr(>|t|)` の列の値が `0.0304 *` となっていますね。これがいわゆる p 値と呼ばれる指標です。有意水準を 0.05 と置いたとき、p 値が有意水準を下回っているので、「傾きの値は有意に 0 と異なる」と主張できます。この場合は「子供の身長と親の身長には関連性がありそうだ」と解釈できることになります。

`Coefficients` の表以外にも、多くの情報が出力されています。`Residuals` には、残差における「最小値・第 1 四分位点・中央値・第 3 四分位点・最大値」が出力されています。他にも残差の標準誤差の大きさ（`Residual standard error`）や決定係数（`Multiple R-squared`）、自由度調整済み決定係数（`Adjusted R-squared`）、残差の F 統計量（`F-statistic`）、そして F 統計量に基づく p 値（`p-value`）が出力されています。

第 2 章
3 行プログラミングを構成する要素

章のテーマ

　単回帰分析を実行する場合は、第 1 章で実装したコードをそのままコピーして使いまわすことができます。単回帰分析は、数学的にも複雑な手法ですが、R を使えば簡単に分析を実行できるので便利です。しかし、ご自身のデータに対して常に回帰分析を適用するわけにはいきません。ノンパラメトリック検定を実行したいかもしれないし、ニューラルネットワークを実行したいこともあるでしょう。

　コードのどの部分をどのように修正すれば、自分の思うような結果が得られるのか。これを理解することは、実践的なプログラミングをするにおいて、とても重要なことです。まずはとても短いプログラムを構成する要素を整理して、これから先に、何を学べばいいのかを検討します。

章の概要

●**全体像の解説**

データの格納 → 計算処理 → コードの改造の仕方 → この章の解説の流れ

●**変数と関数**

変数の基本事項 → 変数の命名規則 → 変数の使用例 → 関数の基本事項
→ 関数の使用例①対数の計算→ 関数の使用例②変数の利用
→ 関数の使用例③ print 関数 → 関数の使用例④ help 関数
→ オブジェクト→ これから学んでいくこと

2-2-1　データを格納する方法

分析の対象となるデータや分析の結果は、一時的に保存をしておけると便利です。逆に言うと、「一時的に何かを保存しておく」ということを一切行わないで分析などの処理を行うのはとても非効率です。

例えばファイルからデータを読み込んだとします。しかし、次の瞬間には「読み込んだデータのことをすべて忘れてしまって何も記録されていない」というのでは困ります。

また、計算処理の結果もどこかに格納しておくと便利です。単回帰分析を実行しても、その結果をどこにも残しておかなければ、切片や傾きの値などを出力（例えばコンソールに表示）させることが困難です。何かの処理をすることと、その結果を「後で使えるように」一時的にどこかに格納しておくことは、セットにして覚えておくとよいでしょう（長いコードを書くときには推奨されないこともあります）。

ファイルからデータを読み込んで一時保存→計算処理を行ってその結果を一時保存→計算結果を入力にしてさらに計算をする……と続いていくこともあります。

2-2-2　計算処理の方法

データを読み込み、それを保存することもできたとします。次にやることは、そのデータに対して分析処理を実行することです。これには**関数**の理解が必要です。処理の対象など、関数に渡すものを**引数**と呼びます。

関数は分析処理だけでなく、そもそも「データを読み込む」という処理や「結果を出力する」という処理においても必要となります。関数と引数という用語は必ず覚えておいてください。

2-2-3 コードを改造する方法

第 2 部第 1 章で実装したコードを再掲します。

```
data_height <- read.csv("2-1-1-height.csv")
mod_lm <- lm(children ~ parents, data = data_height)
summary(mod_lm)
```

あなたの分析の目的に応じてこのコードを改造するとしたら、どこをどのように変更すればよいでしょうか。

まずは、データが変わった場合を検討します。read.csv は CSV ファイルを読み込むという関数です（詳細は第 2 部第 7 章で解説します）。CSV ファイルの名称が変わる場合は、この関数の引数を変更すればよさそうです。例えば新しいファイルの名称が「new-file.csv」である場合は、1 行目を data_height <- read.csv("new-file.csv) に変更します。

もしも CSV ファイル以外のファイルからデータを読み込む場合には、read.csv 関数ではない別の関数を使ったり、read.csv に追加の引数を指定したりします。

回帰分析を実行する場合は lm 関数を使いました。回帰分析ではなく、例えばノンパラメトリック検定の一種である Wilcoxon の検定をしたい場合は別の関数を使う必要があるでしょう（第 2 部第 13 章で解説しますが、wilcox.test という関数を使います）。

プログラミングにまだ慣れていない方は、いろいろな関数とその使い方を学ぶことを通して、R の操作に慣れていくと良いと思います。

2-2-4 この章の解説の流れ

ファイルからのデータの読み込みは少し難易度が高いので、まずは**変数**に数値を格納する事例から解説します。変数という概念を覚えると、例えば特定の数値を何度も使いまわすことができるようになります。「データの格納」

の最も初歩を解説します。

その後で、関数の簡単な使い方を解説します。変数に数値を格納して、その中身を関数に渡して分析処理を実行し、結果を出力する。この流れを確実に理解しましょう。

そして実用的なプログラミングを行うために必要となる技術を、この章の最後で紹介し、次章以降につなげます。

2-2-5　変数の基本事項

aという容れ物に「3」という数値を格納するコードは以下のようになります。「<-」という、ともに半角の「小なり記号」と「ハイフン」を組み合わせたものが重要です。こちらの左側に変数の名前を入れます。右側に、変数に格納する対象を指定します。「=」という記号も使えますが、この本では用いません。つねに「<-」を使うことにします。

ちなみに、「小なり記号」と「ハイフン」の間にスペースなどを入れてはいけません。「<-」とまとめて書きます。注意してください。

```
a <- 3
```

上記のコードを実行しても、特に何も出力されません。しかし、上記のコードを実行すると、今後「aという変数を数値の３として扱う」ことができるようになります。この作業を**変数の定義**と呼ぶこともあります。

例えば、以下のように「a」とだけ入力して実行してみます。

```
a
```

すると以下のように「3」という数値が出力されます。

```
> a
[1] 3
```

変数aに4をかけてみます。

```
a * 4
```

すると以下のように「3×4=12」の計算結果が出力されます。

```
> a * 4
[1] 12
```

2-2-6 変数の命名規則

変数の名前として、今回は「a」というアルファベットを使いましたが、ほかにもいろいろな名前を付けることができます。名前を付けるルールのことを**命名規則**と呼びます。この節では変数の命名規則を簡単に紹介します。

変数名の頭に数値は使えません。「a_1」という変数名を付けても良いですが、「1_a」という変数名は許されません。「TRUE」などの特別な意味を持つ一部の単語は、変数名に使うことができません。また、エラーにはなりませんが、変数名の頭にピリオドは使わないようにします。ちなみに、「データ」や「金額」などの全角の変数名を付けることもできます。しかし、少々扱いにくいので、この本では使いません。

小文字大文字（aとA）と半角全角（aとａ）は明確に区別されるので、注意してください。例えば「a_1」と「A_1」は別の変数として扱われます。

変数には「中身の想像がつきやすい名前」を付けることが望ましいです。例えばaとかbとかいった単一のアルファベットだと「中に何が格納されているのか」というイメージがつきにくいので、なるべく使わないようにします。

変数名のつけ方にはいろいろな流儀がありますが、この本ではsnake_case（小文字単語をアンダーバー「 _ 」で区切る）という変数名のつけ方を採用します。命名規則は統一しておくと、後で読み返しやすいです。

2-2-7　変数の使用例

例えば書籍の値段が2000円だったとします。これを、以下のように変数として用意しておきます。

```
# 書籍の値段
book_price <- 2000
```

仮にpriceという変数名だと、“書籍の”値段だということがわかりませんね。果物の値段だと勘違いしてしまうかもしれません。aという変数名だと、何が何だかさっぱりわかりません。book_priceという変数名だと、書籍の値段だというのがすぐにわかります。

あるお店で、書籍が一律200円引きとなるセールをやっていたとします。割引額を以下のように変数として用意しておきます。

```
# 割引額
discount_amount <- 200
```

割引後の書籍の価格は、以下のように計算できますね。

```
# 割引後の書籍の価格
book_price - discount_amount
```

上記のコードを実行すると、以下のようにコンソールに出力されます。

```
> # 割引後の書籍の価格
> book_price - discount_amount
[1] 1800
```

このように計算すると、計算処理の意味が理解しやすいです。

2-2-8 関数の基本事項

続いて関数の解説に移ります。関数はデータ分析の処理を行ったり、データを読み込んだり、処理の結果を私たちが目に見える形で出力してくれたりと、さまざまな機能を担うものです。入力・処理・出力のすべてにおいて関数は重要な役割を果たします。

いくつか重要な用語があるので、紹介します。ここでは、ある数値の対数を得ることを目指して、関数を使うことにします。

処理の対象など、関数に渡すものを引数と呼ぶのでした。例えば数値の「8」の自然対数 $\log_e 8$ を求めたいと思ったとき、自然対数を求める関数に数値の「8」を引数として指定します。次節で紹介しますが、R で log 関数を使うことで対数が得られます。

処理の対象だけでなく、関数の挙動を指定する際にも引数が使われます。例えば 2 を底として $\log_2 8$ を求めたいときは「底は 2 です」ということを log 関数に伝える必要があります。こういうときにも引数を使います。引数は必須のものもあれば、そうでないものもあります。log 関数の場合、計算対象は必須ですが、底は省略できます。底を省略すると、自然対数を計算するようになります。

処理の結果として帰ってくる値のことを**返り値**あるいは**戻り値**と呼びます。自然対数を求める関数に数値の「8」を引数に指定して実行したら、その計算結果が返り値として得られます。

2-2-9 関数の使用例①対数の計算

数値の「8」を対象として、その自然対数を計算するコードは以下のようになります。log という関数を使います。関数の後ろにカッコをつけて、その中に引数を記述します。

```
# 数値の「8」の自然対数
log(8)
```

上記のコードを実行すると、以下のようにコンソールに出力されます。

```
> # 数値の「8」の自然対数
> log(8)
[1] 2.079442
```

２を底とする場合は、以下のように引数を１つ増やします。

```
# 数値の「8」の、2を底とした対数
log(8, 2)
```

上記のコードを実行すると、以下のようにコンソールに出力されます。

```
> # 数値の「8」の、2を底とした対数
> log(8, 2)
[1] 3
```

上記の実装だと「対数を計算する対象」と「対数の底」の区別がつきにくいです。８が底なのか、２が底なのか、一目ではわかりませんね。

引数には名称がついています。例えば log 関数の場合、「対数を計算する対象」は x で、「対数の底」は base という名称になっています。これを明示しておくと、間違いが少ないです。修正されたコードは以下のようになります。

```
# 数値の「8」の、2を底とした対数
log(x = 8, base = 2)
```

返り値は３であり、引数の名前を指定しなかった場合と変化ありません。

```
> # 数値の「8」の、2を底とした対数
> log(x = 8, base = 2)
[1] 3
```

引数の名称を指定しなかった場合は「引数を入れる順番」が重要になってきます。例えば log(8, 2) は「数値の『8』の、2を底とした対数」ですが、log(2, 8) は「数値の『2』の、8を底とした対数」となってしまいます。もちろん結果は変わります。

引数の名称を指定した場合は、順番を気にする必要がありません。すなわち log(x = 8, base = 2) と log(base = 2, x = 8) は同じ結果になります。

2-2-10 関数の使用例②変数の利用

変数と関数を組み合わせて使うことは、頻繁に行われます。

例えば2-2-7節で作成したbook_priceという変数を対象として、自然対数を計算してみます。

```
# 書籍の金額の自然対数を得る
log(x = book_price)
```

上記のコードを実行すると、以下のようにコンソールに出力されます。

```
> # 書籍の金額の自然対数を得る
> log(x = book_price)
[1] 7.600902
```

計算結果をさらに変数に格納することもできます。先ほどと同じ計算の結果を log_book_price という変数に格納するコードは以下のようになります。

```
# 計算結果の格納
log_book_price <- log(x = book_price)
```

2-2-11　関数の使用例③ print 関数

結果を出力する際にも関数が使われます。例えば以下のように print 関数を使うと、log_book_price の中身がコンソールに出力されます。

```
# 普通の出力
print(log_book_price)
```

コンソールの出力は以下の通りです。

```
> # 普通の出力
> print(log_book_price)
[1] 7.600902
```

これだと print 関数を使わないで出力したときと変わりません。しかし、print 関数に追加の引数を指定してあげることができます。例えば digits = 4 と指定すると、表示桁数を 4 桁にできます。

```
# 表示桁数の指定
print(log_book_price, digits = 4)
```

コンソールの出力は以下の通りです。

```
> # 表示桁数の指定
> print(log_book_price, digits = 4)
[1] 7.601
```

2-2-12 関数の使用例④ help 関数

最後に、少し特殊な関数として help 関数を紹介します。help 関数の引数に何かしらの関数を入れると、その関数の使い方マニュアルを表示してくれます。例えば以下のコードを実行すると、RStudio の Help パネルに、log 関数の使い方が表示されるはずです。

```
help(log)
```

上記のコードは以下のように書き換えても同じ結果が得られます。

```
?log
```

2-2-13 オブジェクト

変数でも関数でもよいですが、何かしらを格納した容れ物のことを**オブジェクト**と呼びます。この本では「単一の値を保持するオブジェクト」を変数と呼んでいます。次章以降では、複数の値を保持するオブジェクトも登場します。

オブジェクトはあまりにも対象範囲が広いので、少しイメージしにくいかもしれません。ここでは名前の紹介にとどめますが、R 言語をより深く理解しようと思った場合は、さまざまなオブジェクトについて学ぶ必要があります。

2-2-14 これから学んでいくこと

この章で、変数に数値を格納したうえで、簡単な関数を使って計算結果を得る方法を解説しました。しかし、計算の対象になったのは単一の数値だけです。

例えば平均値を計算しようと思ったら、複数の数値を 1 つにまとめてやらなくてはなりません。また、数値だけでなく、ABC といった文字列の取り扱い方を学ぶ必要もあります。

そのうえで、さまざまな計算や分析を行う方法を学ぶ必要があります。例えば、複数の数値をまとめていっぺんに対数変換する方法を知っておくと便利です。あるいは対数ではなく指数を計算したり、統計処理を行ったりする場合は log 関数以外の関数の使い方を理解しないと、実用的なプログラムを書くことはできません。

最後に、結果の出力の方法もより詳しく学んでおくと便利です。計算結果を別のファイルに保存したり、グラフのような画像として出力したりできると、応用範囲が広がります。

これらの内容を、次章以降で１つずつ解説していきます。

第３章では、データの型の解説をします。数値だけでなく、文字列などの扱い方を解説します。

第４章から第６章では、複数の数値や文字列などをまとめる技術、そして１つにまとめられたデータたちを柔軟に取り扱う技術を解説します。

第７章では、データの読み込みと結果の出力の方法を解説します。

第７章までで「データの取り扱い方」をまとめて解説しています。続く第８章以降では、いろいろな関数を使って、計算処理を実行する方法を紹介します。データ処理やデータ分析の事例紹介という意味も持たせています。

第８章では、演算子や論理演算を使った計算の仕方を解説します。演算子は、使い方がやや特殊ですが、これも関数です。

第９章では、合計値や平均値の計算など、集計の方法を解説します。

第 10 章では、標準化など、データの変換の方法を解説します。

第 11 章では、データの可視化の方法を解説します。

第 12 章では、いったん分析事例を離れて、確率分布の取り扱いを解説します。そして第 13 章で仮説検定を中心とした推測統計の手法を実行する手順を解説します。

第 14 章では、やや応用的な事例として、外部パッケージを使って、R の機能を拡張する方法を解説します。

なお、第３章からはやや細かい話が続きます。データの型を１つとっても、数値型から文字列型、論理値型など、たくさんあって、すべてを最初から覚えきるのは大変かもしれません。その際は、適宜読み飛ばしながら進めていっても大丈夫です。R言語が初めてだという方は特に苦労するかもしれません。積極的に斜め読みしてください。最初からすべてを覚えきれる人は多くありません。必要になったときに適宜読み返してもらえれば大丈夫です。巻末の逆引きRコード集も参考にしてください。

また、赤い星「★」マークがたくさんある節は難易度が高めです。「★☆☆」が最も難易度が低いです。第２部までを読む場合は、最低難易度の節だけを読み進めるというやり方でも大丈夫です。第３部以降を読み進める際には、「★★☆」や「★★★」などの高い難易度の節も読んで復習しておくと良いでしょう。

第3章 データの型

章のテーマ

第３章では、データの型について解説します。今までは数値データのみを扱っていましたが、実際には文字列などさまざまなタイプのデータを扱うことになります。その方法を、この章で解説します。なお、日付の型も重要なのですが、複雑であるため、第４部第５章まで取り扱わないことにします。

章の概要

●さまざまなデータ型の紹介

データの型の判断 → 数値型 → 論理型 → 文字列型 → 因子型 → 欠損値など

●応用的な内容

データの型の変換 → データの型のチェック

2-3-1　データの型の判断とclass関数

これからさまざまなデータの型を解説していきます。その前に、データの型が何なのかを確認するためのclass関数を紹介します。以下のコードを実行すると、「2」という数値のデータの型がわかります。コンソールのみ記載します。

```
> # データの型の確認
> class(2)
[1] "numeric"
```

これから頻繁に用いるので、是非覚えておいてください。この本で実行されていなかったとしても、自分の興味のある対象に対してclass関数（と余裕があれば第２部第５章で説明するstr関数）を実行してみてください。対象に対する理解が深まります。

2-3-2 numeric（さまざまな数値）と integer（整数）

最初に扱うのは２つの数値型です。numeric は広い意味での**数値型**です。小数点以下を含むこともあります。一方の integer は**整数値型**です。2-3-1 節の実行例を見ればわかるように、通常の数値は numeric として扱われます。integer として扱いたい場合は、数値の後ろに L を付けます。コンソールのみ記載します。

```
> # 整数値型
> class(2L)
[1] "integer"
```

基本的には numeric を使います。整数値型は、明示的に「これは小数点以下を取りません」と示したい場合にのみ使われます。例えば要素の数や繰り返しの回数などを指定する場合に integer を使うことがあります。

2-3-3 logical（TRUE か FALSE）

論理値型（logical）は TRUE と FALSE の２種類しかありません。TRUE が「真」で FALSE が「偽」という意味です。

```
> # 論理値型
> class(TRUE)
[1] "logical"
> class(FALSE)
[1] "logical"
```

論理値型が登場するのは、以下のような場面です。

- 2通りしかない結果の出力
  - （例）「2は3より小さいですか？」の出力はTRUEになる
  - （例）「2は3より大きいですか？」の出力はFALSEになる
- 2通りしかない指定
  - （例）「近似計算（approximation）をしたくない」という指定として、approximation=FALSEと引数に指定する

2通りしか結果がないというのは、不便なように見えて実は使い道が多いです。この本でも頻繁に登場します。

MEMO

TRUEやFALSEの省略形

TRUEやFALSEは、先頭の文字であるTやFと省略できます。Tと記述するとTRUEが、Fと記述するとFALSEが返ってきます。

```
> # 省略形
> T
[1] TRUE
> F
[1] FALSE
```

TといえばTRUEの省略形、と常に考えられれば良いのですが、以下のコードのようにTに別の値を上書きできてしまいます。

```
> # 中身の書き換え
> T <- 930
> # Tの中身の確認
> T
[1] 930
> # Tのデータ型の確認
> class(T)
[1] "numeric"
```

上記のコードを実行した後には、Tは930という数値になります。Fも同様に上書きできます。このため、なるべく省略形は使わない方が良いでしょう。

2-3-4 character (いろいろな文字列)

文字列型 (character) は文字列を格納するデータ型です。「A」という文字列のデータ型を確認するコードは以下の通りです。コンソールのみ記載します。

```
> # 文字列型
> class("A")
[1] "character"
```

character はダブルクォーテーション (") やシングルクォーテーション (') で囲むことに注意します。どちらでもよいのですが、この本ではダブルクォーテーションで統一します。ダブルクォーテーションなどで囲むのを忘れると「A」を変数の名称だと勘違いされてしまい、エラーになってしまいます。

character は、変数の名称やグラフのタイトルなど、さまざまな場面で登場します。

2-3-5 factor (共通するカテゴリなど)

ファクター (factor) あるいは**因子型**は一見すると character のように文字列に見えますが、扱いが大きく変わります。対象を factor として扱う場合は、文字通り factor 関数を使います。

単なる class("A") の出力は character ですが、class(factor("A")) の出力は異なるものになります。コンソールのみ記載します。

```
> # ファクター
> class(factor("A"))
[1] "factor"
```

character と factor の使用例を以下に示します。100 人の被験者に対して 1 回ずつアンケートを取りました。アンケートの内容は 20 種類の商品の好き嫌いについてです。このデータに対して分析を試みるとき、以下のように使い分けをすることが多いでしょう。

- 人の名前はcharacter　例："Yamada"
- 人の性別はfactor　例：factor("male")
- 商品名称はcharacter　例："sample_ebi_senbei"
- 商品カテゴリはfactor　例：factor("snack")

もちろん、上記は一例です。例外はあり得ます。しかし、characterとfactorのイメージをつかむには良いかと思います。

factorは一意の要素を何度も使いまわすイメージです。例えば、100人を対象としたアンケートを行ったとします。性別のmaleは、いろいろな人の性別として何度も使われます。

一方、characterである人の名前を使いまわして、100人の実験対象者の約半分がYamadaさん、という事例はあまり見かけません。

数値をfactorにすることもできます。

```
factor(1)
```

例えば、売り上げを伸ばすための施策としてNo.1からNo.7まで7つを検討しているとします。このとき、数値の1から7を「単なる数値(numeric)」として扱うのは問題です。例えば「施策No.2と施策No.7を加算したら、誰も試したことの無い未知の領域である施策No.9が爆誕する！」ということはないわけです。勝手に施策番号を足し引きしてはいけません。このような場合はfactorを使います。

なお、上記では性別がmaleしかなかったり、施策No.1しかなかったりする例を紹介しています。実際には「male」と「female」など2つ以上の要素を持つことが普通です。複数の要素を持たせる方法は第2部第4章で解説します。

★☆☆

2-3-6 欠損など

データの型とは少し異なりますが、**欠損値**など特殊な値の扱いについて補足しておきます。欠損値は**欠測値**とも呼ばれます。

2-3-6-1 NA

例えば、毎日10時に気温を測定していたとします。しかし、ある日にセンサーが故障してしまって気温が測定できませんでした。このようなときは欠損として扱います。RではNAで表現します。

```
NA
```

2-3-6-2 NULL

NAは「あるべきデータがそこにない」というニュアンスを含みます。一方のNULLは「何もない、空である」という状況を表します。

```
NULL
```

例えば複雑な計算処理を行ってくれる関数があったとします。その関数はオプションで「事前に行っておきたい前処理」を指定できるとします。今回は前処理の必要はないな、と思ったときはNULLと指定するイメージです。

2-3-6-3 NaN

欠損とは異なりますが「計算できなかった」というのを表すものを紹介しておきます。NaNと呼ばれるものです。例えば以下の計算を行ったとき、結果はNaNになります。

```
0 / 0
```

コンソールへの出力は以下の通りです。

```
> 0 / 0
[1] NaN
```

2-3-6-4　Inf

計算結果が無限大に発散してしまうときは、Inf を使います。例えば以下の計算を行ったとき、結果は Inf になります。

```
1 / 0
```

コンソールへの出力は以下の通りです。

```
> 1 / 0
[1] Inf
```

★★☆

2-3-7　データの型の変換と「as.○○」関数

データの型は、互いに変換できることがあります。場合によってはできないこともあります。例えば "Yamada" という文字列 (character) を数値 (numeric) に変換することは難しいです。しかし、numeric を character に変換することは難しくありません。

変換できると便利なことはしばしばあります。例えば、単なる数値だったものを factor に変換すると「施策 No.1」として扱うことができるようになるでしょう。データ分析の前処理として、こういった変換はしばしば行われます。

2-3-7-1　データの型変換の基本

以下のように num に数値の「1」を格納すると、数値型 (numeric) になります。コンソールの結果のみ記載します。

```
> # 数値
> num <- 1
> class(num)
[1] "numeric"
```

実はこの数値は「施策No.1」という意味だった、ということが後でわかったとしましょう。この場合は以下のようにas.factor関数を使って変換できます。

```
> # factorに変換
> num_to_fac <- as.factor(num)
> class(num_to_fac)
[1] "factor"
```

factorへの変換だけでなく、さまざまな変換があります。以下に関数名を列挙します。

- 数値に変換　：as.numeric
- 整数に変換　：as.integer
- 論理値に変換：as.logical
- 文字列に変換：as.character
- factorに変換：as.factor

2-3-7-2 numericとlogicalの変換

numericとlogicalの変換だけ、その挙動を、補足として確認しておきます。まずは、numericをlogicalに変更します。0はFALSEになり、それ以外はTRUEとなります。

```
> # numeric→logical
> as.logical(0)
[1] FALSE
> as.logical(1)
```

```
[1] TRUE
> as.logical(2)
[1] TRUE
```

逆に、logical を numeric に変換します。FALSE は 0 になり、TRUE は 1 となります。

```
> # logical→numeric
> as.numeric(FALSE)
[1] 0
> as.numeric(TRUE)
[1] 1
```

2-3-8　データの型のチェックと「is. ○○」関数

例えば num という変数があって、その中に何が格納されているのかわからなかったとします。数値であることを期待していますが、異なるデータの型だった場合は問題が発生するかもしれません。このようなときは、以下のように型のチェックを行います。以下では、あえて論理値型が格納された変数に対してチェックを行っています。numeric かどうかをチェックする関数は is.numeric です。論理値型は numeric ではないので、「違いますよ」という意味で FALSE が出力されます。

```
> # numericかどうかのチェック
> num <- TRUE
> is.numeric(num)
[1] FALSE
```

いちいちチェックする必要もないのでは、と思うかもしれません。しかし、この結果が大切になることがあります。例えば、以下のコードは、少し驚くかもしれませんが、エラーにならずに計算結果が得られます。

```
> # 論理値型への足し算
> num <- TRUE
> num + 5
[1] 6
```

TRUEはnumericに変換すると「1」なので、それに5を足した結果が得られてしまいます。これが意図した挙動でない場合は問題です。あらかじめis.numeric関数を使ってチェックしていれば、このようなことにはならないはずです。

現実的には、毎回データ型のチェックをするのは手間がかかります。しかし、欠損値か否かのチェックは重要なので、is.na関数だけでも覚えておいてください。頭にisをつけるだけなので、比較的覚えやすいかと思います。

関数の一覧を以下に記します。なお、これらの関数の返り値は論理値型となります。正しければTRUEで違っていればFALSEです。

- 数値判定　：is.numeric
- 整数判定　：is.integer
- 論理値判定　：is.logical
- 文字列判定　：is.character
- factor判定　：is.factor
- NA判定　：is.na
- NULL判定　：is.null
- NaN判定　：is.nan
- Inf判定　：is.infinite

第 4 章 ベクトル・行列・配列

章のテーマ

ここからは、複数のデータをまとめる技術、そして 1 つにまとめられたデータを取り扱う技術を解説します。データの持ち方、そして**データ構造**について解説する章となります。データ構造として、まずは**ベクトル**とそれを拡張した**行列**、**配列**について解説します。

章の概要

●ベクトルの基礎

データをまとめることの重要性 → ベクトルの作成 → ベクトルの注意事項
→ (実装例) 3 日間の平均気温の計算

●ベクトルの作り方の補足

ベクトルの個別の要素にラベルを付ける → 等差数列の作成
→ 規則性のあるベクトルの作成 → もともと用意されているベクトル

●ベクトルの活用

個別の要素の取得 → 要素数の取得 → ベクトル同士の演算
→ 長さが異なるベクトル同士の演算

●行列

行列の作成 → 行ラベルと列ラベルの指定 → 個別の要素の取得
→ 行数と列数の取得 → 行列の結合

●配列

配列の作成 → 個別の要素の取得

2-4-1　数値の羅列は、そのままでは解釈できない

例えば {1, 2, 3} という 3 つの数値があったとします。このとき、単に「123」と入力したら百二十三と解釈されてしまいます。間にスペースを入れて

「1 2 3」と入力したらエラーになってしまいます。「1」と「2」と「3」という3つの数値を別々に扱いたいわけです。

数値だけではなく、文字列も同様です。“ABC”は、そのままだと1つの文字列とみなされてしまいます。「AとBとCは別物です！」というのを正しく指定する方法をこれから解説します。

2-4-2 ベクトルの作成

複数の要素を1つにまとめるときに便利なデータ構造が**ベクトル**です。数学でもベクトルという言葉が登場しますが、R言語の用語として理解したほうが良いかと思います。

2-4-2-1 ベクトル作成の基本

c()という関数の中に、カンマ区切りで複数の値を格納することで、ベクトルを作成できます。cはcombineの略です。vec_numという名前でベクトルを作るコードは以下の通りです。vec_numには「1」と「2」と「3」という3つの数値を格納しました。

```
# 3つの要素を持つベクトルを作る
vec_num <- c(1, 2, 3)
```

上記のコードを実行しても、コンソールには何も出力されません。vec_numと入力すると、中身を確認できます。

```
vec_num
```

コンソールへの出力は以下の通りです。

```
> vec_num
[1] 1 2 3
```

2-4-2-2　数値以外のベクトルの作成

数値以外のデータの型を格納することもできます。character と logical のベクトルを作るコードは以下の通りです。コンソールのみ記載します。

```
> # character型のベクトル
> vec_char <- c("A", "B", "C")
> vec_char
[1] "A" "B" "C"
>
> # logical型のベクトル
> vec_logical <- c(TRUE, FALSE, TRUE)
> vec_logical
[1]  TRUE FALSE  TRUE
```

★★☆

2-4-3　ベクトルは単一のデータ型しか格納できない

c() という関数の中に、カンマ区切りで複数の値を格納する。これだけ覚えておけば、ベクトルを作ることができます。しかし、若干の注意事項があるので、この節で解説しておきます。

ベクトルには、単一のデータの型しか格納できません。例えば numeric と character を混ぜてベクトルにはできません。無理やり混ぜてしまうと、すべて character 型になってしまいます。

```
> vec_num_char <- c(1, 2, "A")
> vec_num_char
[1] "1" "2" "A"
```

出力を見ると、すべてにダブルクォーテーションがついているので、character として扱われてしまっていることがわかります。

2-4-4　3 日間の平均気温の計算

例えば 1 日の気温が 3 日間分 {20 度, 19 度, 23 度} と得られていたとします。この 3 日間の平均気温を、R を使って計算してみましょう。

まずは、入力値の準備です。{20 度, 19 度, 23 度} という 3 日間の気温を、numeric のベクトルとして用意します。ベクトルとして 3 つの数値をまとめると「201923」すなわち「二〇万一千九百二十三」だと勘違いされることはありませんね。平均値を計算する関数は「mean 関数」です。最後に、計算された平均気温を有効数字 3 桁で四捨五入して、コンソールに表示させます。

上記の処理を実現する 3 行プログラムは以下のようになります。

```
temperature <- c(20, 19, 23)
mean_temperature <- mean(temperature)
print(mean_temperature, digits = 3)
```

コンソールへの出力は以下の通りです。

```
> temperature <- c(20, 19, 23)
> mean_temperature <- mean(temperature)
> print(mean_temperature, digits = 3)
[1] 20.7
```

2-4-5　ベクトルの個別の要素にラベルを付ける

単に「1 番目の要素」や「2 番目の要素」としてベクトルの各要素を扱うのではなく、各要素にラベルを付けることができます。例えば「1 番目の要素は大阪の気温」で「2 番目の要素は東京の気温」「3 番目の要素は名古屋の気温」である場合は、names 関数を使って以下のように実装します。要素のラベルは、文字列型のベクトルとして指定します。

```
> temperature <- c(20, 19, 23)
> names(temperature) <- c("Osaka", "Tokyo", "Nagoya")
> temperature
 Osaka  Tokyo Nagoya
    20     19     23
```

2-4-6　等差数列の作成

c() という関数を使う以外にも、ベクトルを作る方法があるので紹介します。最も頻繁に使うのはコロン (:) 記号を使って等差数列を作る方法です。例えば 1:5 と指定すると、1 から 5 までの等差数列が得られます。

```
> 1:5
[1] 1 2 3 4 5
```

コロンの左側が開始番号で、右側が終了番号となります。例えば 2:4 とすると、結果は「2 3 4」となります。

2-4-7　規則性のある繰り返しを持つベクトルの作成

ベクトルを作る方法は、他にもあります。よく使うものを紹介します。

2-4-7-1　rep 関数による繰り返し

同じ値を何度も繰り返した結果をベクトルとして得たい場合は rep という関数を使います。引数 x には「繰り返しの対象」を、times には「繰り返し数」を指定します。コンソールの結果だけ示します。

```
> rep(x = 1, times = 10)
 [1] 1 1 1 1 1 1 1 1 1 1
```

repの便利なところは「ベクトルの繰り返し」ができることです。「1,2」という2つの数値を5回繰り返すコードは以下の通りです。

```
> rep(x = c(1, 2), times = 5)
 [1] 1 2 1 2 1 2 1 2 1 2
```

各要素を5回ずつ繰り返す場合は、timesの代わりにeachを指定します。

```
> rep(x = c(1, 2), each = 5)
 [1] 1 1 1 1 1 2 2 2 2 2
```

2-4-7-2　seq関数による規則性のあるベクトルの作成

等差数列のような規則性のある数列を作る場合はseq関数を使うのが便利です。fromからtoまでby単位で値を増やしながら、等差数列を作ります。

```
> seq(from = 1, to = 10, by = 1)
 [1]  1  2  3  4  5  6  7  8  9 10
```

上記のような事例なら、例えば1:10とコロン記号を使っても同じ結果が得られます。しかし、seq関数を使うと、いろいろと応用が利きます。例えば、0から1まで、0.25単位で増加する等差数列は以下のようにして作成します。

```
> seq(from = 0, to = 1, by = 0.25)
[1] 0.00 0.25 0.50 0.75 1.00
```

今まではbyという引数を指定していましたが、length.outという引数を代わりに指定すると「ベクトルの長さ」を指定したうえで等差数列が得られます。1から10までを「4等分」する等差数列は以下のようにして作成できます。

```
> seq(from = 1, to = 10, length.out = 4)
[1]  1  4  7 10
```

2-4-8　もともと用意されている文字列ベクトル

私たちが実装しなくても、Rが文字列ベクトルをいくつか用意してくれています。ラベルを振る際に便利なので、たまに使います。

LETTERSというベクトルに、大文字のアルファベットがすべて格納されています。コンソールの結果だけ示します。

```
> LETTERS
 [1] "A" "B" "C" "D" "E" "F" "G" "H" "I" "J" "K" "L" "M" "N"
[15] "O" "P" "Q" "R" "S" "T" "U" "V" "W" "X" "Y" "Z"
```

小文字のアルファベットもlettersという名前で用意されています。

```
> letters
 [1] "a" "b" "c" "d" "e" "f" "g" "h" "i" "j" "k" "l" "m" "n"
[15] "o" "p" "q" "r" "s" "t" "u" "v" "w" "x" "y" "z"
```

月の名称はmonth.abbです。

```
> month.abb
 [1] "Jan" "Feb" "Mar" "Apr" "May" "Jun" "Jul" "Aug" "Sep"
[10] "Oct" "Nov" "Dec"
```

2-4-9　ベクトルの個別の要素の取得

ここからは、ベクトルを作った後の話に移ります。用意されたベクトルの取り扱い方を学びます。まずは個別の要素を抽出する方法を解説します。短いコードが続くので、コンソールの結果のみ記すことにします。

2-4-9-1　要素番号を指定する

角カッコ（[]）を使うことで、ベクトルの個別の要素を取得できます。角カッコの中には、様々な指定ができます。

最も簡単なのが要素番号を指定する方法です。例えば「"A"　"B"　"C"」という３つのアルファベットが格納されたベクトル vec_char を対象としてみます。１番目の要素を取得する場合は角カッコの中に「1」を指定します。R 言語の場合、添え字は「1」からのスタートです（プログラミング言語によっては「0」からスタートすることもあります）。

```
> vec_char[1]
[1] "A"
```

角カッコの中にベクトルを指定することもできます。c(1,3) と指定すると、１番目の要素と３番目の要素の２つを取得できます。

```
> vec_char[c(1, 3)]
[1] "A" "C"
```

ある要素番号を持つものを「除く」こともできます。このときはマイナス記号を使います。２番目の要素だけを除くコードは以下の通りです。

```
> vec_char[-2]
[1] "A" "C"
```

ここには記しませんが、ベクトルを使って2つ以上のマイナスの要素番号を指定することもできます。ただし、プラスの値とマイナスの値を混ぜて指定することはできません。

要素数を超える数値を角カッコに指定するとNAが返ってきます。要素数には常に注意を払うようにして下さい。

```
> vec_char[4]
[1] NA
```

2-4-9-2　ラベルを指定する

名前のラベルがついている場合は、ラベルを指定することでも個別の要素を取得できます。

```
> # ラベルで指定
> temperature["Osaka"]
Osaka
   20
> # ラベルのベクトルを指定することもできる
> temperature[c("Osaka", "Nagoya")]
 Osaka Nagoya
    20     23
```

2-4-9-3　TRUEかFALSEで指定する

角カッコの中に、論理値型のベクトルを指定することもできます。TRUEと指定された要素だけが抽出されます。例えば、1番目と3番目の要素がTRUEで、2番目の要素がFALSEの論理値型のベクトルを指定すると、以下のように1番目と3番目の値だけが抽出されます。

```
> # TRUEかFALSEで指定する
> vec_char[c(TRUE, FALSE, TRUE)]
[1] "A" "C"
```

2-4-10　length による要素数の取得

ベクトルの個別の要素を取得する際、要素数を超える添え字を指定するとNA が返ってくるのでした。これでは困ります。あらかじめベクトルの要素数を調べておくと安全です。

ベクトルの要素数を取得する場合は length 関数を使います。

```
> length(vec_char)
[1] 3
```

単一の数値として例えば「2」などが格納された変数に対して length 関数を適用すると、結果は 1 になります。単一の数値は、長さが 1 のベクトルです。R にはスカラー、すなわち「単一の数値」というデータ型はありません。

```
> num <- 2
> length(num)
[1] 1
```

2-4-11　ベクトル同士の演算

ベクトル同士を対象とした演算の結果がどのようなものになるか、確認しておきます。以下のように 3 つの要素を持つベクトルを 2 つ作って、足し合わせます。

```
> vec_num_1 <- c(1, 2, 3)
> vec_num_2 <- c(10, 20, 30)
> vec_num_1 + vec_num_2
[1] 11 22 33
```

1 番目の要素同士の和、2 番目の要素同士の和……と、同じ位置にある要素同士で演算が行われていることがわかります。引き算や掛け算、割り算などでも同様です。

これはR言語の大きな特徴です。他のプログラミング言語を使って上記の足し算を実装すると、やや長いコードを書く必要が出てくることがあります。Rではベクトルをうまく使うと、コードがシンプルになることがしばしばあります。

2-4-12　長さが異なるベクトル同士の演算

ベクトルの長さが異なる場合は、短い方のベクトルにおける、要素番号が少ないものを使いまわします。これを**リサイクル**と呼びます。やや扱いが難しいので注意してください。

```
vec_num_3 <- c(4, 5, 6)
vec_num_4 <- c(40, 50)
vec_num_3 + vec_num_4
```

コンソールへの出力は以下の通りです。vec_num_4は要素が２つしかありません。１つ足りていないので、「40」という数値が２回使われることになります。この場合はワーニングが出力されます。

```
> vec_num_3 <- c(4, 5, 6)
> vec_num_4 <- c(40, 50)
> vec_num_3 + vec_num_4
[1] 44 55 46
Warning message:
In vec_num_3 + vec_num_4 :
  longer object length is not a multiple of shorter object length
```

リサイクルという挙動は、使いづらく感じるかもしれません。しかし、単一の数値を足し合わせるときなどには便利です。単一の数値は長さが１のベクトルとみなされるので、以下のような挙動になります。

```
> # 単一の数値は、長さ1のベクトルとして扱われる
> vec_num_1 + 5
[1] 6 7 8
```

vec_num_1には「1, 2, 3」という3つの数値が格納されています。これに長さが1のベクトルである「5」を足すと、リサイクルされて各々の要素に5が足されます。長いベクトルの要素数が、短いベクトルの要素数の整数倍のときは、ワーニングが出ません。

2-4-13　行列の作成

ベクトルは要素数が増えると、ひたすら横に伸びていきます。一方の**行列**は縦と横の2次元でデータを持つことができます。例えば、親の身長と子供の身長でデータを分けるときは、単一のベクトルとしてまとめるよりも行列を使った方が便利です。

行列を作るときにはmatrixという関数を使います。なお、関数の直後のカッコの中は、区切りの良い箇所で改行できます。1行があまりに長くなりすぎる場合は、改行したほうがコードが読みやすいです。本書でも積極的に改行することにします。

```
mat_num <- matrix(
  data = c(1, 2, 3, 4, 5, 6),
  ncol = 2
)
mat_num
```

コンソールへの出力は以下の通りです。

```
> mat_num <- matrix(
+   data = c(1, 2, 3, 4, 5, 6),
+   ncol = 2
```

```
+ )
> mat_num
     [,1] [,2]
[1,]    1    4
[2,]    2    5
[3,]    3    6
```

本筋とは関係ありませんが、コンソールにおいて、行頭がプラス記号になっている部分があります。1つの処理を行うコードが複数行に分かれる場合、コンソールにはプラス記号が出てきます。

1から6の数値をまとめた行列を作りました。ncol = 2とすると、列数を指定できます。行数は、dataで指定されたベクトルの長さから自動で判断されます。

ところで、今回は6つの要素を持つベクトルをdataに指定しました。このときは、ncol = 2を指定すると自動的に3行2列の行列となります。逆に行数を指定してnrow = 3としても、やはり3行2列の、mat_numとまったく同じ行列が得られます。コンソールのみ記載します。

```
> mat_num_row <- matrix(
+   data = c(1, 2, 3, 4, 5, 6),
+   nrow = 3
+ )
> mat_num_row
     [,1] [,2]
[1,]    1    4
[2,]    2    5
[3,]    3    6
```

colは列（column）の略であり、行の英語はrowになることを覚えていれば対応付けがしやすいです。

また「行」は横で見て、「列」は縦で見ることも覚えておきましょう。mat_numの「1行目」は「1　　4」です。「2行目」は「2　　5」です。横方向に見るのが「行」です。

一方「1列目」は「1　2　3」です。縦方向に見るのが「列」です。

MEMO

行単位でデータを格納する

先ほどは「1，2，3，4，5，6」という６つの数値が「列単位（縦方向）で格納」されました。１列目に最初の３要素が格納され、２列目に後ろの３要素が格納されていますね。これを「行単位（横方向）で格納」することもできます。byrow = TRUEという引数を指定します。

```
> mat_num_by_row <- matrix(
+   data = c(1, 2, 3, 4, 5, 6),
+   nrow = 3,
+   byrow = TRUE
+ )
> mat_num_by_row
     [,1] [,2]
[1,]    1    2
[2,]    3    4
[3,]    5    6
```

2-4-14　行ラベルと列ラベルの指定

複雑なデータを扱うときは「1行目」のように数値で呼ぶよりも、名前を付けておくと間違いが少ないです。行列において、列名と行名をつけることができるので、やり方を紹介します。列名はcolnames関数を、行名はrownames関数を使うことで取得できます。これらに対して、文字列（character）のベクトルを格納してあげると、行名や列名を指定できます。

```
colnames(mat_num) <- c("col1", "col2")
rownames(mat_num) <- c("row1", "row2", "row3")
```

上記のコードを実行するだけでは何もコンソールに出力されません。しかし、以下のように行列mat_numをコンソールに出力させると、行名と列名が変わっていることがわかります。

```
> mat_num
     col1 col2
row1    1    4
row2    2    5
row3    3    6
```

2-4-15　行列の個別の要素の取得

行列の場合も、ベクトルと同様にデータの個別の要素を取得できます。行と列の2次元であることにだけ注意が必要です。短いコードが続くので、コンソールの結果のみ記すことにします。

2-4-15-1　行番号と列番号を指定する

角カッコの中に、カンマを使って [行番号 , 列番号] の順に指定します。例えば、mat_num の2行1列目の要素を取得するコードは以下のようになります。

```
> mat_num[2, 1]
[1] 2
```

特定の行や列だけを取得することもできます。2行目をすべて抽出する場合は、列番号を指定しなければ良いです。

```
> mat_num[2, ]
col1 col2
   2    5
```

任意の列だけを取得することもできます。その場合は、行番号を空白にします。1列目の要素を取得するコードは以下の通りです。

```
> mat_num[, 1]
row1 row2 row3
   1    2    3
```

特定の行や列を除く場合はマイナス記号を使います。1 行目と 2 列目を除くコードは以下の通りです。

```
> mat_num[-1, -2]
row2 row3
   2    3
```

要素を指定する際は、ベクトルとして指定することもできます。すなわち「2 行目と 3 行目を取得したい」という場合には、行を表す番号として「2 と 3 のベクトル」を指定すればよいわけです。2:3 が「2 と 3 のベクトル」であることに注意してください。

```
> mat_num[2:3, ]
     col1 col2
row2    2    5
row3    3    6
```

2-4-15-2　ラベルを指定する

行番号や列番号の代わりに、行名や列名も指定できます。

```
> mat_num["row2", "col1"]
[1] 2
```

こちらもラベルのベクトルを指定できます。

```
> mat_num[c("row2", "row3"), "col1"]
row2 row3
```

```
   2    3
```

2-4-15-3　TRUE と FALSE で指定する

取得したい行や列を論理値型のベクトルで指定できます。以下で、1行目と2行目でかつ、2列目のデータのみを取得します。

```
> mat_num[c(TRUE, TRUE, FALSE), c(FALSE, TRUE)]
row1 row2
   4    5
```

2-4-16　nrow・ncol・dim による行数と列数の取得

nrow 関数を使うことで、行数を取得できます。mat_num の行数を得るコードは以下の通りです。コンソールのみ記載します。

```
> nrow(mat_num)
[1] 3
```

同様に ncol 関数を使うことで、列数を取得できます。

```
> ncol(mat_num)
[1] 2
```

dim 関数を使うことで、行数と列数をあわせて取得できます。

```
> dim(mat_num)
[1] 3 2
```

MEMO

matrix に対して length 関数を適用したときの結果

ベクトルの要素数を調べるときに使った length 関数を行列に適用することもできます。このときは、行数や列数は無視して、純粋な要素の数を返します。コンソールへの出力のみ載せます。

```
> length(mat_num)
[1] 6
```

ベクトルは、R言語において、さまざまなものの基礎となるデータの型です。行列は「ベクトルにおいて、行数や列数という属性が加わったもの」だといえます。そのため、挙動はベクトルとよく似ています。

2-4-17 rbind と cbind による行列の結合

作成された行列同士を結合させる方法を解説します。

2-4-17-1 結合対象となる行列の作成

結合させる対象となる行列を２つ作成します。ともに３行２列の行列です。

```
mat_1 <- matrix(
  data = 1:6,
  ncol = 2,
  byrow = TRUE
)
mat_2 <- matrix(
  data = (11:16) * 10,
  ncol = 2,
  byrow = TRUE
)
```

いくつか工夫がされていますので、少し捕捉します。1:6は1から6までの等差数列でした。c(1,2,3,4,5,6)と記述するよりも簡単なので、mat_1の作成の際に使っています。

mat_2ではさらに工夫しています。11:16とすることで11から16までの等差数列を得ています。それをさらに10倍することで、110から160まで、10ずつの等差数列を得ています。

作成された行列を確認します。コンソールのみ記します。

```
> mat_1
     [,1] [,2]
[1,]    1    2
[2,]    3    4
[3,]    5    6
> mat_2
     [,1] [,2]
[1,]  110  120
[2,]  130  140
[3,]  150  160
```

2-4-17-2　行の結合

2つの行列を「縦に伸ばす」と「行数が増える」ことになります。この場合はrow bindを略してrbind関数を使います。引数には行列を指定します。今回は2つだけですが、3つ以上になっても、カンマ区切りで追加すればよいです。

```
> rbind(mat_1, mat_2)
     [,1] [,2]
[1,]    1    2
[2,]    3    4
[3,]    5    6
[4,]  110  120
[5,]  130  140
[6,]  150  160
```

2-4-17-3　列の結合

２つの行列を「横に伸ばす」と「列数が増える」ことになります。この場合は、column bindを略してcbind関数を使います。

```
> cbind(mat_1, mat_2)
     [,1] [,2] [,3] [,4]
[1,]    1    2  110  120
[2,]    3    4  130  140
[3,]    5    6  150  160
```

2-4-18　配列の作成

ベクトルは１次元、行列は「縦と横」で２次元だと言われます。この次元数をさらに増やせます。この場合は**配列**を使います。「『2行３列の行列』を２つ持つ配列」をarray_numという名前で作ります。

```
array_num <- array(
  data = 1:12,
  dim = c(2, 3, 2), # 行数・列数・行列の数
)
```

引数dimにはベクトルを指定します。c(2,3,2)ならば、「『2行３列の行列』を２つ持つ配列」となります。c(2,3,5)ならば「『2行３列の行列』を５つ持つ配列」です。

引数dimに指定するベクトルの要素数を増やしてc(2,3,5,4)などと指定することもできます。このときは「『2行３列の行列』を５つ持つ配列」をさらに４つ持つことになります。やや複雑すぎるので、この本では使いません。

今回は「『2行３列の行列』を２つ持つ配列」ですね。以下のような中身になっています。

```
> array_num
, , 1

     [,1] [,2] [,3]
[1,]    1    3    5
[2,]    2    4    6

, , 2

     [,1] [,2] [,3]
[1,]    7    9   11
[2,]    8   10   12
```

2-4-19　配列の個別の要素の取得

配列の要素の取得は、行列などと同様に角カッコを使うことで行えます。２つ目の行列における、２行３列目の値を取り出すコードは以下の通りです。

```
> array_num[2, 3, 2]
[1] 12
```

その他、配列は、基本的にベクトルや行列と同じように扱えます。要素番号を指定するときに「本来は３次元の配列なのに２次元で指定していた」という場合（array_num[2,3] など）はエラーになるので、その点は注意してください。

第 5 章
データフレーム

章のテーマ

第 5 章でも、前章と同様に、複数のデータをまとめる技術を解説します。第 5 章ではデータフレームと呼ばれる、行列をさらに使いやすくしたようなデータ型を学びます。

章の概要

●データフレームの基礎

データフレームの使いどころ → 整然データとは何か
→ データフレームの作成 → 整然データと雑然データ

●データフレームの活用

$ 記号による列の取得 → 個別の要素の取得 → 先頭行と末尾行の抽出
→ 条件を用いたデータの抽出 → 行数と列数の取得 → 文字列の扱い
→ 構造の確認 → 列名の取得 → データフレームの結合

2-5-1　データフレームの使いどころ

データフレームは、使用頻度がとても高いです。例えば第 2 部第 1 章でデータ分析を体験していただいたとき、CSV ファイルからデータを読み込みました。実はこのデータはデータフレームで保存されています。第 2 部で紹介する基本的なデータ読み込みの方法を使った場合は、必ずデータフレームが登場します。

データの読み込み方法は必ずしも 1 つだけではありません。データフレームではないデータの型として読み込むこともできますが、応用的な内容になるので第 4 部で解説します。まずはデータフレームの扱いに習熟しましょう。R 言語を使う限り、決して無駄にはならない技術です。

★★☆

2-5-2　整然データとは何か

データフレームはさまざまなデータを格納できますが、無秩序にデータを格納していると、分析がしにくくなってしまいます。

例えば以下のように架空の蟹の甲羅の大きさデータをベクトルに格納したとします。日本語や「cm」のような単位が入っていると、とても扱いにくいです。

```
vec_dame <- c("オス：13.8cm", "オス：14.3cm", "メス：6.8cm")
```

二人の身長の平均値を計算するためにmean(vec_dame)と実行しても、正しい結果は得られません。「"オス：13.8cm"」は、もはや数値ではないからです。

このデータのどこが問題なのか、そしてどのような構造でデータを保持するべきなのか。これをまとめた考え方があります。Wickham（2014）で提案されたTidy dataあるいは**整然データ**と呼ばれる考え方です。

整然データはデータの構造とデータの意味が対応するように作られます。整然データの特徴は以下の通りです（西原（2017）から引用）。

① 個々の値が１つのセルをなす
② 個々の変数が１つの列をなす
③ 個々の観測が１つの行をなす
④ 個々の観測ユニットの類型が１つの表をなす

セルというのはExcelのセルをイメージすると良いでしょう。最小の「データの格納単位」のようなイメージです。先ほどの蟹の甲羅の幅のデータは、蟹の雌雄と大きさを１つの要素としてまとめていました。これをちゃんと分ける必要があります。

残りの３つの特徴に関しては、実際にデータフレームを作成しながら確認します。補足しておくと、特徴②の「変数」という言葉は（プログラミングの用語ではなく）統計学の用語です。「興味の対象となっている値」（多くの場合は「測定した項目」となる）くらいの意味だと思ってください。

2-5-3 データフレームの作成

蟹の性別（sex）、甲羅の幅（shell_width）、ハサミの幅（scissors_width）の大きさをまとめたデータフレームを作成します。

```
df_crab <- data.frame(
  sex = c("male", "male", "male", "female", "female", "female"),
  shell_width    = c(13.8, 14.3, 14.1, 6.8, 7.2, 6.5),
  scissors_width = c( 2.8,  3.2,  3.1, 1.8, 2.3, 2.1)
)
```

data.frameという関数を使って、データフレームを作成します。sex =とした後に、文字列型の要素を格納したベクトルを指定しています。こうすると「sexという列で格納される値」を指定できます。shell_width=と記載されているところで、「shell_widthという列で格納される値」を指定します。scissors_widthも同様です。

データフレームは、ベクトルや行列と違って、異なるデータ型を混在させることができます。今回は性別（sex）が文字列型ですが、甲羅の幅（shell_width）、ハサミの幅（scissors_width）が数値型となっています。

データフレームはさまざまなデータを柔軟に格納できますが、なんでもよいわけではありません。格納されるベクトルの長さがすべて等しい必要があります。sexの要素数は3だけれども、shell_widthの要素数は10である、というのは許されません。

どのような結果になっているのか、確認します。コンソールへの出力のみ記します。6行3列のデータフレームとなっているのがわかります。

```
> df_crab
     sex shell_width scissors_width
1   male        13.8            2.8
2   male        14.3            3.2
3   male        14.1            3.1
4 female         6.8            1.8
```

```
5 female          7.2          2.3
6 female          6.5          2.1
```

MEMO

データフレームを簡単に作成する工夫

性別を指定するときに c("male","male",...) といちいち記述するのは面倒ですね。うっかりすると個数を間違えてしまいそうです。2-4-7 節で紹介した rep 関数を使うと、短く、個数の間違いをすることなく実装できます。

```
rep(c("male", "female"), each = 3)
```

2-5-4　整然データと雑然データ

今回のデータは、整然データとなるように作成しました。整然データの特徴を再掲します (西原 (2017) から引用) 。

① 個々の値が 1 つのセルをなす
② 個々の変数が 1 つの列をなす
③ 個々の観測が 1 つの行をなす
④ 個々の観測ユニットの類型が 1 つの表をなす

特徴①に関しては良いでしょう。蟹の性別の情報と、体の大きさの情報はきちんと分けて格納されています。

続いて特徴②と③を見ていきます。整然データはデータの構造とデータの意味が対応するように作られていることを思い出してください。df_crab は 3 列のデータフレームとなっています。例えば列数を見ると「3 種類の変数を持っているのだ」ということがわかります。どのような変数なのかは、列名を見たらすぐにわかります。つづいて行数を見ると「6 個体の蟹を観測した結果なのだ」ということがすぐにわかります。これが「特徴②変数と列の対応」と

「特徴③観測と行の対応」の意味しているところです。

また、今回は蟹に関する測定データのみが格納されています。いきなりマグロのデータが入ってくることはありません。関係のあるデータは1つの表にまとまっていて、関係のないデータは格納されていない。これが「特徴④観測ユニットと表の対応」の意味するところです。

ところで、今回とまったく同じデータを、整然データではない形式で作成してみます。整然データではないデータを**雑然データ**と呼びます。

```
# 整然データではないデータ
df_crab_dame <- data.frame(
  male_shell      = c(13.8, 14.3, 14.1),
  female_shell    = c( 6.8,  7.2,  6.5),
  male_scissors   = c( 2.8,  3.2,  3.1),
  female_scissors = c( 1.8,  2.3,  2.1)
)
```

こちらは、以下のようなデータフレームになります。コンソールへの出力を記します。

```
> df_crab_dame
  male_shell female_shell male_scissors female_scissors
1       13.8          6.8           2.8             1.8
2       14.3          7.2           3.2             2.3
3       14.1          6.5           3.1             2.1
```

4列あるので4種類の変数が記録されているのかと思いきや、測定されているのは雌雄ごとの「甲羅の幅」「ハサミの幅」だけです。3行のデータですが、測定されたのは6個体です。このデータから瞬時に「6個体の蟹を測定したのだな」とわかる人は稀でしょう。

雑然データであるときの方が、人間が初見で理解しやすい形式になっていることはしばしばあります。なんとなく雌雄で別の列に分けておきたいという気持ちもわからなくはないです。しかし、R言語をはじめとするプログラミング言語ではどうしても扱いづらいデータの形式だといえます。データはなるべく整然データの形式で保存しておき、必要に応じて変形するのをお勧めします。この辺りの取り扱いは第4部第7章で解説します。

2-5-5　$記号を使った列の取得

ここからは、作成されたデータフレームの取り扱い方を解説します。まずは特定の列を取得する方法を解説します。

列を取得するには、いくつかの方法があります。その中でもドル記号($)を使った簡略的な方法は是非覚えておいてください。「データフレーム$列名」とすることで、データフレームの特定の列を取得できます。以下ではdf_crabのsex列を取得しています。

```
> df_crab$sex
[1] male   male   male   female female female
Levels: female male
```

同様に、$を使って甲羅の幅とハサミの幅の列のみを取得します。$を使う場合は、列名を一部省略できます。すなわちdf_crab$shell_widthを略してdf_crab$shellとできます。他の列と識別できさえすれば、もっと短くすることもできます。例えばscissors_widthは「sc」に省略できます。

```
> # 甲羅の大きさのみ
> df_crab$shell_width
[1] 13.8 14.3 14.1  6.8  7.2  6.5
> df_crab$shell
[1] 13.8 14.3 14.1  6.8  7.2  6.5
> # ハサミの幅のみ
> df_crab$sc
[1] 2.8 3.2 3.1 1.8 2.3 2.1
```

2-5-6 データフレームの個別の要素の取得

ドル記号 ($) を使う以外にも、特定の列を取得する方法は複数あります。この節では、データフレームの個別の要素を取得する方法を整理します。

2-5-6-1 二重角カッコを使った列の取得

角カッコを 2 つつなげたものを使うことでも列を取得できます。例えば性別 (sex) 列のみを取得してみます。性別の列は 1 列目なので、以下のようにして取得できます。

```
> df_crab[[1]]
[1] male   male   male   female female female
Levels: female male
```

列名も指定できます。

```
> df_crab[["sex"]]
[1] male   male   male   female female female
Levels: female male
```

2-5-6-2 一重角カッコを使った列の取得

行列と同じように、一重角カッコを使って要素番号を指定できます。性別の列は 1 列目なので、以下のようにして取得できます。

```
> df_crab[, 1]
[1] male   male   male   female female female
Levels: female male
```

列名も指定できます。

```
> df_crab[, "sex"]
[1] male   male   male   female female female
Levels: female male
```

列名のベクトルも指定できます。これで複数の列を取得できます。df_crabのsex列とshell_width列の２列を取得します。

```
> df_crab[, c("sex", "shell_width")]
     sex shell_width
1   male        13.8
2   male        14.3
3   male        14.1
4 female         6.8
5 female         7.2
6 female         6.5
```

列番号のベクトルも指定できます。例えばdf_crab[, c(1, 2)]というコードは正しく動作します。しかし、列番号ではなく列名を指定したほうが、「どの列を抽出しているのか」が一目でわかるので好ましいです。

2-5-6-3　行と列の両方を指定した個別の要素の取得

行と列の両方を指定することもできます。df_crab$scissors_width[2]もdf_crab[2, "scissors_width"]もともにscissors_widthの２行目の要素を取得します。

```
> df_crab$scissors_width[2]
[1] 3.2
> df_crab[2, "scissors_width"]
[1] 3.2
```

MEMO

抽出結果を data.frame にする

例えば、一重角カッコを使って1列だけを取得する以下のコードの結果は、もはや data.frame ではありません。

```
> df_crab[, 1]
[1] male   male   male   female female female
Levels: female male
> class(df_crab[, 1])
[1] "factor"
```

元のデータが data.frame なのですから、抽出結果も data.frame にしたいと思うこともあります。その場合は drop = FALSE と指定します。

```
> df_crab[, 1, drop = FALSE]
     sex
1   male
2   male
3   male
4 female
5 female
6 female
> class(df_crab[, 1, drop = FALSE])
[1] "data.frame"
```

★☆☆

2-5-7 head と tail による先頭行と末尾行の抽出

角カッコを使ってデータを抽出しても良いのですが、先頭行と末尾行を取得する便利な関数があるので紹介します。

先頭の2行だけを取得するコードは以下の通りです。head 関数を使います。コンソールのみ記載します。

```
> head(df_crab, n = 2)
   sex shell_width scissors_width
1 male        13.8            2.8
2 male        14.3            3.2
```

末尾の2行だけを取得するコードは以下の通りです。tail 関数を使います。

```
> tail(df_crab, n = 2)
     sex shell_width scissors_width
5 female         7.2            2.3
6 female         6.5            2.1
```

とても簡単ですし、コードの意味がとらえやすいので、特に head 関数は頻繁に使います。

2-5-8　subset による条件を用いたデータの抽出

条件を指定してデータを抽出することもできます。例えば性別が male のデータだけを抽出する場合は以下のように実装します。subset 関数を使います。

```
> subset(df_crab, subset = df_crab$sex == "male")
   sex shell_width scissors_width
1 male        13.8            2.8
2 male        14.3            3.2
3 male        14.1            3.1
```

subset 関数の引数 subset に、抽出条件を指定します。今回は df_crab$sex が male に等しくなるという条件でデータを抽出しました。イコール記号を2つつなげることに注意してください。条件はさまざま指定できます。第2部第8章で解説する論理演算について学ぶと、より複雑な条件でのデータ抽出ができるようになります。

2-5-9 nrow・ncol・dim による行数と列数の取得

行列と同じように、nrow 関数を使うことで、行数を取得できます。コンソールのみ記載します。

```
> nrow(df_crab)
[1] 6
```

ncol 関数を使うことで、列数を取得できます。

```
> ncol(df_crab)
[1] 3
```

dim 関数を使うことで、行数と列数をあわせて取得できます。

```
> dim(df_crab)
[1] 6 3
```

2-5-10 データフレームにおける文字列の扱い

データフレームを作成する際、df_crab における sex 列には文字列のベクトルを指定しました。しかし、sex 列は勝手に factor として扱われてしまいます。これは、以下のコードで確認できます。

```
> class(df_crab$sex)
[1] "factor"
```

性別ですので factor として扱うのが今回は正しいです。しかし、蟹さんに個別のニックネームをつけていたり、人間を対象とした実験でやはり人物名を記録していたりする場合、勝手に factor になると困ることもあります。

2-5-10-1　データを作成する際に、factor になるのを防ぐ

データを読み込む際に stringsAsFactors = FALSE と指定すると、文字列が勝手に factor になるのを防ぐことができます。

```
df_crab_char <- data.frame(
  sex = c("male", "male", "male", "female", "female", "female"),
  shell_width    = c(13.8, 14.3, 14.1, 6.8, 7.2, 6.5),
  scissors_width = c( 2.8,  3.2,  3.1, 1.8, 2.3, 2.1),
  stringsAsFactors = FALSE
)
```

これで、df_crab_char の sex 列は、単なる文字列として扱われます。これは以下のコードで確認できます。

```
> class(df_crab_char$sex)
[1] "character"
```

df_crab_char の sex 列をそのまま出力させると、factor だったときとは少し見た目が変わります。

```
> df_crab_char$sex
[1] "male"   "male"   "male"   "female" "female" "female"
```

2-5-10-2　データを読み込んだ後に、データ型を変換する

2-3-7 節で紹介した as.character 関数や as.factor 関数を使うことでデータ型を変換できます（結果は省略）。

```
# 変換：factorからcharacterへ
as.character(df_crab$sex)

# 変換：characterからfactorへ
as.factor(df_crab_char$sex)
```

以下のコードを実行すると、character型だったdf_crab_char$sexをfactor型に変換し、その結果を保存しておくことができます。

```
df_crab_char$sex <- as.factor(df_crab_char$sex)
```

上記のコードを実行したら、df_crab_char$sexは今後factor型として扱われることになります。これは以下のコードで確認できます。

```
> class(df_crab_char$sex)
[1] "factor"
```

最初はfactorだったものをcharacterとして読み込めるようにして、その後でまたfactorに戻しました。なんだか無駄な作業ではありますが、これはあくまで練習です。このようにデータの型を自由に変える技術を身に着けておくと、分析をしているときに突然発生した問題に対処がしやすくなるはずです。

★☆☆

2-5-11 str関数によるデータフレームの構造の確認

データフレームまで来ると、構造がそれなりに複雑になってきます。データ構造を探る場合は、オブジェクトの構造を出力してくれるstr関数が便利です。コンソールのみ記載します。

```
> str(df_crab)
'data.frame':6 obs. of  3 variables:
 $ sex          : Factor w/ 2 levels "female","male": 2 2 2 1 1 1
 $ shell_width  : num  13.8 14.3 14.1 6.8 7.2 6.5
 $ scissors_width: num  2.8 3.2 3.1 1.8 2.3 2.1
```

この結果を見ると、6 obs. of 3 variablesとあるので、変数の数が3つ、観測データの個数は6つだとわかります。各々の変数の中身も出力してくれます。Factorやnumという記載を見ると、どのようなデータなのか想像がつきますね。Factorはその名の通りfactor型ですし、numはnumericの略で数値型です。

str関数は、データフレーム以外にも、さまざまなオブジェクトに対して適用できます。オブジェクトの中身を知りたいと思ったら、この関数を適用してみてください。

2-5-12　names関数による列名の取得

str関数は、やや情報量が多すぎるきらいがあります。列名だけを取得したい場合はnames関数を使います。コンソールのみ記載します。

```
> names(df_crab)
[1] "sex"            "shell_width"    "scissors_width"
```

データフレームの場合はnames関数を使ってもcolnames関数を使っても、同じ結果が得られます。

```
> colnames(df_crab)
[1] "sex"            "shell_width"    "scissors_width"
```

★★★

2-5-13　rbind と cbind によるデータフレームの結合

最後に、データフレームの編集の方法を補足します。行列と同じように、rbind 関数を使えばデータを縦に結合（行数が増える）できます。cbind 関数を使えば、データを横に結合（列数が増える）できます。具体的な実装例は行列とそれほど変わらないので省略します。

第6章
いろいろなデータ構造の使い分け

章のテーマ

ベクトルに行列、データフレームといくつかのデータ構造を解説してきました。この章ではさらにリストと呼ばれるデータ構造を紹介します。その後、これらのデータ構造の使い分けと、各々の変換の方法を解説します。

章の概要

●リスト

リストの作成 → いろいろなリスト → 個別の要素の取得
→ データフレームとリストの関係

●データ構造の使い分け

データ構造の使い分け → 行列からベクトルへの変換
→ データフレームから行列への変換 → 行列からデータフレームへの変換
→ リストからベクトルへの変換

2-6-1　リストの作成

リストを使うと、さまざまなデータを柔軟に格納できます。例えば、大学の学生の情報を格納したリストを以下のように作成してみます。

```
list_college_member <- list(
  school_year = 2,
  member = c("Taro", "Hanako")
)
```

list関数を使っているのを除けば、データフレームとよく似た書き方です。データフレームと違って、格納されるベクトルの長さがそろっていなくても構いません。学年（school_year）の要素数は１つですが、メンバー（member）の要素数は２つですね。リストを使う場合はこれでも大丈夫です。

どのような結果になっているのか確認します。

```
> list_college_member
$school_year
[1] 2

$member
[1] "Taro"   "Hanako"
```

2-6-2　いろいろなリスト

リストは、単一の数値やベクトルだけでなく、さまざまなデータ構造を格納できます。例えばデータフレームを格納したり、リストそのものをリストの中に格納したりできます。以下に例を挙げます。

```
list_complexly <- list(
  mark = data.frame(member=c("Taro", "Hanako"),
                    point=c(75,86)),
  member = list_college_member
)
```

個人のテストの成績（mark）と、メンバーをまとめたリストを各々格納しました。どのような結果になっているのか確認します。

```
> list_complexly
$mark
  member point
1   Taro    75
```

```
2 Hanako     86

$member
$member$school_year
[1] 2

$member$member
[1] "Taro"   "Hanako"
```

2-6-3　リストの個別の要素の取得

データフレームと同様に、リストにおいてもドルマークを使って要素を取得できます。コンソールの結果のみ示します。

```
> list_college_member$school_year
[1] 2
```

メンバーだけを取得するのも同様です。

```
> list_college_member$member
[1] "Taro"   "Hanako"
```

角カッコを２個つなげて、以下のように要素番号を指定する方法もあります。２番目（すなわち $member）を取得します。

```
> list_college_member[[2]]
[1] "Taro"   "Hanako"
```

データフレームのときに用いられた names 関数や str 関数を使うこともできます。

```
> names(list_college_member)
[1] "school_year" "member"
> str(list_college_member)
List of 2
 $ school_year: num 2
 $ member     : chr [1:2] "Taro" "Hanako"
```

2-6-4　データフレームとリストの関係

データフレームとリストには密接な関係があります。リストかどうかを判断するときは is.list 関数を使います。コンソールの結果のみ記載します。

```
> is.list(list_college_member)
[1] TRUE
```

データフレームはリストであることが以下のコードから確認できます。

```
> # データフレームの作成
> df_sample <- data.frame(
+   member = c("Taro", "Hanako"),
+   point = c(75, 86)
+ )
> df_sample
  member point
1   Taro    75
2 Hanako    86
> # リストかどうかの判断
> is.list(df_sample)
[1] TRUE
```

このため、データフレームとリストでは、データの抽出方法などが似ています。データフレームは、各列の長さが等しいことが必須です。リストはそのような制約がありません。これが両者の大きな違いです。

2-6-5　ベクトル・行列・データフレーム・リストの使い分け

ベクトル・行列・データフレーム・リスト、とさまざまなデータ構造を紹介してきました。3行プログラミングの実践編で中心的な役割を果たすのはデータフレームです。なぜならば、CSVデータを読み込んだら、自動的にデータフレームとして扱われるからです。データフレームであることを意識しないことさえあるかもしれません。

とはいえ、多くのプログラミングの入門書は、データ構造に多くのページ数を割きます。本書も例外ではありません。それは、例えば関数によって「行列形式のデータならば引数に指定できるが、データフレームは駄目」ということがあるからです。関数を実行してエラーが出たときに、そこでお手上げというのではもったいないです。

また、第3部以降の長いコードを書くときや自分自身で関数を作成するときなどは、データ構造の知識が必須となります。

第2部までにおいては「適用したい関数にあわせてデータ構造を変える」というのが直近で必要となる技術かもしれません。2-2-12節で紹介したhelp関数を使うと、関数が必要としているデータの構造がわかります。それにあわせてデータの構造を変えてやりましょう。

2-6-6　行列→ベクトルの変換

行列をベクトルにする処理を解説します。なお、この逆（すなわちベクトルを行列に変換する）は説明不要のはずです。そもそも行列を作成するとき、引数dataにベクトルを指定しますので。

まずは変換対象となる行列を作ります。コンソールの結果のみ記載します。

```
> # 変換対象となる行列
> mat_1 <- matrix(1:6, ncol=2)
> # 確認
```

```
> mat_1
     [,1] [,2]
[1,]    1    4
[2,]    2    5
[3,]    3    6
```

行列mat_1をベクトルに変換するにはas.vector関数を使います。変換後のベクトルはvec_by_matという名前で保存しておきます。そのうえで、どのような中身か確認します。

```
> # ベクトルに変換
> vec_by_mat <- as.vector(mat_1)
> # 確認
> vec_by_mat
[1] 1 2 3 4 5 6
```

2-6-7　データフレーム→行列の変換

続いて、データフレームを行列に変換する処理を解説します。行列はデータフレームと違って同じデータ型しか格納できないことに注意してください。文字列と数値が混在していると、すべて文字列として扱われてしまいます。

まずは、変換対象となるデータフレームを作ります。コンソールの結果のみ記載します。

```
> # 変換対象となるデータフレーム
> df_1 <- data.frame(
+   col_1 = c(1, 3, 8),
+   col_2 = c(5, 7, 9)
+ )
> # 確認
> df_1
  col_1 col_2
1     1     5
2     3     7
```

```
3     8     9
```

データフレーム df_1 を行列に変換するには as.matrix 関数を使います。変換後の行列は mat_by_df という名前で保存しておきます。そのうえで、class 関数を使ってデータ構造を確認します。

```
> # 変換
> mat_by_df <- as.matrix(df_1)
> mat_by_df
     col_1 col_2
[1,]     1     5
[2,]     3     7
[3,]     8     9
> # 確認
> class(mat_by_df)
[1] "matrix"
```

2-6-8　行列→データフレームの変換

行列をデータフレームに変換することも難しくありません。先ほど行列に変換した mat_by_df を、再度データフレームに戻してやるには as.data.frame 関数を使います。そのうえで、class 関数を使ってデータ構造を確認します。

```
> # 変換
> df_by_mat <- as.data.frame(mat_by_df)
> df_by_mat
  col_1 col_2
1     1     5
2     3     7
3     8     9
> # 確認
> class(df_by_mat)
[1] "data.frame"
```

2-6-9 リスト→ベクトルの変換

最後に、リストで保持されているデータを、ベクトルに展開する方法を解説します。学年（数値）とメンバー名（文字列）が格納されたリストをベクトルに変換します。unlist関数を使います。コンソールの結果のみ記載します。

```
> # リストの中身をベクトルにして出力
> unlist(list_college_member)
school_year     member1     member2
        "2"      "Taro"    "Hanako"
```

list_college_memberは文字列と数値が混ざったリストです。ベクトルは単一のデータ型しか保持できません。そのため、すべて文字列型に変換されたうえでベクトルとして出力されていることに注意してください。あまりに複雑なリストだと、unlistが思ったような挙動をしないこともあります。

第7章 入出力

章のテーマ

この章では、ファイルからデータを読み込む方法と、ファイルに（例えば計算結果やデータなどを）出力する方法を解説します。出力をきれいにするために、文字列操作に関しても一部補足します。

章の概要

●データの読み込み

CSV ファイル読み込みの復習 → read.table 関数の使い方
→ クォーテーション → タブ区切り→ Excel からコピー& ペースト
→ 文字コード → ファイルパスの指定
→ 作業ディレクトリの変更 → R にもともと用意されているデータ

●データの出力

CSV ファイルの出力 → テキストファイルの読み書き → 文字列の結合
→（実装例）ファイルへ整形された文字列を出力する

2-7-1　CSV ファイルの読み込みの復習

第２部第１章でも登場しましたが、CSV ファイルを読み込むコードを実装します。read.csv 関数を使って、第２部第１章と同じ、親子の身長データを読み込みます。そのうえで、head 関数を使って先頭の３行を取得し、次に class 関数を使ってデータの型を確認します。最後に dim 関数を使って、データの行数と列数を確認します。

```
# CSVファイルの読み込み
height_csv <- read.csv(file = "2-1-1-height.csv")
# 先頭行の取得
```

```
head(height_csv, n = 3)
# 読み込まれたデータはデータフレームになっている
class(height_csv)
# 読み込まれたデータは、10行2列になっている
dim(height_csv)
```

コンソールへの出力は以下の通りです。

```
> # CSVファイルの読み込み
> height_csv <- read.csv(file = "2-1-1-height.csv")
> # 先頭行の取得
> head(height_csv, n = 3)
  children parents
1    159.6   159.3
2    167.6   163.0
3    171.7   170.0
> # 読み込まれたデータはデータフレームになっている
> class(height_csv)
[1] "data.frame"
> # 読み込まれたデータは、10行2列になっている
> dim(height_csv)
[1] 10  2
```

読み込み対象となるファイルがプロジェクトの直下にある場合、read.csv関数には、ファイルの名称を指定するだけです。読み込まれたデータはデータフレームとなっています。

2-7-2 read.table関数の使い方

read.csv関数は大変便利です。しかし、データ読み込みの挙動を確認するために、あえてread.table関数という別の関数を使って読み込んでみます。read.csv関数はread.table関数を使いやすくしたものだといえます。元となっているread.table関数の使い方を学ぶと、データ読み込みの応用が利くはずです。

2-7-2-1　read.table 関数は、そのままだと CSV ファイルを正しく読み込めない

まずは、ファイル名のみを引数に指定して、read.table 関数を実行します。短いコードが続くので、コンソールのみ記載します。

```
> # これだとうまくいかない
> height_table_dame <- read.table(file = "2-1-1-height.csv")
> # 先頭行の取得
> head(height_table_dame, n = 3)
               V1
1 children,parents
2      159.6,159.3
3        167.6,163
> # 行数と列数の確認
> dim(height_table_dame)
[1] 11  1
```

いくつかおかしなところがあります。最も目立つのはデータの行数と列数が変わってしまったことです。children と parents の 2 列があったはずなのに「children,parents」という名前の 1 列になってしまっています。これは大きな問題です。

ベクトルの紹介をしたときにも解説しましたが、「複数の要素を持つ」ということをきちんと伝えるのは重要な作業です。「children,parents」は 1 つの要素ではなく、2 つに分かれるのだよ、ということを伝えなくてはなりません。

CSV は Comma Separated Values の略称です。カンマ記号を使って要素を分けているのが CSV ファイルです。「2-1-1-height.csv」は単なるテキストファイル（文字だけを格納したファイル）です。メモ帳などのアプリケーションを使って開くと、図 2-2 のような中身になっているのが確認できます。

```
2-1-1-height.csv - メモ帳
ファイル(F) 編集(E) 書式(O) 表示(V) ヘルプ(H)
children,parents
159.6,159.3
167.6,163
171.7,170
175.6,181.8
161.3,157.1
180.1,181.4
175.2,183.1
166.1,173.1
157.7,172
166.5,152.2
```

図 2-2　CSV ファイルの中身

CSV ファイルは単なるテキストファイルにすぎません。Windows のパソコンを使うと、CSV ファイルを開いたとき、勝手に Microsoft Excel が立ち上がってしまうことが多いです。そのため普段はイメージしにくいですが、メモ帳を使うと中身を確認できます。

2-7-2-2　区切り文字の指定

先ほどのコードを修正していきます。まずは、カンマ区切りのデータであることを指定しましょう。「sep = ","」とすることで、区切り文字をカンマに指定できます。

```
> # 区切り文字の指定
> height_table <- read.table(
+   "2-1-1-height.csv",
+   sep = ","
+ )
> # 先頭行の取得
> head(height_table, n = 3)
        V1      V2
1 children parents
2    159.6   159.3
3    167.6     163
> # 行数と列数の確認
> dim(height_table)
[1] 11  2
```

2-7-2-3　ヘッダーの指定

改善はされましたが、行数がまだ１つ多いです。これは列の名称を、データだと勘違いして読み込んでしまっているからです。header = TRUE を指定すれば修正されます。

```
> # 区切り文字とヘッダーの指定
> height_table_header <- read.table(
+   file = "2-1-1-height.csv",
+   sep = ",",
+   header = TRUE
+ )
> # 先頭行の取得
> head(height_table_header, n = 3)
  children parents
1    159.6   159.3
2    167.6   163.0
3    171.7   170.0
> # 行数と列数の確認
> dim(height_table_header)
[1] 10  2
```

これで read.csv 関数と同じ結果が得られました。

これらの挙動は「?read.table」として、関数のヘルプを参照すれば理解ができます。read.table 関数の標準設定は「header = FALSE, sep = ""」となっています。一方の read.csv 関数の標準設定は「header = TRUE, sep = ","」です。

これから先、この本で紹介していない関数を使うことが頻繁にあるかと思います。挙動が想定と違うと思った場合は、ヘルプを参照し、どのような設定がなされているのか、どのように変えられるかを確認する癖をつけておくと、応用が利きます。

★★☆

2-7-3 クォーテーションで囲まれたデータを読み込む

ここでは「データを読み込んでみたが、想定と異なる」という状況が発生したときの対処を見ていきます。

2-7-3-1 データをうまく読み込めない事例

「2-7-1-included-comma.csv」は、時間帯ごとの英語でのあいさつを記録したファイルです。図2-3はこれをメモ帳で開いた画面です。「Good morning, Taro!」というあいさつ文の中にカンマが含まれていますね。想像がつくかと思いますが、これをCSVファイルとしてそのまま読み込むことはできません。

```
2-7-1-included-comma.csv - メモ帳
ファイル(F) 編集(E) 書式(O) 表示(V) ヘルプ(H)
greet,time
Good morning, Taro!,morning
Good evening, Taro!,night
```

図2-3 カンマが含まれるデータ

```
> greet_dame_1 <- read.csv(
+   file = "2-7-1-included-comma.csv",
+   stringsAsFactors = FALSE
+ )
> greet_dame_1
               greet    time
Good morning  Taro! morning
Good evening  Taro!   night
> greet_dame_1$greet
[1] " Taro!" " Taro!"
```

当然の結果ですが、文中のカンマを区切り文字と認識してしまいました。なお `stringsAsFactors = FALSE` は、2-5-10節と同様に文字列(character)が勝手に因子(factor)として扱われないようにする指定です。

2-7-3-2　ダブルクォーテーションマークを用いる例

このようなときは、元のデータをクォーテーションマークで囲めばよいです。例えば、図2-4のようにダブルクォーテーションマークで囲みます。これを「2-7-2-double-quote.csv」という名称で保存した場合は、正しくデータを読み込むことができます。

```
2-7-2-double-quote.csv - メモ帳
ファイル(F) 編集(E) 書式(O) 表示(V) ヘルプ(H)
"greet","time"
"Good morning, Taro!", "morning"
"Good evening, Taro!", "night"
```

図2-4　ダブルクォーテーションで囲んだCSVデータ

```
> greet_ok_1 <- read.csv(
+   file = "2-7-2-double-quote.csv",
+   stringsAsFactors = FALSE
+ )
> greet_ok_1
                greet    time
1 Good morning, Taro! morning
2 Good evening, Taro!   night
> greet_ok_1$greet
[1] "Good morning, Taro!" "Good evening, Taro!"
```

2-7-3-3　シングルクォーテーションマークを用いる例

仮に図2-5のようにシングルクォーテーションで囲まれていた場合は、先ほどのようにはいきません。「quote = "'"」と指定する必要があります。

```
> greet_ok_2 <- read.csv(
+   file = "2-7-3-single-quote.csv",
+   stringsAsFactors = FALSE,
+   quote = "'"
+ )
> greet_ok_2
                greet    time
1 Good morning, Taro! morning
```

```
2 Good evening, Taro!    night
> greet_ok_2$greet
[1] "Good morning, Taro!" "Good evening, Taro!"
```

```
2-7-3-single-quote.csv - メモ帳
ファイル(F) 編集(E) 書式(O) 表示(V) ヘルプ(H)
'greet','time'
'Good morning, Taro!', 'morning'
'Good evening, Taro!', 'night'
```

図 2-5 シングルクォーテーションで囲んだ CSV データ

2-7-3-4 エスケープと ¥ マーク

ところで、ダブルクォーテーションマークが囲み文字であることを明示的に示す場合は「quote = "¥""」と指定します。「quote = """」ではうまく動きません。¥ マークが必要なことに注意してください。¥ マークはバックスラッシュ (\) と表示されることもあります。ちょうどよい事例なので ¥ マークの使い方について補足的に説明しておきます。

¥ マークは、その次に来た文字列の意味合いを変えることができます。例えば quote としてダブルクォーテーションを指定したいという意図があったとします。そこでダブルクォーテーションマークを 3 つ連ねて指定したとしましょう (quote = """)。しかし、R では「quote としてダブルクォーテーションマークを指定した」とは解釈してくれません。最初の 2 つのダブルクォーテーションで「1 つの囲み」になり、最後の 1 つのダブルクォーテーションマークは「まだ閉じていない」とみなされます。コードはもちろん、私たちの想定とは異なる結果を返します。

「真ん中の『"』は、quote の指定です」と明示するときは、quote = "¥"" のように ¥ マークを入れます。より正確に言うと「『"』の持つ『囲み記号としての意味』を無くす」というのが「¥"」の意味です。この処理を**エスケープ**と呼びます。こうしたら、真ん中の「"」を、左右の「""」で囲んでいるということを R に伝えることができます。¥ マークは**正規表現**を学ぶといろいろな使い方がわかります。

★★☆

2-7-4　タブ区切りデータを読み込む

カンマ区切りではなく、タブ区切りのデータを読み込む場合は、read.delim関数を使います。「2-7-4-height.tsv」からデータを読み込みます。TSVはTab Separated Valuesの略称で、タブ区切りであることを表します。

```
> height_tsv <- read.delim(file = "2-7-4-height.tsv")
> head(height_tsv, n = 3)
  children parents
1    159.6   159.3
2    167.6   163.0
3    171.7   170.0
```

なお、同様の処理はread.tableで「sep = "¥t"」と指定することでも達成できます。¥マークを使って「¥t」とすると、タブとして扱われます。

```
> height_tsv_table <- read.table(
+   file = "2-7-4-height.tsv",
+   sep = "¥t",
+   header = TRUE
+ )
> head(height_tsv_table, n = 3)
  children parents
1    159.6   159.3
2    167.6   163.0
3    171.7   170.0
```

2-7-5　Excelからコピー＆ペーストでデータを読み込む

良い管理の仕方ではありませんが、Excelにデータを張り付けたままにしている人は多くいます。そこからRでデータを読み込む簡易的な方法を知っていると役に立つことがあります。コピー&ペーストをする感覚でデータを読み込むことができます。なお、この節の内容は、Microsoft Excelなどの表計算ソフトをインストールしていることを前提としています。このソフトウェアを使う予定がない方は、飛ばしていただいて結構です。

まずは、サポートページで配布されている「2-7-5-height.xlsx」というファイルを開きます。親と子の身長データが格納されています。A1セルからB11セルまでを選択して、右クリックして、コピーをします。そして、以下のコードを実行します。

```
height_copy_paste <- read.delim(file = "clipboard")
```

Windowsを使っている場合は、file = "clipboard"とすることで、コピーした内容を参照して、データを読み込むことができます。

なお、Excelなどの表計算ソフトのデータをコピーすると、タブ区切りになっています。そのため、read.delim関数を使えば、正しく読み込みができます。この原理を知っていれば、以下のコードでも同様の処理が達成できるのがわかるはずです。「sep = "¥t"」と指定すれば、タブ区切りでデータを読み込みます。

```
height_copy_paste_table <- read.table(
  file = "clipboard",
  sep = "¥t",
  header = TRUE
)
```

Excelからコピー&ペーストするのは簡便ではありますが、ミスを犯しやすいという欠陥があります。頻繁に起こるのが、データの範囲の指定ミスです。1行抜かしてしまった、ということは頻繁に起こります。また、毎回範囲を指定してコピーをするという作業が発生します。余計な作業を間にはさむのはお勧めしません。

Excelファイルはなるべく CSV ファイルに変換してから使うようにしま

しょう。Excel 2010以上をお使いの場合は、メニューバーの「ファイル」→「名前を付けて保存」とします。お好きな保存先を指定してファイル保存ダイアログを表示させたとき、「ファイルの種類」と書かれたプルダウンメニューを選択して「CSV（コンマ区切り）」を選択します。この状態で「保存」ボタンを押すと、CSVファイルが保存されます。Excelのバージョンによって微妙に文言が変わるかもしれませんが、おおよその流れは変わらないはずです。

2-7-6　文字コードがもたらすエラーの対処

日本語などの全角文字が含まれるファイルを読み込む際は注意が必要です。頻繁に起こるのが、文字コードのもたらすエラーです。どういうものなのか確認したうえで、対処法を解説します。

2-7-6-1　文字コードがShift-JISであるファイルの読み込み

まずは、普通に読み込みができるデータ「2-7-6-shift-jis.csv」を使います。親子の身長データですが、列名(ヘッダー)が日本語になっています。

```
> read_sjis <- read.csv("2-7-6-shift-jis.csv")
> head(read_sjis, n = 3)
   子供    親
1 159.6 159.3
2 167.6 163.0
3 171.7 170.0
```

2-7-6-2　文字コードがもたらすエラー

同じ内容のデータでも「2-7-7-utf-8.csv」はエラーになります。

```
> read_utf8_err <- read.csv("2-7-7-utf-8.csv")
Error in make.names(col.names, unique = TRUE) :
  invalid multibyte string 1
```

エラーメッセージを見ると、列名のところで問題があるようです。invalid multibyte stringは日本語訳すると「不正なマルチバイト文字」くらいになります。

コンピュータでは、日本語などの文字も「0」と「1」の数値で表現されます。その表現の仕方にはいくつかあります。Shift-JISと呼ばれる文字コードとUTF-8と呼ばれる文字コードでは、文字を「0」と「1」の数値で表現する際の形式が異なっています。「Shift-JISだよね」と信じてファイルを開いて読み込んだときに、「実はUTF-8でした」となると、日本語を解釈できなくなってしまいます。

2-7-6-3 文字コードがUTF-8であるデータの読み込み

文字コードが原因であるエラーが発生したときは、文字コードの指定をすればよいです。UTF-8の文字コードのファイルを読み込む場合は「fileEncoding = "UTF-8"」と指定します。

```
> read_utf8 <- read.csv(
+   "2-7-7-utf-8.csv",
+   fileEncoding = "UTF-8"
+ )
> head(read_utf8, n = 3)
   子供   親
1 159.6 159.3
2 167.6 163.0
3 171.7 170.0
```

なお、文字コードを明示的にShift_JISにする場合は「fileEncoding = "SJIS"」と指定します。

2-7-7 離れた場所に配置されているファイルを読み込む

今まではプロジェクト直下にあるファイルからデータを読み込んでいまし

た。別の場所に配置されているデータを読み込む方法を以下で解説します。

ここでは、プロジェクトが「C:¥r_analysis」にあることを前提として進めます。プロジェクト直下、すなわち「C:¥r_analysis」ではなく、そこからさらに1階層深くなった「C:¥r_analysis¥data」に「2-1-1-height.csv」という親子の身長が格納されたCSVファイルがあったとしましょう。このときはファイル読み込みのために工夫が必要です。

2-7-7-1　絶対パスの指定

いくつかやり方があります。1つ目は**絶対パス**を指定する方法です。

```
height_csv <- read.csv(
  file = "C:¥¥r_analysis¥¥data¥¥2-1-1-height.csv"
)
```

ファイル名の前にパスを指定すればよいです。このとき¥マークが2つ連続になっていることに注意が必要です。¥マークは特別な意味を持つのでした。「特別な意味を持つ¥マークではありません。単にフォルダのパスを指定したいだけです」ということをRに伝える必要があります。これをエスケープと呼ぶのでした。エスケープする際に使われる記号は¥マークです。というわけで、¥マークを2つつなげて、パスを指定します。なお、RStudio上では¥マークはバックスラッシュ(\)と表示されているかもしれません。両者は同じものです。

¥マークを2つつなげる以外にも、スラッシュ記号(/)を使う方法があります。バックスラッシュではなく、普通のスラッシュ記号です。

```
height_csv_3 <- read.csv(
  file = "C:/r_analysis/data/2-1-1-height.csv"
)
```

2-7-7-2　相対パスの指定

絶対パスではなく**相対パス**を指定する方法もあります。プロジェクトの直下が「C:¥r_analysis」というフォルダでした。このフォルダからの相対的な位置を指定するやり方です。ここではスラッシュ記号を使いましたが、¥マークを2つつなげるやり方でも大丈夫です。

```
height_csv_4 <- read.csv(
  file = "./data/2-1-1-height.csv"
)
```

ピリオドを使って「./」と指定すると、ここがプロジェクト直下のフォルダとなります。

仮に、プロジェクトフォルダとまったく別の場所にデータが配置されていた場合、相対パスの指定は難しくなります。例えば「C:¥data_folder」というフォルダにデータが格納されている場合、以下のように指定します。

```
height_csv_5 <- read.csv(
  file = "../data_folder/2-1-1-height.csv"
)
```

ピリオドを2つつなげると「1階層上のフォルダ」を意味します。プロジェクト直下が「C:¥r_analysis」なので、1階層上は「C:」ですね。そのため「C:¥data_folder」は「../data_folder」になるわけです。しかし、このような場合は絶対パスを使う方が楽かもしれません。

2-7-8 作業ディレクトリの変更

パスを指定しない場合は、自動的にプロジェクト直下を基準にしてファイルを読み込みます。この基準を変えることもできます。

2-7-8-1 getwd関数による作業ディレクトリの確認

現在の基準となっているパスを**作業ディレクトリ**や**ワーキングディレクト**

リと呼びます。作業ディレクトリを確認するにはgetwd関数を使います。

```
> # 作業ディレクトリの確認
> getwd()
[1] "C:/r_analysis"
```

2-7-8-2　setwd関数による作業ディレクトリの変更

作業ディレクトリを変える場合はsetwd関数を使います。「C:¥data_folder」に作業ディレクトリを変更してみます。

```
> # 作業ディレクトリの変更
> setwd("C:/data_folder")
```

getwd関数を使うと、変更されたのがわかります。

```
> getwd()
[1] "C:/data_folder"
```

この状態で「read.csv(file = "2-1-1-height.csv")」と実行すると、「C:¥data_folder」にある「2-1-1-height.csv」が読み込まれます。

2-7-8-3　RStudioの機能を使った作業ディレクトリの変更

作業ディレクトリはRStudioにおいてボタンをポチポチ押していくことでも変更できます。図2-6のようにFilesタブにおいてフォルダを変更したうえで「More ▼」→「Set As Working Directory」を選択すればよいです。しかし、何度もこの作業を繰り返すのは面倒ですね。繰り返し実行する可能性がある場合は、ちゃんとコードを書くことをお勧めします。

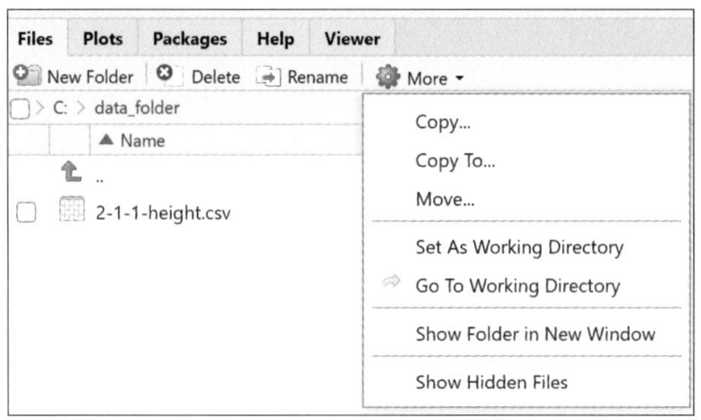

図 2-6 作業ディレクトリの変更

2-7-9 R にもともと用意されているデータを読み込む

R がすでに用意してくれているデータを使うこともできます。この場合は、CSV ファイルなどを用意する必要がありません。練習にちょうど良いデータが用意されているので、いくつか紹介します。

もっとも有名なデータセットが iris です。これはアヤメの種類ごとにガク (Sepal) の長さと幅、花弁 (Petal) の長さと幅を記録したデータフレームです。コンソールのみ記載します。

```
> # アヤメの調査データ
> head(iris, n = 3)
  Sepal.Length Sepal.Width Petal.Length Petal.Width Species
1          5.1         3.5          1.4         0.2  setosa
2          4.9         3.0          1.4         0.2  setosa
3          4.7         3.2          1.3         0.2  setosa
```

もう一つ、糸の単位長さ当たり切断数を記録したデータフレームである warpbreaks も紹介しておきます。breaks が切断数で、wool がウールの種類 (A と B) 、tension が張力の種類 (L と M と H) です。

```
> head(warpbreaks, n = 3)
  breaks wool tension
1     26    A       L
2     30    A       L
3     54    A       L
```

★★★

2-7-10　データフレームを CSV ファイルに保存する

出力の解説に移ります。データフレームを CSV ファイルに書き出します。

2-7-10-1　出力データの作成

まずはデータフレームを作ります。第２部第５章で登場した蟹の測定データです。スクリプトのみ記載します。

```
# データフレームの作成
df_crab <- data.frame(
  sex = c("male", "male", "male", "female", "female", "female"),
  shell_width    = c(13.8, 14.3, 14.1, 6.8, 7.2, 6.5),
  scissors_width = c( 2.8,  3.2,  3.1, 1.8, 2.3, 2.1)
)
```

2-7-10-2　標準設定のままでファイル出力

データフレームをプロジェクト直下に「crab.csv」というファイル名で出力する場合は、以下のようなコードになります。

```
write.csv(
  x = df_crab,
  file = "crab.csv"
)
```

出力されたファイルは図 2-7 のようになります。これでも問題ないのですが、ダブルクォーテーションマークがついたり、行番号が出力されていたりして、やや扱いづらいです。

```
crab.csv - メモ帳
ファイル(F) 編集(E) 書式(O) 表示(V) ヘルプ(H)
"","sex","shell_width","scissors_width"
"1","male",13.8,2.8
"2","male",14.3,3.2
"3","male",14.1,3.1
"4","female",6.8,1.8
"5","female",7.2,2.3
"6","female",6.5,2.1
```

図 2-7　CSV ファイルへの出力その 1

2-7-10-3　行番号とダブルクォーテーションマークをなくして出力

quote = FALSE とすればダブルクォーテーションがなくなり、row.names = FALSE とすれば行番号が出力されなくなります。

```
write.csv(
  x = df_crab,
  file = "crab_2.csv",
  quote = FALSE,
  row.names = FALSE
)
```

図 2-8 のような結果になります。ダブルクォーテーションはあった方が良いこともあります。適宜使い分けてください。

```
crab_2.csv - メモ帳
ファイル(F) 編集(E) 書式(O) 表示(V) ヘルプ(H)
sex,shell_width,scissors_width
male,13.8,2.8
male,14.3,3.2
male,14.1,3.1
female,6.8,1.8
female,7.2,2.3
female,6.5,2.1
```

図 2-8　CSV ファイルへの出力その 2

★★★

2-7-11　テキストファイルの読み書き

read.csv 関数や write.csv 関数をいったんは使わずに、もっと基礎となるファイルの取り扱いをここで解説します。

2-7-11-1　テキストファイルの書き出し

ここでは「report.txt」というテキストファイルに、自分の好きな文字列を書き込んでみます。今回は架空の筆記テストの記録をしてみます。コードは以下の通りです。スクリプトのみ記載します。

```
# ファイルへの書き込み
f <- file("report.txt", "w")
# 文字を書き込む
writeLines(
  text = "# this  file is result of exam.",
  con = f
)
# ファイルを閉じる
close(f)
```

file 関数を使って、対象となるファイルの名称を指定します。パスを指定しない場合はプロジェクトの直下となります。この辺りの挙動は read.csv 関数などと同じです。２つ目の引数に "w" と指定しました。このときは「書き込みのためにファイルを開く」という指示になります。write の頭文字の w です。これで**コネクション**と呼ばれる、R 言語において入出力操作で使う基本的な仕組みを確立します。

writeLines 関数を使って、文字列をファイルに追記します。con = f と指定することで「先ほど開いた『report.txt』を対象にする」という指示になります。text の頭にシャープ記号がありますが、必須ではありません。好きな文字列を記述できます。シャープ記号はコメントの意味合いがあるので、しばしば行頭に使われます。

最後に close 関数を使ってファイルを閉じます。

2-7-11-2 テキストファイルの読み込み

メモ帳を使って中身を確認しても良いのですが、Rからでもファイルの中身を閲覧できます。file関数において引数に"r"を指定すると、読み込み専用でファイルのコネクションを確立できます。readの頭文字のrです。そのコネクションを使って、readLinesを用いて、ファイルの中身を確認します。

```
f <- file("report.txt", "r")
readLines(f)
close(f)
```

コンソールの出力は以下の通りです。

```
> f <- file("report.txt", "r")
> readLines(f)
[1] "# this  file is result of exam."
> close(f)
```

ちゃんと# this file is result of examという文字列が記録されているのがわかります。

なお、readLines関数にファイル名を直接指定しても構いません。

```
> readLines("report.txt")
[1] "# this  file is result of exam."
```

2-7-11-3 scan関数によるファイル全体の読み込み

ファイル全体を読み込む場合はscan関数が便利です。こちらは区切り文字なども指定できます。what = ""は、データが文字列であることの指定です。標準設定のままだと数値を読み込もうとして、エラーになってしまいます。

```
> scan("report.txt", what = "", sep = ",")
Read 1 item
[1] "# this  file is result of exam."
```

ところで、scan関数を使ってCSVファイルを読み込むとどのようになるでしょうか。やってみます。親子の身長データを読み込みます。

```
> file_data <- scan("2-1-1-height.csv", what = "", sep = ",")
Read 22 items
> file_data
 [1] "children" "parents"  "159.6"    "159.3"
 [5] "167.6"    "163"      "171.7"    "170"
 [9] "175.6"    "181.8"    "161.3"    "157.1"
[13] "180.1"    "181.4"    "175.2"    "183.1"
[17] "166.1"    "173.1"    "157.7"    "172"
[21] "166.5"    "152.2"
> class(file_data)
[1] "character"
```

区切り文字として「sep = ","」と指定してあるので、ちゃんと分割はできているようですが、結果はread.csv関数と大きく異なります。左上から順番にテキストを読み取り、結果は文字列（character）のベクトルとして得られます。これを整形してデータフレームにするのは面倒ですね。

read.csv関数やread.table関数はあまりにも便利なので逆に気付きにくいですが、データ分析を短いコードで簡単に達成できるように、いろいろの補助がされているわけです。３行プログラミングではあまり使いませんが、このような仕組みを知っていると、長いコードを書くときに役立つことがあります。

MEMO

read.table関数の中身

詳細は第３部で解説しますが、関数を自分で作成したり、用意されている関数がどのように実装されているかを調べたりできます。カッコも何もつけずに「read.table」とだけ記述して実行すると、read.table関数の中身がわかります。read.table関数の中身を確認すると、scan関数が使われているのがわかります。scan関数の結果を、私たちが使いやすくなるように整形してくれているのがread.table関数というわけです。

2-7-12　pasteとsprintfによる文字列の結合

いくつかの結果を組み合わせて1つの文章を作ることはしばしば行われます。例えば単に「80」という数値だけを記載されても何のことだかわかりません。「score:Taro is 80」と記載されていれば、得点が80点だったのか、というのがすぐわかります。

80点という数値が別の変数などに格納されているとします。「score:Taro is」という文字列と「80」という点数を結合させることを、この節では行います。

2-7-12-1　paste関数による文字列の結合

以下のコードではpoint_taroという変数にTaroさんの得点が格納されているとき、"score:Taro is 80"という結果を出力させています。同様のやり方でHanakoさんの得点も出力させました。

```
> # 得点が記録された変数
> point_taro <- 80
> point_hanako <- 100
> # 見やすい形式で表示
> paste("score:Taro is ", point_taro, sep = "")
[1] "score:Taro is 80"
> paste("score:Hanako is ", point_hanako, sep = "")
[1] "score:Hanako is 100"
```

paste関数の引数にカンマ区切りでいろいろの内容を入れていくと、それを結合してくれます。sep = " " は区切り文字の指定です。区切り文字は不要だ、という場合は「sep = ""」と指定します。ちなみに、カンマ区切りにする場合は「sep = ","」です。

2-7-12-2　sprintf 関数による文字列の結合

sprintf関数を使うと、フォーマットを指定しつつ、任意の場所に文字列などを追記できます。「%s」は「この位置に文字列を追記しますよ」というマークです。

```
> sprintf("score:Taro is %s point", point_taro)
[1] "score:Taro is 80 point"
```

★★★

2-7-13　ファイルへ整形された文字列を出力する

最後に、今まで学んだ技術を活用した応用的な事例を解説します。

sprintf関数を活用して、「report.txt」ファイルにTaroさんとHanakoさんのテストの点数を追記します。スクリプトのみ記載します。

```
# ファイルへの書き込み。追記
f <- file("report.txt", "a")
# 文字を書き込む
writeLines(
  text = sprintf("score:%7s is %3d point", "Taro", 80),
  con = f
)
writeLines(
  text = sprintf("score:%7s is %3d point", "Hanako", 100),
  con = f
)
# ファイルを閉じる
close(f)
```

file関数の引数に"a"と指定すると「追記(add)」モードとしてファイルを開きます。"w"だと、以前に記録されていた内容が削除されます。2-7-11節で書き込んだ内容を消さないで、追記しました。

今回は、点数だけではなく、受験者の名前も外だししました。sprintfにある「%7s」は「7文字の文字列が入る。もし不足していたら空白を追加する」という指定です。「%3d」は「3桁の整数が入る。もし不足していたら空白を追加する」という指定です。これらの指定はとてもたくさんあります。?sprintfと実行して関数のマニュアルを参照してください。

結果を確認します。

```
> readLines("report.txt")
[1] "# this  file is result of exam."
[2] "score:   Taro is  80 point"
[3] "score: Hanako is 100 point"
```

TaroさんとHanakoさんでは、名前の文字列としての長さが異なります。また点数も2桁と3桁で異なります。しかしsprintfを使って空白を入れることで、見やすい結果が得られます。

第 8 章
演算子と論理演算

章のテーマ

この章では、さまざまな処理を短いコードで簡単に記述できる、便利な演算子について解説します。あわせて TRUE や FALSE という論理値型の結果を扱う論理演算についても解説します。この章では多くの実装例が載っていますが、すべてを最初から暗記する必要はありません。難易度が低い「★☆☆」の節だけを参照しても大丈夫です。

章の概要

●演算子の基本

演算子の使い方と四則演算 → 演算子と関数

●演算子と論理演算の活用

累乗 → 整数の商と剰余 → 大小比較 →（実装例）論理演算の応用
→ 等しいか否かのチェック → 含まれるかどうかのチェック
→ 論理値型のベクトルの取り扱い →（実装例）欠損の有無のチェック
→ 複数の条件を指定したチェック
→（実装例）「偶数であり、かつ 5 よりも大きい」ことのチェック

2-8-1　演算子の使い方と四則演算

演算子の使い方は、すでに第 1 部第 2 章で解説しています。単純な四則演算を行うときに、演算子が使われていました。例えば、足し算を行うコードは以下の通りです。

```
1 + 1
```

計算の対象となるモノの間に入り込んでいるのが演算子です。関数のように、さまざまな計算処理を行ってくれます。

2-8-2 演算子と関数

演算子は関数のようにさまざまな計算処理を行ってくれるモノだと書きました。これはやや不正確な記述です。というのも、演算子は関数と同じであるからです。

以下のコードを実行すると、足し算を実行できます。

```
'+'(1, 1)
```

コンソールへの出力は以下の通りです。

```
> '+'(1,1)
[1] 2
```

シングルクォーテーション（バッククォート「`」でもよい）で演算子を囲ってやると、普通の関数と同じように扱えることがわかります。足し算だけではなく割り算などでも '/'(6, 2) とすれば、計算できます。ただし、このような書き方はせずに、2-8-1節のような素直な記述を使うことをお勧めします。ちなみに、演算子のヘルプを参照するときは、シングルクォーテーションを使って、例えば「?'+'」とします。

2-8-3 累乗

頻繁に使う演算子としては、累乗の計算が挙げられます。2の5乗、すなわち「2×2×2×2×2」の計算を行います。「^」という記号を使います。コンソールへの出力のみ記載します。

```
> 2 ^ 5
[1] 32
```

MEMO

ネイピア数 e の累乗

ネイピア数 e の累乗を計算するときには exp 関数を使います。

```
> exp(1)
[1] 2.718282
> exp(2)
[1] 7.389056
```

2-8-4　整数の商と剰余

割り算をする際、小数点以下の答えがほしくないことがあります。7 つのボールペンを 3 人で分ける際、2.33... という答えが得られてもあまりうれしくありません。0.33 本のボールペンを配布することは困難だからです。

スラッシュをパーセントで挟んだ「%/%」という記号で整数の商を、パーセントを 2 つつなげた「%%」で剰余を計算できます。コンソールへの出力のみ記載します。

```
> # 整数の商
> 7 %/% 3
[1] 2
> # 余り
> 7 %% 3
[1] 1
```

★☆☆

2-8-5 大小比較

ここからは出力が TRUE または FALSE になる演算子の使い方を解説します。まずは、比較演算子からみていきます。

2-8-5-1 「より大きい」のチェック

最初に見るのは「左側が右側より大きいかどうか」のチェックです。大なり記号 (>) を使います。コンソールへの出力のみ記載します。

```
> # より大きい
> 3 > 2
[1] TRUE
> 2 > 2
[1] FALSE
```

2-8-5-2 「以上」のチェック

「以上」かどうかをチェックする場合は、大なり記号とイコール記号を組み合わせた「>=」を使います。「以上」の場合は、左右が等しくても TRUE となります。

```
> # 以上
> (2 + 1) >= 2
[1] TRUE
> (1 + 1) >= 2
[1] TRUE
```

比較演算子には、足し算などの別の演算の結果を使うことができます。その場合は、計算結果を丸カッコで囲ってやると見やすいです。厳密には、上記のコードの場合、丸カッコは不要です。しかし、区切りが簡単にわかるので、この本では常に丸カッコでくくることにします。

2-8-5-3 「より小さい」のチェック

同様に、「左側が右側より小さいかどうか」のチェックを行います。小なり記号 (<) を使います。

```
> # より小さい
> (1 + 1) < 3
[1] TRUE
> (1 + 1) < 2
[1] FALSE
```

2-8-5-4 「以下」のチェック

同様に、「以下」のチェックを行います。小なり記号とイコール記号を組み合わせた「<=」を使います。

```
> # 以下
> (1 + 1) <= 3
[1] TRUE
> (1 + 1) <= 2
[1] TRUE
```

2-8-5-5 ベクトルへの適用

これらの演算は、ベクトルに対しても適用できます。以下のコードにおける vec_1 は 1 から 5 までの等差数列です。ベクトルの中において、2 よりも大きい場合は TRUE を返すようにしてみます。

```
> # ベクトルに対して適用
> vec_1 <- 1:5
> vec_1 > 2
[1] FALSE FALSE  TRUE  TRUE  TRUE
```

★★☆

2-8-6 論理演算の応用

論理演算のよくある使い道は、データの抽出への活用と、第 3 部第 2 章で紹介する条件分岐への活用です。条件分岐は続く第 3 部で解説するとして、データの抽出への応用事例を簡単に紹介します。

2-4-9 節でみたように、ベクトルの任意の要素を取得する際、論理値型のベクトルを角カッコの中に指定することができました。例えば以下のようなコードです。

```
> vec_1[c(FALSE, FALSE, TRUE, TRUE, TRUE)]
[1] 3 4 5
```

ところで「FALSE FALSE TRUE TRUE TRUE」という論理値ベクトルはどこかで見たことがありますね。「vec_1 > 2」の出力と同じです。というわけで、2 よりも大きい値だけを抽出するコードは以下のようになります。

```
> vec_1[vec_1 > 2]
[1] 3 4 5
```

このほかにも 2-5-8 節で紹介した subset 関数や、第 4 部第 4 章で紹介するデータの抽出においても、論理演算は活躍します。

2-8-7 等しいか否かのチェック

等しいか等しくないかをチェックする方法を解説します。

2-8-7-1 等しいことのチェック

「==」とイコール記号を 2 つつなげた演算子を使うことで、等しいか否かのチェックが行えます。コンソールへの出力のみ記載します。

```
> # 左右が等しければTRUE
> 1 == 1
[1] TRUE
> # 計算結果に対しても適用できる
> 3 == (1 + 2)
[1] TRUE
> # 左右が異なっていればFALSE
> 4 == (1 + 2)
[1] FALSE
```

2-8-7-2　異なることのチェック

異なっていることのチェックもできます。エクスクラメーションマーク（!）と組み合わせた「!=」を使います。

```
> # 左右が等しければFALSE
> 1 != 1
[1] FALSE
> # 左右が異なっていればTRUE
> 1 != 2
[1] TRUE
```

エクスクラメーションマークはTRUEとFALSEを逆にする意味を持ちます。

```
> !TRUE
[1] FALSE
> !FALSE
[1] TRUE
```

2-8-7-3　ベクトルへの適用

等しいか否かのチェックも、大小比較と同様に、ベクトルに対して適用できます。この処理ですと、vec_1の中のどこに「2」という数値が含まれているのかをチェックできます。

```
> # ベクトルに対して適用
> vec_1 <- 1:5
> vec_1 == 2
[1] FALSE  TRUE FALSE FALSE FALSE
```

2-8-8 含まれるかどうかのチェック

イコール記号を2つつなげる方法だと、「ベクトル VS 要素が1つしかないもの」において、等しいかどうかのチェックができました。しかし、比較対象も要素の数が2以上のベクトルになると、チェックが難しいです。そこで「%in%」という演算子を使います。コンソールへの出力のみ記載します。

```
> # vec_2において、vec_3の要素か否か判定
> # 対象となるベクトル
> vec_2 <- 1:6
> vec_3 <- c(2, 6, 12)
> # 含まれるかどうかチェック
> vec_2 %in% vec_3
[1] FALSE  TRUE FALSE FALSE FALSE  TRUE
```

vec_2は1から6までの等差数列です。vec_3は「2,6,12」のベクトルです。vec_3の要素を含んでいるのは、vec_2の2番目と6番目の要素だけですね。この要素だけTRUEという結果になっています。

2-8-9 TRUEやFALSEといった結果の集計

ベクトルを相手にした場合は、TRUEやFALSEという結果がずらずらと出力されて、少し見づらく感じます。この結果を集計する方法を解説します。

2-8-9-1 TRUEの個数を数える

TRUEの個数を数える場合はsum関数を使います。TRUEが2つだけあること

がすぐにわかります。

```
> sum(vec_2 %in% vec_3)
[1] 2
```

2-8-9-2　TRUE となっている要素番号を調べる

上記のやり方だと、TRUE の個数はわかりますが「TRUE となっている要素番号」まではわかりません。これを出力させる場合は which 関数を使います。

```
> which(vec_2 %in% vec_3)
[1] 2 6
```

2-8-9-3　すべて TRUE かどうかを調べる

情報を減らして「すべて TRUE かどうか」だけを調べることもできます。all 関数を使います。6 つ中 2 個しか TRUE ではないので「すべて TRUE」というわけではありません。結果は FALSE です。

```
> all(vec_2 %in% vec_3)
[1] FALSE
```

2-8-9-4　どれか 1 つでも TRUE かどうかを調べる

「どれか 1 つでも TRUE かどうか」を調べる場合は any 関数を使います。

```
> any(vec_2 %in% vec_3)
[1] TRUE
```

2-8-10　欠損の有無のチェック

今まで解説してきた技術を使って、「1 つでも欠損があるかどうか」をチェックするコードを実装してみます。欠損は NA で表されること、そして is.na 関数を使えば欠損か否かのチェックができることは第2部第3章で解説しました。これを活用します。NAを含むベクトルを作って、単純にis.na関数を適用してみます。コンソールへの出力のみ記載します。

```
> # 欠損値のあるベクトル
> vec_na <- c(1, 2, NA, 4, 5)
> # 欠損か否かのチェック
> is.na(vec_na)
[1] FALSE FALSE  TRUE FALSE FALSE
```

これをもう一歩進めて、「1つでも欠損があればTRUEを返す」ようにしたコードは以下の通りです。any関数を活用します。

```
> # 欠損が1つでもあるかどうかのチェック
> any(is.na(vec_na))
[1] TRUE
```

単純な例ではありますが、基本事項を組み合わせて自分がやりたいことを達成するやり方をつかんでください。

2-8-11 複数の条件を指定したチェック

今までは「2より大きいか」など、単一の条件を満たしているかどうかという点でチェックを行ってきました。次からは複数の条件を組み合わせる方法を解説します。やや応用的な内容です。

2-8-11-1 対象データの作成

まずは、対象となる論理値型のベクトルを2つ用意します。コンソールへの出力のみ記載します。

```
> # 論理値型のベクトルを用意
> vec_logical_1 <- c(TRUE, TRUE, FALSE, FALSE)
> vec_logical_2 <- c(TRUE, FALSE, TRUE, FALSE)
> # 確認
> vec_logical_1
[1]  TRUE  TRUE FALSE FALSE
> vec_logical_2
[1]  TRUE FALSE  TRUE FALSE
```

2-8-11-2　AND 演算

AND 演算は「2 つがともに TRUE のときだけ TRUE」を返します。「&」記号を使います。

```
> vec_logical_1 & vec_logical_2
[1]  TRUE FALSE FALSE FALSE
```

2-8-11-3　OR 演算

OR 演算は「2 つのうち、どちらかが TRUE ならば TRUE」を返します。「|」記号（キーボードにおいて、「Shift」キーを押しながら「¥」を押す）を使います。

```
> vec_logical_1 | vec_logical_2
[1]  TRUE  TRUE  TRUE FALSE
```

2-8-11-4　XOR 演算

XOR 演算は**排他的論理和**とも呼ばれ「2 つのうち、片方だけが FALSE ならば TRUE」を返します。逆に「どちらともが FALSE または、どちらともが TRUE、ならば FALSE」を返します。これは xor 関数を使います。

```
> xor(vec_logical_1, vec_logical_2)
[1] FALSE  TRUE  TRUE FALSE
```

AND、OR、XOR の挙動を表にまとめます。

表 2-2 論理演算の結果

対象 1	対象 2	AND	OR	XOR
TRUE	TRUE	TRUE	TRUE	FALSE
TRUE	FALSE	FALSE	TRUE	TRUE
FALSE	TRUE	FALSE	TRUE	TRUE
FALSE	FALSE	FALSE	FALSE	FALSE

2-8-11-5 単一の要素同士での演算

AND 演算子と OR 演算子は、2 つ重ねて使うことができます。

```
> vec_logical_1 && vec_logical_2
[1] TRUE
> vec_logical_1 || vec_logical_2
[1] TRUE
```

このとき、vec_logical_1 も vec_logical_2 もともに要素数が 4 なのにかかわらず、最初の 1 つ目の要素しか対象となりません。残り 3 つの比較結果は無視されます。一見不便なようにも見えますが、第 3 部で登場する条件分岐を行う際には、見通しが良くなることがあります。

2-8-12 「偶数であり、かつ 5 よりも大きい」ことのチェック

最後に、AND 演算を用いた条件チェックを行います。「偶数であり、かつ 5 よりも大きい」ことをチェックしてみましょう。

偶数であるか否かのチェックを行う際は、「2 で割ったときの剰余が 0 か否か」でチェックをすればよいです。1 から 9 までの等差数列を対象として、このチェックを実行してみます。

いきなり最終的なコードを示すのではなく、まずは 2 で割ったときの余りを計算してみましょう。

```
> # 対象となるベクトル
> vec_target <- 1:9
> # 2で割った余り
> vec_target %% 2
[1] 1 0 1 0 1 0 1 0 1
```

偶数かどうかをチェックします。

```
> (vec_target %% 2 ) == 0
[1] FALSE  TRUE FALSE  TRUE FALSE  TRUE FALSE  TRUE FALSE
```

このままだと、5 以下の値も TRUE になってしまっていますね。そこで、最後に AND 演算子の出番です。

```
> ((vec_target %% 2) == 0) & (vec_target > 5)
[1] FALSE FALSE FALSE FALSE FALSE  TRUE FALSE  TRUE FALSE
```

この章で紹介した内容を組み合わせれば、いろいろなチェックを行うことができます。この本に載っていない内容であっても、いくつか試してみると勉強になるかと思います。

第 9 章
3 行以下で終わる分析の例：集計編

章のテーマ

この章からは実践的なデータ分析の処理を解説します。まずは基本的な集計の方法を解説します。第 2 部第 8 章までで出てきたものもありますが、整理する意味も込めて一部を再掲しています。ほとんどが 2 行か 3 行で終わるコードです。MEMO という囲み記事では、少し長いコードを補足的に記載しています。

やや応用的な内容として、`apply` 系の関数をいくつか紹介します。データの変換や集計処理を効率よく行うための技術です。

コードは短いですが、事例が豊富なのでページ数は多いです。自分にとって興味のあるテーマだけ読んでも大丈夫です。辞書的に使っても構いません。もちろんコードを書く練習として、ここのコードを書き写してもらっても良いです。

章の概要

●留意事項

この章を読み進める際の注意点 → 対象データの紹介

●カテゴリデータの集計

サンプルサイズ → 度数 → 累積度数 → 相対度数 → クロス集計
→ クロス集計とデータフレームの変換

●数量データの集計

合計値 → 平均値 → 不偏分散 → 標準偏差 → データの並び替え
→ 最小・最大値 → 中央値 →パーセント点 → 四分位範囲 → 要約統計量

● apply 系関数を用いたデータの集計

apply 関数 → lapply 関数 → sapply 関数
→ カテゴリ別の集計値（tapply 関数）→ 2 つ以上のカテゴリに分けた集計値

2-9-1　この章を読み進める際の注意点

この本はプログラミングの入門書ですので、読者の方に勉強をしてもらう目的で執筆しました。そのため、実際の分析コードでは行わない書き方をしています。それは、この章の中で、同じデータを何度もread.csv関数を使って読み込んでいることです。

read.csv関数を使って読み込んだ結果を「<-」記号を使って格納したならば、それを何度も使いまわすことができます。そのため、RStudioを閉じるなどしない限りは、read.csv関数を使ってもう一度同じCSVファイルを読み込みなおす必要はありません。

節ごとに独立して「入力→処理→出力」という流れを練習していただくために、あえて章の中では入力を繰り返しています。

実際の分析では、ソースコードの冒頭で必要なデータをすべて読み込んでしまい、後は計算処理と出力だけを行う、ということはしばしばあります。

2-9-2　対象データの紹介

実際の分析では、サンプルサイズが大きなデータを扱うことが多いと思います。しかし、大きなデータを対象とすると、プログラムのコードの意味を理解しにくくなることもあります。最初のうちは、紙とペン、あるいは電卓で検算ができる程度のデータを使うと、プログラムの意味がつかみやすいかと思います。

この章では小さなデータを対象として、集計処理について解説します。すべてCSVファイルとして、本書のサポートページからダウンロードできます。データはすべて著者が作成した仮想のデータです。**数量データ**や**カテゴリデータ**を組み合わせたもので、6種類あります。以下の順番で見ていきます。

1. sales_beef
2. sales_beef_region
3. sales_population
4. sales_meat

5. fish_chicken
6. favorite_food

MEMO

数量データとカテゴリデータ

数量データやカテゴリデータというのは統計学の用語です。ごく簡単に述べると、「計測できるデータ」が数量データです。「計測できないデータ」はカテゴリデータです。計測できるかどうかは、数値の差が等間隔であるかどうかで判断するとよいでしょう。今回の事例では、売り上げデータは数量データです。「２万円と３万円の差」と「4万円と５万円の差」の間隔は等しいですね。一方、地名やお肉の種類などはカテゴリデータとなります。例えば「名古屋と品川の差」や「牛肉と豚肉の差」などはその解釈が困難です。仮に名古屋をカテゴリ１、品川をカテゴリ２などと数値で表したとしても、その差分には意味を見出すことができません。

最初に紹介するのは、牛肉の売り上げという１変量の数量データです。１変量というのは、変数が１つしかないということです。１列の表で表されます。

表 2-3　データ①：2-9-1-sales-beef.csv

beef
26.9
30.9
25.8
38.0
31.6
25.9
32.4
33.7

２つ目のデータは、地域別の牛肉売上データです。牛肉の売り上げは「2-9-1-sales-beef.csv」とまったく同じです。２列目に地域の名称が加わった点だけが異なります。この地域名は、factor（性別やカテゴリーのような因子）ではなく character（単なる文字列）

表 2-4　データ②：2-9-2-sales_beef_region.csv

beef	region
26.9	Nagoya
30.9	Shinagawa
25.8	Yokohama
38.0	Kawasaki
31.6	Osaka
25.9	Kobe
32.4	Kyoto
33.7	Hukuoka

として扱うことに注意してください。地域ごとに売り上げがどのように変わっているのかを調べる事例で登場します。第２部第 11 章で主に使います。

３つ目のデータは、牛肉の売り上げと、そのお店がある周辺の居住者人口 (resident population) が保存されたデータです。居住者人口が多ければ、売り上げも多くなるような気がしますね。この関係性を調べる事例で登場します。

表 2-5　データ③：2-9-3-sales-population.csv

beef	resident_population
24.8	20.6
16.7	24.9
36.2	32.9
49.4	46.3
25.2	18.1
38.7	45.9
58.3	47.8
38.0	36.4

４つ目のデータは、牛肉と豚肉別の売り上げデータです。お肉の種類によって売り上げが変わるのかどうかを調べます。こちらのお肉の種類は factor として扱います。

表 2-6　データ④：2-9-4-sales-meat.csv

category	sales
beef	35.6
beef	47.8
beef	32.5
beef	68.9
beef	49.9
beef	32.7
beef	52.3
beef	56.1
pork	35.8
pork	26.9
pork	45.1
pork	33.9
pork	23.8
pork	7.9
pork	41.2
pork	29.6

５つ目のデータはカテゴリデータが２列格納されています。ともにfactorとして扱います。性別ごとに、魚と鶏肉のどちらを選ぶかを記録したデータです。

表2-7　データ⑤：2-9-5-fish-chicken.csv

sex	choice
male	fish
male	fish
male	fish
male	fish
male	fish
male	fish
male	chicken
male	fish
female	chicken
female	chicken
female	fish
female	chicken
female	fish
female	chicken
female	fish
female	chicken

６つ目のデータは、５つ目とよく似ています。違いはカテゴリが３種類になったことです。このデータは性別ごとに、好きな料理を肉・魚・野菜の中から選んでもらった結果となります。

本章においては、まずはデータ①を対象としてサンプルサイズを得る方法を解説します。続いて、データ⑤と⑥を中心的に用いて、カテゴリデータの集計の方法を解説します。最後にデータ①から④を中心に用いて、数量データの集計の方法を解説します。

表2-8　データ⑥：2-9-6-favorite-food.csv

sex	favorite_food
male	fish
male	fish
male	vegetables
male	fish
male	vegetables
male	fish
male	meat
male	fish
female	meat
female	vegetables
female	meat
female	meat
female	meat
female	fish
female	meat
female	fish

2-9-3　サンプルサイズの取得

最初は、カテゴリデータでも数量データでも必要となる、サンプルサイズの取得から解説します。

入力：データ①「2-9-1-sales-beef.csv」
処理：サンプルサイズを取得する
出力：コンソールに出力

```
sales_beef <- read.csv("2-9-1-sales-beef.csv")
nrow(sales_beef)
```

コンソールの出力は以下の通りです。

```
> sales_beef <- read.csv("2-9-1-sales-beef.csv")
> nrow(sales_beef)
[1] 8
```

１行目でテータを読み込み、２行目で行数を出力しています。

今回のような整然データでは、行数がサンプルサイズに一致します。そのため、行数を得る関数である nrow を使うと、サンプルサイズがわかります。

2-9-4　度数

度数とは、ある特定のデータが現れた回数（頻度）のことです。**度数分布**は、データの種類に対応する度数の一覧のことです。カテゴリデータの場合は、カテゴリに属するデータの個数を数え上げることになります。

入力：データ⑤「2-9-5-fish-chicken.csv」
処理：性別の度数と食事選択の度数を得る
出力：コンソールに出力

```
fish_chicken <- read.csv("2-9-5-fish-chicken.csv")
table(fish_chicken$sex)
table(fish_chicken$choice)
```

コンソールの出力は以下の通りです。

```
> fish_chicken <- read.csv("2-9-5-fish-chicken.csv")
> table(fish_chicken$sex)
female   male
     8      8
> table(fish_chicken$choice)
chicken    fish
      6      10
```

１行目でデータを読み込みます。２行目で性別の度数を、３行目で食事の選択結果の度数を得ています。

$マークを使うことで、特定の列を取得できます。table関数を使って度数を得ています。男女は８人ずつであり、鶏肉を選んだのは６人、魚を選んだのは10人という結果になりました。

MEMO

３カテゴリ以上の場合

カテゴリの数が増えても大丈夫です。データ⑥「2-9-6-favorite-food.csv」を対象に、同様の処理を実行してみます。

```
favorite_food <- read.csv("2-9-6-favorite-food.csv")
table(favorite_food$sex)
table(favorite_food$favorite_food)
```

コンソールの出力は以下の通りです。

```
> favorite_food <- read.csv("2-9-6-favorite-food.csv")
> table(favorite_food$sex)
female   male
     8      8
> table(favorite_food$favorite_food)
      fish       meat vegetables
         7          6          3
```

魚、肉、野菜の各々が選ばれた回数が出力されます。

MEMO

数量データの場合

数量データの場合は、度数分布表を得るのが少し難しくなります。この場合は、数量データをいくつかの範囲で区切ります。この区切りを**階級**と呼びます。階級ごとに度数を得ます。これは第２部第 11 章でヒストグラムについて解説したとき、改めて取り上げることにします。

2-9-5　累積度数

度数の累積値を取ったものを**累積度数**と呼びます。こちらを計算してみましょう。

入力：データ⑥「2-9-6-favorite-food.csv」の favorite_food 列
処理：魚・肉・野菜の累積度数を得る
出力：コンソールに出力

```
favorite_food <- read.csv("2-9-6-favorite-food.csv")
freq <- table(favorite_food$favorite_food)
cumsum(freq)
```

コンソールの出力は以下の通りです。

```
> favorite_food <- read.csv("2-9-6-favorite-food.csv")
> freq <- table(favorite_food$favorite_food)
> cumsum(freq)
      fish       meat vegetables
         7         13         16
```

1行目でデータを読み込みます。2行目でtable関数を使って度数を得て、freqに格納します。これに対してさらに3行目でcumsum関数を適用すると、累積度数が得られます。

「table関数の返り値（出力）が、今度はcumsum関数の入力になる」と連鎖的に処理を実行させました。今回はたった3行のコードでしたが、この処理の連鎖がどんどん伸びていくこともあります。

MEMO

関数を入れ子にする

先ほどはtable関数の結果をfreqにいったん格納しました。しかし、以下のように関数を入れ子にすることで、中間で使われるfreqを作成しなくても済みます。

```
> favorite_food <- read.csv("2-9-6-favorite-food.csv")
> cumsum(table(favorite_food$favorite_food))
      fish       meat vegetables
         7         13         16
```

このやり方ならば2行で終わりますね。ただし、関数の入れ子を複雑にしすぎると、解読しにくいコードになってしまいます。

MEMO

cumsum 関数の補足

cumsum 関数は累積和を取る関数です。2行目で作成された freq には「7　6　3」という3つの数値が入っています。この累積和は以下のように計算されます。

1番目：7
2番目：7+6=13
3番目：7+6+3=16

頭から順番に、足される数値が増えていきます。

cumsum 関数は、さまざまな数量データに対して適用できます。以下に実行例を記載します。

```
> # 「1」が5つあるデータの累積値
> cumsum(c(1, 1, 1, 1, 1))
[1] 1 2 3 4 5
> # 「1から5の等差数列」の累積値
> cumsum(c(1, 2, 3, 4, 5))
[1]  1  3  6 10 15
```

2-9-6　相対度数

全体を1としたときの相対的な度数の値を**相対度数**と呼びます。サンプルサイズが100のときに10回出現したならば相対度数は0.1です。50回登場したら相対度数は0.5となります。

入力：データ⑥「2-9-6-favorite-food.csv」の favorite_food 列
処理：魚・肉・野菜の相対度数を得る
出力：コンソールに出力

```
favorite_food <- read.csv("2-9-6-favorite-food.csv")
freq <- table(favorite_food$favorite_food)
prop.table(freq)
```

コンソールの出力は以下の通りです。

```
> favorite_food <- read.csv("2-9-6-favorite-food.csv")
> freq <- table(favorite_food$favorite_food)
> prop.table(freq)

      fish       meat vegetables
    0.4375     0.3750     0.1875
```

1行目でデータを読み込みます。2行目でtable関数を使って度数を得て、freqに格納します。これに対してさらに3行目でprop.table関数を適用すると、相対度数が得られます。

MEMO

prop.table関数の補足

prop.table関数は、さまざまな数量データに対して適用できます。以下に実行例を記載します。

```
> prop.table(c(20, 30, 50))
[1] 0.2 0.3 0.5
```

ちなみにprop.table関数を使わないで同じ結果を出すこともできます。ただしsumは、合計値を得る関数です（2-9-9節参照）。

```
> c(20, 30, 50) / sum(c(20, 30, 50))
[1] 0.2 0.3 0.5
```

MEMO

累積相対度数の計算

相対度数に対してさらにcumsum関数を適用することで、累積相対度数が得られます。４行になってしまいますが、以下にコードを記載します。

```
> favorite_food <- read.csv("2-9-6-favorite-food.csv")
> freq <- table(favorite_food$favorite_food)
> prop <- prop.table(freq)
> cumsum(prop)
      fish       meat vegetables
    0.4375     0.8125     1.0000
```

2-9-7　クロス集計

今までは単なる性別の度数や食事選択の度数でした。ここでは「性別ごとの食事選択の結果」を見ていきます。ここで出力される表は**クロス集計表**と呼ばれます。

入力：データ⑤「2-9-5-fish-chicken.csv」
処理：性別と食事選択のクロス集計表を得る
出力：コンソールに出力

```
fish_chicken <- read.csv("2-9-5-fish-chicken.csv")
table(fish_chicken)
```

コンソールの出力は以下の通りです。

```
> fish_chicken <- read.csv("2-9-5-fish-chicken.csv")
> table(fish_chicken)
        choice
sex      chicken fish
  female       5    3
  male         1    7
```

１行目でデータを読み込みます。２行目で table 関数を使ってクロス集計表を得ます。度数の取得をするのと同じ table 関数で、クロス集計を行うことができます。

クロス集計表だと「女性でかつ鶏肉を選んだのは５人」とか「女性でかつ魚を選んだのは３人」といったことがすぐにわかります。女性は鶏肉を多く選び、男性は魚を多く選んだようです。

MEMO

3 カテゴリ以上の場合

カテゴリ数が 3 つになっても問題ありません。データ⑥「2-9-6-favorite-food.csv」を対象に実行します。

```
favorite_food <- read.csv("2-9-6-favorite-food.csv")
table(favorite_food)
```

コンソールの出力は以下の通りです。

```
> favorite_food <- read.csv("2-9-6-favorite-food.csv")
> table(favorite_food)
        favorite_food
sex      fish meat vegetables
  female    2    5          1
  male      5    1          2
```

MEMO

prop.table を使って合計値が 1 になるようにする

prop.table を使うことで、合計値を 1 にできます。

```
> favorite_food <- read.csv("2-9-6-favorite-food.csv")
> freq_cross <- table(favorite_food)
> prop.table(freq_cross)
        favorite_food
sex        fish   meat vegetables
  female 0.1250 0.3125     0.0625
  male   0.3125 0.0625     0.1250
```

2-9-8　クロス集計表⇔データフレームの変換

クロス集計表は、私たち人間としては結果が一目でわかるので便利です。しかし、この形式のままだと分析がしにくいこともあります。データフレームの形式とクロス集計表の形式を自由に変換できると便利ですね。そのやり方をここで解説します。

入力：データ⑥「2-9-6-favorite-food.csv」
処理：性別と食事選択のクロス集計の結果をデータフレームの形式で得る
出力：コンソールに出力

```
favorite_food <- read.csv("2-9-6-favorite-food.csv")
freq_cross <- table(favorite_food)
as.data.frame(freq_cross)
```

コンソールの出力は以下の通りです。

```
> favorite_food <- read.csv("2-9-6-favorite-food.csv")
> freq_cross <- table(favorite_food)
```

```
> as.data.frame(freq_cross)
     sex favorite_food Freq
1 female          fish    2
2   male          fish    5
3 female          meat    5
4   male          meat    1
5 female    vegetables    1
6   male    vegetables    2
```

1 行目でデータを読み込みます。2 行目で table 関数を使ってクロス集計表を得て、freq_cross に格納します。これに対してさらに 3 行目で as.data.frame 関数を適用することで、データフレームの形式になります。なお、何も指定しなくても度数の列名は勝手に Freq となります。

MEMO

データフレームをまたクロス集計表に変換する

データフレームとして集計結果をまとめたものを再度クロス集計表にする場合は xtabs 関数を使います。

```
> freq_df <- as.data.frame(freq_cross)
> xtabs(
+   formula = Freq ~ sex + favorite_food,
+   data = freq_df
+ )
        favorite_food
sex      fish meat vegetables
  female    2    5          1
  male      5    1          2
```

formula という形式を用いた指定は xtabs 関数以外にも頻繁に登場するので覚えておくと良いでしょう。チルダ記号（~）の左側に興味の対象である変数名を指定します。今回は度数 Freq が最も興味がある対象なので、これをチルダ記号の左に置き、残りの変数をチルダ記号の右側に置きます。チルダ記号の右側には複数の変数を指定できます。このときはプラス記号を使って変数を繋げます。

2-9-9　合計値

ここからは数量データの集計に移ります。まずは**合計値**の計算です。

入力：データ①「2-9-1-sales-beef.csv」
処理：牛肉の売り上げの合計値を計算する
出力：コンソールに出力

```
sales_beef <- read.csv("2-9-1-sales-beef.csv")
sum(sales_beef$beef)
```

コンソールの出力は以下の通りです。

```
> sales_beef <- read.csv("2-9-1-sales-beef.csv")
> sum(sales_beef$beef)
[1] 245.2
```

１行目でデータを読み込みます。２行目でsum関数を使って合計値を得ます。データを渡してあげる際、ドル記号($)を使って列を指定しておきます。

MEMO

２列以上あるデータに対する合計値の計算

データ③「2-9-3-sales-population.csv」を対象として、数値データが２列格納されているデータに対して合計値を計算する例を紹介します。特に難しいことはなく、列名をドルマークで指定してからsum関数に渡してあげればよいです。

```
> sales_population <- read.csv("2-9-3-sales-population.csv")
> sum(sales_population$beef)
[1] 287.3
> sum(sales_population$resident_population)
[1] 272.9
```

2-9-10 平均値

既に登場していますが、平均値を計算する方法を改めて紹介します。mean関数を使います。使い方はsum関数とほとんど変わりがありません。

入力：データ①「2-9-1-sales-beef.csv」
処理：牛肉の売り上げの平均値を計算する
出力：コンソールに出力

```
sales_beef <- read.csv("2-9-1-sales-beef.csv")
mean(sales_beef$beef)
```

コンソールの出力は以下の通りです。

```
> sales_beef <- read.csv("2-9-1-sales-beef.csv")
> mean(sales_beef$beef)
[1] 30.65
```

MEMO

mean関数を使わないで平均値を計算する

勉強のために、mean関数を使わないで平均値を計算してみます。1行目で合計値を計算し、2行目でサンプルサイズを取得します。3行目で「合計値÷サンプルサイズ」とすることで、定義通り平均値を計算しています。

```
> sum_sales <- sum(sales_beef$beef)
> sample_size <- nrow(sales_beef)
> sum_sales / sample_size
[1] 30.65
```

2-9-11　不偏分散

データのばらつきの大きさを調べる指標として、**不偏分散**を計算します。var 関数を使います。

入力：データ①「2-9-1-sales-beef.csv」
処理：牛肉の売り上げの不偏分散を計算する
出力：コンソールに出力

```
sales_beef <- read.csv("2-9-1-sales-beef.csv")
var(sales_beef$beef)
```

コンソールの出力は以下の通りです。

```
> sales_beef <- read.csv("2-9-1-sales-beef.csv")
> var(sales_beef$beef)
[1] 18.21429
```

MEMO

var 関数を使わないで不偏分散を計算する

勉強のために、var 関数を使わないで不偏分散を計算してみます。１行目で平均値を計算し、２行目でサンプルサイズを取得します。３行目で「偏差平方和÷（サンプルサイズ－ 1)」とすることで、定義通り平均値を計算しています。

```
> mean_sales <- mean(sales_beef$beef)
> sample_size <- nrow(sales_beef)
> sum((sales_beef$beef - mean_sales) ^ 2) / (sample_size - 1)
[1] 18.21429
```

★★★

2-9-12 標準偏差

不偏分散はデータを２乗する処理が入っているので、単位が変わってしまっています。このままでは扱いにくいので、不偏分散の平方根を取った**標準偏差**がしばしば使われます。sd 関数を使うことで計算できます。

入力：データ①「2-9-1-sales-beef.csv」
処理：牛肉の売り上げの標準偏差 (不偏分散の平方根を取ったもの) を計算する
出力：コンソールに出力

```
sales_beef <- read.csv("2-9-1-sales-beef.csv")
sd(sales_beef$beef)
```

コンソールの出力は以下の通りです。

```
> sales_beef <- read.csv("2-9-1-sales-beef.csv")
> sd(sales_beef$beef)
[1] 4.26782
```

MEMO

sd 関数を使わないで標準偏差を計算する

勉強のために、sd 関数を使わないで標準偏差を計算してみます。1 行目で不偏分散を計算し、2 行目でその平方根を取っています。平方根を取る関数は sqrt です。

```
> var_sales <- var(sales_beef$beef)
> sqrt(var_sales)
[1] 4.26782
```

2-9-13　データの並び替え

集計とは少し異なりますが、データを昇順に並び替える方法を解説します。後ほど紹介する最小・最大の取得や中央値の計算をする前に、並び替えの方法を学んでおいた方が良いと思うからです。sort関数を使います。

入力：データ①「2-9-1-sales-beef.csv」
処理：牛肉の売り上げを昇順に並び替える
出力：コンソールに出力

```
sales_beef <- read.csv("2-9-1-sales-beef.csv")
sort(sales_beef$beef)
```

コンソールの出力は以下の通りです。

```
> sales_beef <- read.csv("2-9-1-sales-beef.csv")
> sort(sales_beef$beef)
[1] 25.8 25.9 26.9 30.9 31.6 32.4 33.7 38.0
```

MEMO

降順に並び替える

並び順を降順にする場合はdecreasing = TRUEと指定します。

```
> sort(sales_beef$beef, decreasing = TRUE)
[1] 38.0 33.7 32.4 31.6 30.9 26.9 25.9 25.8
```

MEMO

順位の取得と並び替え

小さいデータから順番に、順位を取得することもできます。order 関数を使います。

```
> # 元のデータ
> sales_beef$beef
[1] 26.9 30.9 25.8 38.0 31.6 25.9 32.4 33.7
> # 順位(昇順)
> order(sales_beef$beef)
[1] 3 6 1 2 5 7 8 4
```

3 番目の要素（25.8）が最も小さく、続いて 6 番目の要素（25.9）、1 番目の要素、と続いています。こちらも降順での順位を得る場合は引数に decreasing = TRUE を指定します。

order 関数の結果を使って並び替えることもできます。

```
> # 並び替え
> sales_beef$beef[order(sales_beef$beef)]
[1] 25.8 25.9 26.9 30.9 31.6 32.4 33.7 38.0
```

上記のコードは 2-4-9 節のベクトルの個別の要素の取得方法を復習すると意味が理解しやすいでしょう。角カッコの中に「取得したい要素番号」を指定すると、そのデータを取得できます。3 番目の要素を最初に取得して、6 番目の要素を次に取得する……という作業で並び替えをしています。

2-9-14　最小・最大値

データのとる範囲を調べます。**最小値**は min 関数で、**最大値**は max 関数を使うことで得られます。

入力：データ①「2-9-1-sales-beef.csv」

処理：牛肉の売り上げの最小値と最大値を得る

出力：コンソールに出力

```
sales_beef <- read.csv("2-9-1-sales-beef.csv")
min(sales_beef$beef)
max(sales_beef$beef)
```

コンソールの出力は以下の通りです。

```
> # 最小・最大値
> sales_beef <- read.csv("2-9-1-sales-beef.csv")
> min(sales_beef$beef)
[1] 25.8
> max(sales_beef$beef)
[1] 38
```

MEMO

データの範囲を取得する

最小値と最大値をまとめて取得することもできます。range 関数を使います。

```
> range_sales <- range(sales_beef$beef)
> range_sales
[1] 25.8 38.0
```

range 関数の返り値はベクトルなので、角カッコを使うことで最小値（もちろん最大値でもよい）だけを取得できます。

```
> range_sales[1]
[1] 25.8
```

MEMO

min や max 関数を使わないで、最小・最大を求める

勉強のために、min や max 関数を使わないで最小・最大を求めます。sort 関数を使って昇順に並び替えた後、最初の値が最小値、最後の値が最大値となります。

```
> sort(sales_beef$beef)[1]
[1] 25.8
> sort(sales_beef$beef)[nrow(sales_beef)]
[1] 38
```

2-9-15 中央値

平均値と並んで、データの代表値としてしばしば用いられるのが**中央値**です。median 関数を使うことで得られます。

入力：データ① 「2-9-1-sales-beef.csv」
処理：牛肉の売り上げの中央値を得る
出力：コンソールに出力

```
sales_beef <- read.csv("2-9-1-sales-beef.csv")
median(sales_beef$beef)
```

コンソールの出力は以下の通りです。

```
> sales_beef <- read.csv("2-9-1-sales-beef.csv")
> median(sales_beef$beef)
[1] 31.25
```

MEMO

中央値の計算例

サンプルサイズが奇数だった場合は、データを小さなものから順に並び変えたときに、ちょうど中央に来る値が中央値となります。{1, 2, 3, 4, 5} という等差数列を対象としたときは「3」が中央値になります。

```
> median(1:5)
[1] 3
```

サンプルサイズが偶数だった場合、中央値は中心の２つの値の平均値となります。{1, 2, 3, 4} の中央値は、２と３の平均値であり、2.5となります。

```
> median(1:4)
[1] 2.5
```

データ①「2-9-1-sales-beef.csv」のサンプルサイズは８なので、４番目に小さな値と５番目に小さな値の平均値をとったものが中央値となります。

```
> (30.9 + 31.6) / 2
[1] 31.25
```

sort関数を使って昇順に並び替えた結果を使って中央値を計算してみましょう。サンプルサイズを n とすると $n/2$ 番目に小さな値と $n/2+1$ 番目に小さな値の平均値を取れば、中央値が得られます。

```
> n <- nrow(sales_beef)
> sorted <- sort(sales_beef$beef)
> (sorted[n / 2] + sorted[(n / 2) + 1]) / 2
[1] 31.25
```

2-9-16 パーセント点

データを小さいものから順に並び替えたとき、最も小さい値が最小値、中央に来るのが中央値でした。もっと柔軟に「○○ % に位置する値」を指定できます。これを**パーセント点**あるいは**分位点**といいます。小さいものから順に並び替えたとき、下から 25% の位置にある値を**第 1 四分位点**と呼び、75% にある値を**第 3 四分位点**と呼びます。これを求めてみましょう。quantile 関数を使います。

入力：データ① 「2-9-1-sales-beef.csv」
処理：牛肉の売り上げの第 1 四分位点と第 3 四分位点を得る
出力：コンソールに出力

```
sales_beef <- read.csv("2-9-1-sales-beef.csv")
quantile(sales_beef$beef, probs = c(0.25, 0.75))
```

コンソールの出力は以下の通りです。

```
> sales_beef <- read.csv("2-9-1-sales-beef.csv")
> quantile(sales_beef$beef, probs = c(0.25, 0.75))
   25%    75%
26.650 32.725
```

quantile 関数の引数 probs には、0 以上 1 以下である任意の割合を指定します。c(0.25, 0.75) を与えると、四分位点が求まります。

MEMO

quantile 関数を使って中央値を求める

quantile 関数の数 probs に 0.5 を与えると、中央値が得られます。

```
> quantile(sales_beef$beef, probs = 0.5)
  50%
31.25
```

MEMO

パーセント点の計算例

単純な等差数列を対象として quantile 関数を実行し、パーセント点のイメージをつかんでいただきます。0 から 100 まで、101 の長さを持つ等差数列に対して quantile 関数を実行します。小さいものから並び替えたとき25% に位置するのは「25」という値ですね。

```
> quantile(0:100, probs = c(0.25, 0.5, 0.75))
25% 50% 75%
 25  50  75
```

0 から 10 まで、11 の長さを持つ等差数列に対して適用した場合は以下のようになります。

```
> quantile(0:10, probs = c(0.25, 0.5, 0.75))
25% 50% 75%
2.5 5.0 7.5
```

2-9-17　四分位範囲

第 1 四分位点と第 3 四分位点の間の長さを**四分位範囲**と呼びます。データのばらつきの指標の 1 つです。IQR 関数を使うことで得られます。これは

Interquartile Range の略称です。

入力：データ①「2-9-1-sales-beef.csv」
処理：牛肉の売り上げの四分位範囲を得る
出力：コンソールに出力

```
sales_beef <- read.csv("2-9-1-sales-beef.csv")
IQR(sales_beef$beef)
```

コンソールの出力は以下の通りです。

```
> sales_beef <- read.csv("2-9-1-sales-beef.csv")
> IQR(sales_beef$beef)
[1] 6.075
```

MEMO

IQR関数を使わないで四分位範囲を求める

勉強のために、IQR関数を使わないで四分位範囲を求めます。第1四分位点と第3四分位点の差を取ればよいです。

```
> q1 <- quantile(sales_beef$beef, probs = 0.25)
> q3 <- quantile(sales_beef$beef, probs = 0.75)
> q3 - q1
  75%
6.075
```

2-9-18 要約統計量

最大値や最小値、平均値、中央値、四分位点を、みんなまとめて計算してくれる便利な関数がsummary関数です。頻繁に使うので、是非覚えておきましょう。

入力：データ①「2-9-1-sales-beef.csv」

処理：牛肉の売り上げの要約統計量を求める

出力：コンソールに出力

```
sales_beef <- read.csv("2-9-1-sales-beef.csv")
summary(sales_beef$beef)
```

コンソールの出力は以下の通りです。

```
> # 要約統計量
> sales_beef <- read.csv("2-9-1-sales-beef.csv")
> summary(sales_beef$beef)
   Min. 1st Qu.  Median    Mean 3rd Qu.    Max. 
  25.80   26.65   31.25   30.65   32.73   38.00 
```

出力は、左から順番に、最小値・第１四分位点・中央値・平均値・第３四分位点・最大値となっています。

MEMO

列名を指定しない場合

合計値や平均値を計算する場合は、常に列名を指定していました。しかし、summary関数は列名を指定しないで使うこともしばしばあります。

```
> summary(sales_beef)
      beef      
 Min.   :25.80  
 1st Qu.:26.65  
 Median :31.25  
 Mean   :30.65  
 3rd Qu.:32.73  
 Max.   :38.00  
```

MEMO

2 列以上のデータに対して適用した場合

列名を指定せず、2 列以上のデータに対して summary 関数を適用する事例を見ていきます。データ④「2-9-4-sales-meat.csv」を対象とします。

```
> sales_meat <- read.csv("2-9-4-sales-meat.csv")
> summary(sales_meat)
 category     sales
 beef:8   Min.   : 7.90
 pork:8   1st Qu.:31.77
          Median :35.70
          Mean   :38.75
          3rd Qu.:48.33
          Max.   :68.90
```

列ごとに要約統計量が得られているのがわかります。数量データは平均値などが出力され、カテゴリデータは、カテゴリごとの出現数が出力されます。大変に便利なので、列名を指定せずに、まずは summary 関数を適用してみて結果を確認する、ということは、しばしば行われます。

2-9-19 行や列に対する一括処理（apply）

ここからは、集計処理をもっと簡単に柔軟に行う方法を解説します。

ドルマークを使うことで、列ごとに合計値や平均値を計算できました。しかし、10 列も 20 列もあるデータの場合は、毎回この処理を実装するのが面倒です。すべての列に対して一括処理を行う方法があるので紹介します。

入力：データ③「2-9-3-sales-population.csv」
処理：牛肉の売り上げと周辺人口の合計値を計算する
出力：コンソールに出力

```
sales_population <- read.csv("2-9-3-sales-population.csv")
apply(sales_population, 2, sum)
```

コンソールの出力は以下の通りです。

```
> sales_population <- read.csv("2-9-3-sales-population.csv")
> apply(sales_population, 2, sum)
               beef resident_population
              287.3                272.9
```

apply関数を使うと、列や行に対して一括処理を行うことができます。apply関数の1つ目の引数には、対象となるデータを指定します。2つ目の引数を「2」にすると、列に対する一括処理が行えます。もしここに「1」を指定すると、行に対する一括処理となります。最後に実行したい関数を指定します。「apply(sales_population, 2, sum)」で「sales_populationのすべての列に対してsum関数を適用する」という指示になります。

apply関数はsum関数以外の関数を対象に取ることもできます。例えば、mean関数やmedian関数なども使えます。

MEMO

行に対する一括処理

行に対する一括処理をする場合は、apply関数の2つ目の引数に「1」を指定すればよいです。コンソールの出力は以下の通りです。

```
> apply(sales_population, 1, sum)
[1]  45.4  41.6  69.1  95.7  43.3  84.6 106.1  74.4
```

1行目の「お肉の売り上げ+周辺人口」、2行目の「お肉の売り上げ+周辺人口」……が順番に出力されます。

2-9-20 リストに対する一括処理 (lapply)

2-6-4 節で解説したように、データフレームはリストです。そのため「リストに対して適用できる便利な関数」をデータフレームに格納されたデータに対しても適用できます。最も有名な関数は lapply 関数でしょう。以下で、その使い方を紹介します。

入力：データ③「2-9-3-sales-population.csv」
処理：牛肉の売り上げと周辺人口の合計値を計算する
出力：コンソールに出力

```
sales_population <- read.csv("2-9-3-sales-population.csv")
lapply(sales_population, sum)
```

コンソールの出力は以下の通りです。

```
> sales_population <- read.csv("2-9-3-sales-population.csv")
> lapply(sales_population, sum)
$beef
[1] 287.3

$resident_population
[1] 272.9
```

lapply 関数の引数は「対象データ」と「適用したい関数」の 2 つだけです。データフレームに対して lapply 関数を適用すると、各列に対して引数で指定された関数（今回は sum 関数）が適用されます。適用された結果はリストとして出力されます。

2-9-21　リストに対する一括処理（sapply）

lapply関数とよく似たものとしてsapply関数があります。ほとんど機能は変わりませんが、出力がリストではなくてベクトルあるいは行列になります。

入力：データ③「2-9-3-sales-population.csv」
処理：牛肉の売り上げと周辺人口の合計値を計算する
出力：コンソールに出力

```
sales_population <- read.csv("2-9-3-sales-population.csv")
sapply(sales_population, sum)
```

コンソールの出力は以下の通りです。

```
> sales_population <- read.csv("2-9-3-sales-population.csv")
> sapply(sales_population, sum)
             beef resident_population
            287.3               272.9
```

列ごとに合計値を計算して、その結果をベクトルとして出力しました。2-9-19節で紹介した「apply(sales_population, 2, sum)」の実行結果と同じ結果になりました。

2-9-22　カテゴリ別の集計値（tapply）

例えばデータ④「2-9-4-sales-meat.csv」では、お肉の種類別の売り上げが記録されています。このとき「お肉の種類ごとに分けて、平均値を計算したい」こともあるでしょう。このときはtapply関数を使うのが簡単です。

入力：データ④「2-9-4-sales-meat.csv」
処理：お肉の種類別に売り上げの平均値を求める
出力：コンソールに出力

```
sales_meat <- read.csv("2-9-4-sales-meat.csv")
tapply(sales_meat$sales, sales_meat$category, mean)
```

コンソールの出力は以下の通りです。

```
> sales_meat <- read.csv("2-9-4-sales-meat.csv")
> tapply(sales_meat$sales, sales_meat$category, mean)
  beef   pork
46.975 30.525
```

tapply関数には3つの引数を指定します。1つ目が集計対象となる列です。今回はsales列ですね。2つ目が集計の基準となる列です。今回はお肉の種類ごとに分けて集計するのでcategory列を指定します。3つ目の引数として、集計のための関数名を渡してあげます。今回はmean関数を使いましたが、もちろんsum関数やmedian関数など様々な関数を指定できます。

MEMO

カテゴリ別の要約統計量の計算

平均値以外にもさまざまな集計処理を行うことができます。要約統計量を得るsummary関数を適用した結果は以下のようになります。

```
> tapply(sales_meat$sales, sales_meat$category, summary)
$beef
   Min. 1st Qu.  Median    Mean 3rd Qu.    Max.
  32.50   34.88   48.85   46.98   53.25   68.90
$pork
   Min. 1st Qu.  Median    Mean 3rd Qu.    Max.
   7.90   26.12   31.75   30.52   37.15   45.10
```

★★★

2-9-23　２つ以上のカテゴリに分けた集計値 (tapply)

最後に、応用的な事例として、２つ以上のカテゴリ別に分けて、集計値を得る方法を解説します。

この節では、CSV ファイルを読み込むのではなく、R が用意した warpbreaks というデータを対象にします。warpbreaks は第２部第７章でも紹介しました。糸の単位長さ当たり切断数データです。breaks が切断数で、wool がウールの種類（A と B の２種類）、tension が張力の種類（L と M と H の３種類）です。

入力：糸の切断数データ warpbreaks

処理：ウールの種類別、糸の張力別の切断数平均値を得る

出力：コンソールに出力

```
tapply(warpbreaks$breaks,
       list(warpbreaks$wool, warpbreaks$tension),
       mean)
```

コンソールの出力は以下の通りです。

```
> tapply(warpbreaks$breaks,
+        list(warpbreaks$wool, warpbreaks$tension),
+        mean)
         L        M        H
A 44.55556 24.00000 24.55556
B 28.22222 28.77778 18.77778
```

tapply の２つ目の引数に list 形式で集計の基準となるインデックスを２つ指定できます。ウール A の場合には張力 M にすると切断数を少なくできて、ウール B の場合には張力 H にするのがよさそうです。

第10章 3行以下で終わる分析の例：変換編

章のテーマ

この章では、データの変換を主に行います。分析事例は少なめです。

章の概要

ブロードキャスト → 標準化 → 変換結果の保存

2-10-1 ベクトルの入力・ベクトルの出力（ブロードキャスト）

前章では、複数のデータを少数の集計値にまとめました。この章ではデータの変換を行います。すなわち、５つの数値を渡したら、５つの変換結果が返ってきます。R 言語ではこのような計算を簡単に行うことができます。ベクトルの入力を与えると、ベクトルの出力が返ってくるのを**ブロードキャスト**と呼びます。

例えば、１から５の等差数列を対象として、合計値を計算する sum 関数を適用すると、１つの集計値が得られます。これはブロードキャストではありません。

```
> # 対象データ
> vec_num <- 1:5
> # 集計（5つの要素が1つの計算結果になる）
> sum(vec_num)
[1] 15
```

一方、対数変換を行う関数である log 関数を適用すると、対象データと同じ要素数の変換結果が返ってきます。ベクトルを入力にして、ベクトルの出力が返ってきたわけです。これがブロードキャストです。対数変換は、実務的にもしばしば使われる変換手法です。

```
> log(vec_num)
[1] 0.0000000 0.6931472 1.0986123 1.3862944 1.6094379
```

2-10-2　標準化

データの変換は実務ではしばしば用いられますが、複雑な計算が伴うこともあり、やや応用的な内容が多くなります。計算結果の解釈が容易で、計算自体も簡単である**標準化**のみをこの章では取り上げます。

標準化を行うことで、データの平均値を 0、標準偏差を 1 にできます。R では scale 関数を使います。

入力：データ①「2-9-1-sales-beef.csv」
処理：牛肉の売り上げデータを標準化する
出力：コンソールに出力

```
sales_beef <- read.csv("2-9-1-sales-beef.csv")
scale(sales_beef$beef)
```

コンソールの出力は以下の通りです。

```
> sales_beef <- read.csv("2-9-1-sales-beef.csv")
> scale(sales_beef$beef)
            [,1]
[1,] -0.87866878
[2,]  0.05857792
[3,] -1.13641162
[4,]  1.72219081
```

```
[5,]  0.22259609
[6,] -1.11298045
[7,]  0.41004543
[8,]  0.71465061
attr(,"scaled:center")
[1] 30.65
attr(,"scaled:scale")
[1] 4.26782
```

attr(,"scaled:center") がデータの平均値で、attr(,"scaled:scale") が標準偏差となっています。

MEMO

scale 関数を使わないで標準化を行う

変換対象であるデータを x、データの平均値を μ、標準偏差を σ とすると、以下の計算式で標準化を行うことができます。

$$\frac{x-\mu}{\sigma}$$

R で実行してみます。

```
> mu <- mean(sales_beef$beef)
> sigma <- sd(sales_beef$beef)
> (sales_beef$beef - mu) / sigma
[1] -0.87866878  0.05857792 -1.13641162  1.72219081  0.22259609
[6] -1.11298045  0.41004543  0.71465061
```

2-10-3　変換結果の保存

もともとの sales_beef に、変換後の列 beef_scale を追加します。ドルマークを使って追加の列名を指定すればよいです。複数の列をこのやり方で追加すると速度の面で問題が出ることがあります。しかし、小さなデータに 1 列追加するだけならばたいした問題にはなりません。

```
> sales_beef <- read.csv("2-9-1-sales-beef.csv")
> sales_beef$beef_scale <- scale(sales_beef$beef)
> sales_beef
  beef  beef_scale
1 26.9 -0.87866878
2 30.9  0.05857792
3 25.8 -1.13641162
4 38.0  1.72219081
5 31.6  0.22259609
6 25.9 -1.11298045
7 32.4  0.41004543
8 33.7  0.71465061
```

第 11 章 3 行以下で終わる分析の例：可視化編

章のテーマ

この章では、データの可視化、すなわちグラフを描画する方法を解説します。MEMO においてはやや高度なグラフ描画の方法も記載しました。なお、美麗なグラフを描く方法などは、第 4 部第 6 章の ggplot2 を使った事例でも紹介します。

使用するデータに関しては 2-9-2 節を参照してください。

章の概要

●グラフを描く

ヒストグラム → 棒グラフ → 集計値に対する棒グラフ → 箱ひげ図 → 散布図 → 散布図行列

●グラフを保存する

ファイル出力①：RStudio の機能を使う → ファイル出力②：プログラムを書く → (補足) ggplot2 の紹介

2-11-1　ヒストグラム

最初は**ヒストグラム**を描きます。ヒストグラムを使うことで、数量データをいくつかの階級に分けたうえで、階級ごとの度数を可視化できます。データの散らばり具合、あるいはデータの**分布**を調べるグラフだといえます。データの特長をざっと確認したいときに、頻繁に使うグラフです。hist 関数を使います。

ヒストグラムを描くだけなら簡単なのですが、MEMO としていろいろな補足事項を記載しておきました。最初からすべて理解するのは難しいかもしれません。興味のある所だけ参照してください。

入力：データ①「2-9-1-sales-beef.csv」
処理：牛肉の売り上げデータのヒストグラムを描く
出力：RStudio の plots ペインに出力

```
sales_beef <- read.csv("2-9-1-sales-beef.csv")
hist(x = sales_beef$beef)
```

コンソールへの出力はありませんので省略します。図 2-9 のようなグラフが描かれます。どのくらいの大きさのデータがたくさんあるのかが一目でわかるのがヒストグラムの強みです。

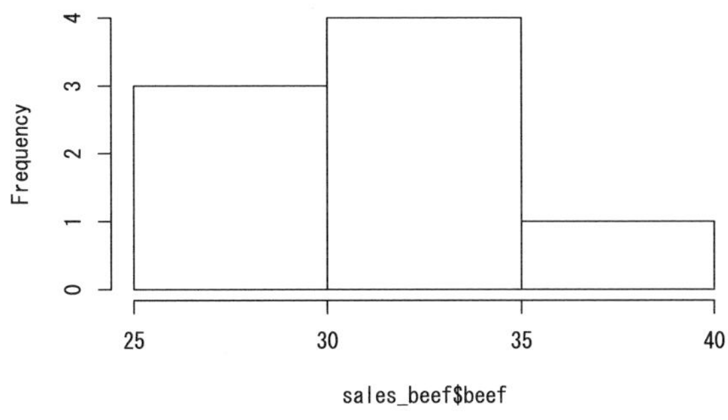

図 2-9　ヒストグラム

MEMO

グラフの設定

グラフのタイトルや軸ラベルなどは変更できます。グラフのタイトルは main、X 軸ラベルは xlab、Y 軸ラベルは ylab で指定します。これらの指定は、ヒストグラム以外のグラフでも適用できることがあります。

```
hist(
  x = sales_beef$beef,
  main = "お肉の売り上げヒストグラム",
  xlab = "お肉の売り上げ",
  ylab = "度数"
)
```

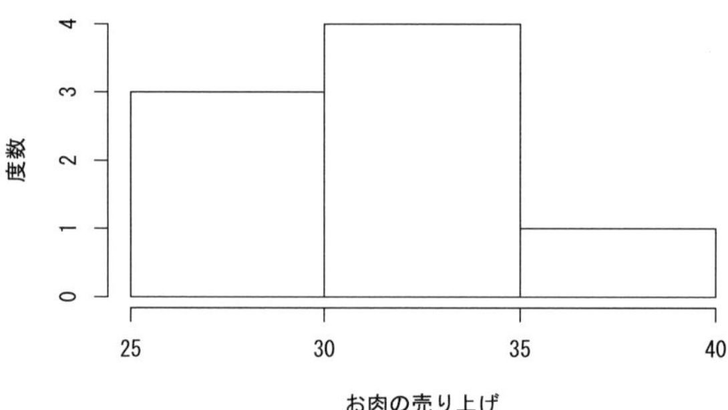

図 2-10　グラフタイトルなどを修正したヒストグラム

MEMO

度数の取得

階級や度数の情報を数値で得ることもできます。その場合は、hist 関数の結果を保存しておき、以下のように参照します。

```
> freq_hist <- hist(x = sales_beef$beef)
> freq_hist
$breaks
[1] 25 30 35 40
$counts
[1] 3 4 1
$density
[1] 0.075 0.100 0.025
$mids
[1] 27.5 32.5 37.5
$xname
[1] "sales_beef$beef"
$equidist
[1] TRUE
attr(,"class")
[1] "histogram"
```

$breaks がヒストグラムの 1 つの縦棒の左端と右端を表しています。1 つ目の縦棒（階級）は 25 から 30 の範囲で、2 つ目の縦棒（階級）は 30 から 35 の範囲……となっています。

$counts はその階級に属するデータの個数、すなわち度数となっています。

$density は、ヒストグラムの面積を 1 にした場合の縦軸の値です。ヒストグラムの 3 本の棒において、各々の高さが 0.075、0.100、0.025 になると、「0.075 × 5 + 0.100 × 5 + 0.025 × 5=1」なので、面積が 1 になるのがわかります。

$mids は階級の中央の値です。**階級値**と呼ばれることもあります。

$xname は対象となっているデータの名前です。

$equidist は、$breaks の幅、すなわち階級の範囲がすべて等しければ TRUE を、そうでなければ FALSE を返すものです。

上記の結果は、以下のようにplot = FALSEを指定してhist関数を実行することでも得られます。

```
hist(x = sales_beef$beef, plot = FALSE)
```

MEMO

階級の変更

標準だとスタージェスの公式を用いて設定された階級が適用されます（ただし、区切りを良くするために、公式をそのまま適用したときとは階級数が変わることがあります）。任意の階級を指定することもできます。以下のように引数にbreaksを追加すればよいです。この場合、階級の幅が等しくないので、equidistがFALSEになります。

```
> freq_break <- hist(sales_beef$beef,
+                    breaks = c(25,28,33,37,40))
> freq_break
$breaks
[1] 25 28 33 37 40
$counts
[1] 3 3 1 1
$density
[1] 0.12500000 0.07500000 0.03125000 0.04166667
$mids
[1] 26.5 30.5 35.0 38.5
$xname
[1] "sales_beef$beef"
$equidist
[1] FALSE
attr(,"class")
[1] "histogram"
```

図2-11を見ると、縦軸がFrequencyではなくDensityになっているのがわかります。

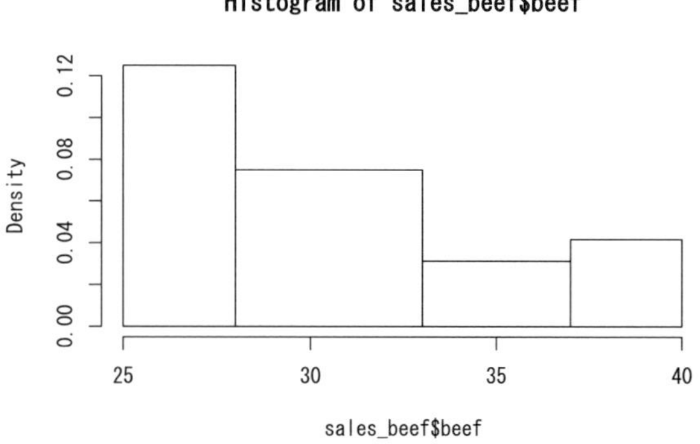

図 2-11　breaks を修正したヒストグラム

階級の幅が異なる場合、度数はあまり考慮しません。例えば 25 から 28 までの「範囲 3」の階級と、28 から 33 までの「範囲 5」の階級でともに度数が 3 となっていますが、これを同じ高さだとするのは問題です。データが密集している部分、すなわち狭い範囲の階級において、棒の高さを高くしてあげるのが好ましいです。縦軸の値は $density に出力されています。

MEMO

縦軸における度数と密度の切り替え

度数と密度は、自由に切り替えることができます。引数に freq = TRUE と指定すると度数になり、probability = TRUE と指定すると密度になります。

```
hist(x = sales_beef$beef, freq = TRUE)
hist(x = sales_beef$beef, probability = TRUE)
```

2-11-2 棒グラフ

続いて**棒グラフ**の作り方を解説します。棒の高さで数値の大きさを表現します。barplot 関数を使います。

入力：データ② 「2-9-2-sales_beef_region.csv」
処理：地域別の牛肉の売り上げデータの棒グラフを描く
出力：RStudio の plots ペインに出力

```
sales_beef_region <- read.csv("2-9-2-sales_beef_region.csv")
barplot(formula = beef ~ region,
        data = sales_beef_region, las = 2)
```

コンソールへの出力はありませんので省略します。

formula という構文を用いています。これはチルダ記号「〜」の左側に興味のある値を、右側にそれを説明する値を指定します。今回は sales_beef_region における beef 列に売り上げが格納されています。これが最も興味のある値ですね。region 列には地域の名前が格納されており、これを軸ラベルとして用いるようにしています。

最後の las = 2 は、X 軸ラベルを縦向きにするという指定です。

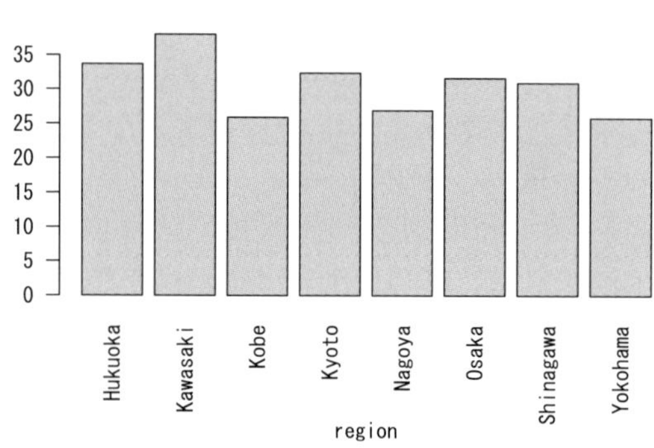

図 2-12 棒グラフ

MEMO

formula を使わない方法

formula を使わない実装の方法も解説します。こちらの方法だと、地域が名前の順に並び替えられることがありません。height に棒グラフの高さを、names.arg に X 軸のラベルを指定します。

```
barplot(height = sales_beef_region$beef,
        names.arg = sales_beef_region$region, las = 2)
```

formula を使ったグラフ描画の方が、一貫性があり扱いやすいと著者は考えます。そのため、この本では formula を使う方法を中心に解説します。

MEMO

固有のラベルがついていなければエラーになる

今回対象とした sales_beef_region は、region 列にすべて固有の地名が記録されています。

```
> sales_beef_region
  beef    region
1 26.9    Nagoya
2 30.9 Shinagawa
3 25.8  Yokohama
4 38.0  Kawasaki
5 31.6     Osaka
6 25.9      Kobe
7 32.4     Kyoto
8 33.7   Hukuoka
```

仮にデータ④「2-9-4-sales-meat.csv」のように、「豚肉と牛肉」といったカテゴリが記録されているデータですと、barplot をそのまま適用するとエラーになります。

```
> sales_meat <- read.csv("2-9-4-sales-meat.csv")
> head(sales_meat, n = 3)
  category sales
1     beef  35.6
2     beef  47.8
3     beef  32.5
> barplot(formula = sales ~ category, data = sales_meat, las = 2)
 Error in barplot.formula(formula = sales ~ category, data = sales_meat, :
  duplicated categorical values - try another formula or subset
```

この場合は、次節で紹介するように、一度データを集計してから barplot 関数を適用します。

2-11-3 集計値に対する棒グラフ

この節では、カテゴリごとにデータの平均値を取得して、その結果を棒グラフに描きます。

入力：データ④「2-9-4-sales-meat.csv」
処理：カテゴリ別の売り上げ平均値を対象とした棒グラフを描く
出力：RStudio の plots ペインに出力

```
sales_meat <- read.csv("2-9-4-sales-meat.csv")
m_sales <- tapply(sales_meat$sales, sales_meat$category, mean)
barplot(height = m_sales)
```

1 行目でデータを読み込みます。2 行目で tapply 関数を適用して、お肉のカテゴリ別に、売上の平均値を計算します（2-9-22 節参照）。3 行目で集計結果を対象にして barplot 関数を適用します。棒グラフを見ると beef の方が pork よりも多く売れていることが一目でわかります。

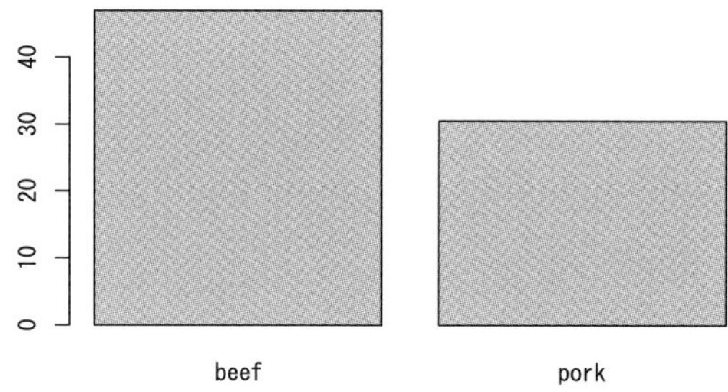

図 2-13　集計値に対する棒グラフ

MEMO

集計と可視化の関係

2-11-2 で紹介したときには barplot 関数において、formula 構文を使う、あるいは height と names.arg の 2 つを指定する方法を解説しました。今回の事例では height だけが指定されていますね。

tapply 関数の結果は、以下で確認できるように、「名前付きのベクトル」として出力されます。そのため、names.arg でわざわざ X 軸ラベルを指定しなくても済んだわけです。

```
> m_sales
  beef    pork
46.975 30.525
> names(m_sales)
[1] "beef" "pork"
```

2-11-4 箱ひげ図

この節では、**箱ひげ図**を描画します。箱ひげ図は、データの中央値や四分位範囲、最小、最大を一目で確認することのできる、便利なグラフです。棒グラフのようにわざわざ集計処理を最初に行う必要はありません。

入力：データ④「2-9-4-sales-meat.csv」
処理：カテゴリ別の売り上げの箱ひげ図を描く
出力：RStudio の plots ペインに出力

```
sales_meat <- read.csv("2-9-4-sales-meat.csv")
boxplot(formula = sales ~ category, data = sales_meat)
```

boxplot 関数を使うことで箱ひげ図が描かれます。formula 構文において、チルダ記号の左側に、縦軸の変数を指定します。チルダ記号の右側に、横軸の変数を指定します。

グラフの「箱」は、データの四分位範囲を表しています。「ひげ」は、データの最小値と最大値を表しています。

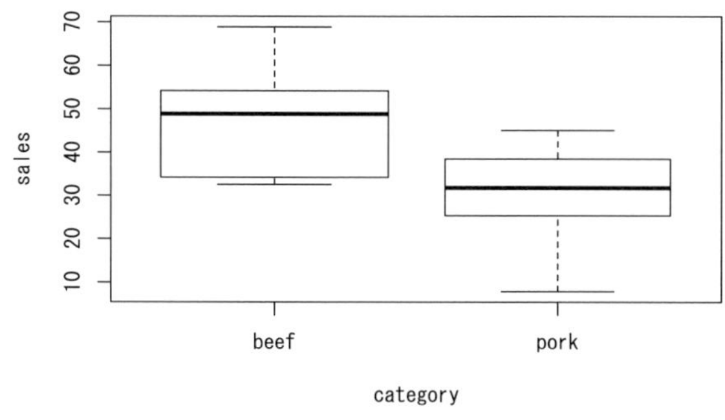

図 2-14 箱ひげ図

MEMO

ひげの長さと外れ値

外れ値のように、極端に大きかったり小さかったりするデータは、ひげの外側にプロットされます。例えば、以下のコードのように、あえてとても大きな売り上げデータを 1 つだけ追加してやると、ひげの外側にデータが表示されます。

```
sales_meat2 <- rbind(
  sales_meat,
  data.frame(category = "beef", sales = 87)
)
boxplot(formula = sales ~ category, data = sales_meat2)
```

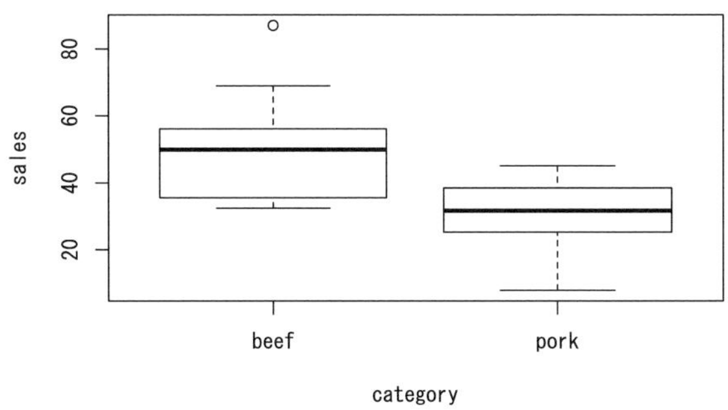

図 2-15　外れ値のある箱ひげ図

外れ値かどうかは、四分位範囲から計算されます。第 3 四分位点に「四分位範囲× 1.5」を足した値よりも大きなデータは、大きすぎるとみなされて外れ値扱いされます。また、第 1 四分位点に「四分位範囲× 1.5」を引いた値より小さなデータも、小さすぎるとみなされて外れ値扱いされます。

2-11-5　散布図

２つの数量データの関連性を調べるときに頻繁に用いられるのが**散布図**です。例えばX軸に地域の人口を、Y軸に牛肉の売り上げを取った散布図を描くと「地域と、牛肉の売り上げの関連性」がわかります。

入力：データ③「2-9-3-sales-population.csv」
処理：牛肉の売り上げと、そのお店がある周辺の居住者人口の散布図を描く
出力：RStudioのplotsペインに出力

```
sales_population <- read.csv("2-9-3-sales-population.csv")
plot(formula = beef ~ resident_population,
     data = sales_population)
```

plot関数を使うことで、散布図を描くことができます。plot関数は高機能で、他のグラフを描くこともできますが、これは第２部第12章で紹介します。

plot関数の使い方はboxplot関数とほとんど変わりません。formula構文とデータを指定することでグラフが描かれます。

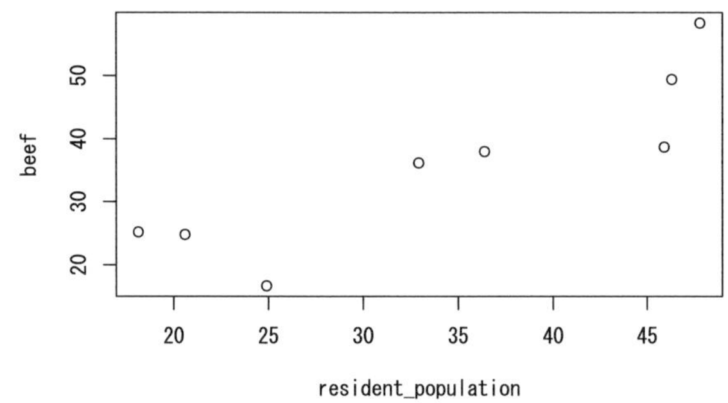

図2-16　散布図

MEMO

散布図の作り方と散布図の解釈

分析の対象となった sales_population の中身を確認します。

```
> head(sales_population, n = 3)
  beef resident_population
1 24.8                20.6
2 16.7                24.9
3 36.2                32.9
```

例えば、1 行目のデータでは、人口が 20.6 で売り上げが 24.8 となっています。このとき X 軸の値として 20.6 を、Y 軸の値として 24.8 となるようなポイントを丸印で書き込みます。2 行目のデータも同様に、X 軸の値として 24.9 を、Y 軸の値として 16.7 となるようなポイントを書き込み……というのをすべてのデータに対して行うことで、散布図が得られます。

散布図の形状が右肩上がりになっていると「人口が増えると、牛肉の売り上げも増える」と解釈されます。

2-11-6　散布図行列

変数が 3 つある場合は、「変数 1 と変数 2 の散布図」と「変数 1 と変数 3 の散布図」と「変数 2 と変数 3 の散布図」の 3 種類の散布図を描くことで、各々の関係性を確認できます。しかし、いちいち散布図を何度も作成しなおすのは面倒ですね。散布図行列という「いっぺんにまとめて散布図を描いてくれる」グラフがあるので、それを使うと便利です。pairs 関数を使います。

入力：R 組み込みのアヤメ（iris）データ
処理：ガクや花弁における、長さ・幅の散布図行列を描く
出力：RStudio の plots ペインに出力

```
pairs(iris)
```

5×5=25個の四角が表示され、その中に変数の名前や散布図が入っています。１行目（一番上の行）は、Y軸がSepal.Lengthになっています。２行目のY軸はすべてSepal.Widthとなっています。３行目のY軸はPetal.Lengthで、４行目のY軸はPetal.Width、５行目のY軸はSpeciesです。

１列目（一番左の列）の散布図のX軸はSepal.Lengthです。２列目のX軸はSepal.Widthで、以下同様です。X軸やY軸にどの変数が来ているかは、グラフに表示されている変数名を見ればわかるようになっています。例えば、１行２列目（一番上、二番目に左）の散布図は、Y軸がSepal.Lengthで、X軸がSepal.Widthとなっています。

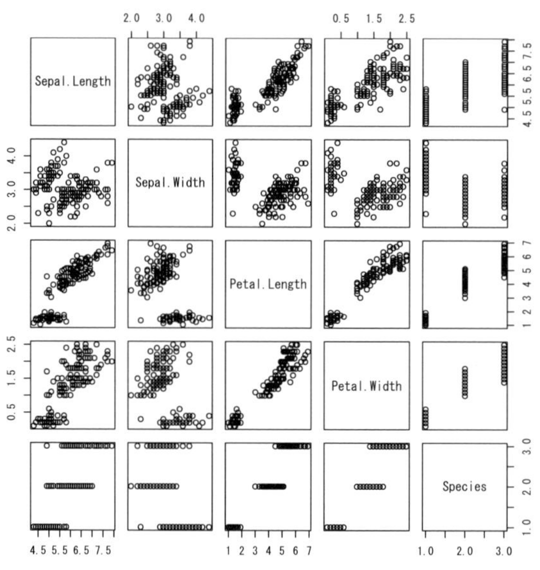

図 2-17　散布図行列

MEMO

参考：iris データの中身

分析の対象となった iris データの中身を参考までに確認しておきます。

```
> head(iris, n = 3)
  Sepal.Length Sepal.Width Petal.Length Petal.Width Species
1          5.1         3.5          1.4         0.2  setosa
2          4.9         3.0          1.4         0.2  setosa
3          4.7         3.2          1.3         0.2  setosa
```

Sepal.Length（ガクの長さ）、Sepal.Width（ガクの幅）、Petal.Length（花弁の長さ）、Petal.Width（花弁の幅）、Species（種類）の 5 つの変数からなるデータです。Species はカテゴリデータです。

2-11-7　グラフのファイル出力①：RStudio の機能を使う

グラフを RStudio 上で確認するだけならば良いですが、ほかの人に見せたり、書類に張り付けたりする場合は、画像ファイルとして出力する必要があります。いくつかの方法があります。まずは RStudio の機能を使って、ボタンをポチポチと押していくことで画像出力をする方法を解説します。2-11-6 節で作成した散布図行列を保存します。

図 2-18 のように、Plots パネルから「Export ▼」→「Save as Image...」をクリックします。すると図 2-19 のようなプレビュー画面が出てきます。ここで右下の「Save」ボタンをクリックすると、画像が保存されます。必要に応じて、画像のフォーマット（Image format）、保存をする先のフォルダ（Directory）、ファイル名（File name）、グラフの大きさ（Width, Height）を修正してください。

図 2-18　画像ファイルの出力

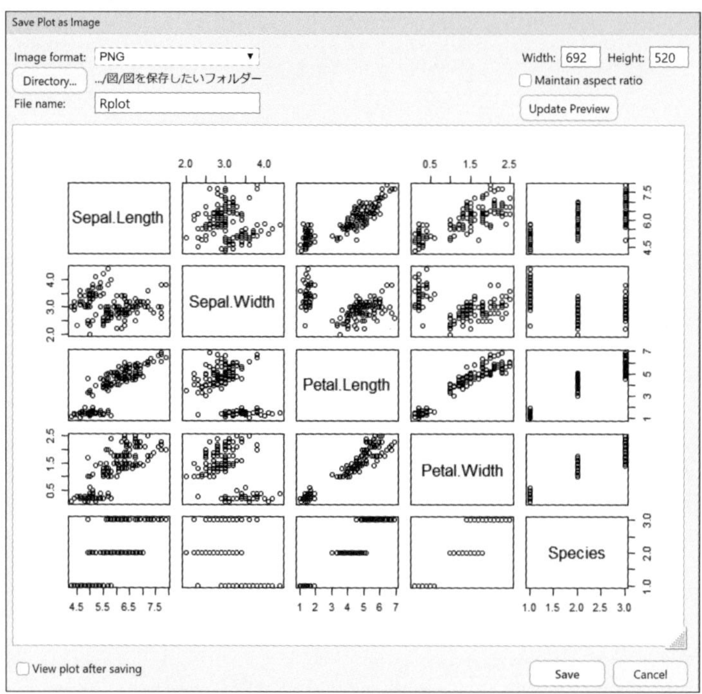

図 2-19　画像ファイル保存の際のプレビュー画面

MEMO

画像のフォーマットについて

PNG ファイルや JPEG ファイルなど、さまざまな画像の保存形式があります。特に論文や大切な資料に使う場合などは、画像の品質にも気を配りたいですね。ここでは画像の形式について、ごく簡単に紹介します。

画像には 2 種類の形式があります。1 つは**ラスタ形式**で、もう 1 つが**ベクタ形式**です。

ラスタ形式は、小さな点を並べることによって画像を形作っています。そのため、画像を拡大すると、小さな点々が見えてきます。拡大すると画像が荒くなってしまうのが欠点です。PNG や JPEG、TIFF、BMP、GIF ファイルなどがこれに該当します。ブログに投稿する程度ならば、この形式でも問題になることは少ないです。

ベクタ形式は、点をつないだ線を使って画像を形作っています。そのため、画像を拡大しても、輪郭がぼやけません。SVG や EPS ファイルなどがこれに該当します。この本では、スクリーンショットを除いて、ほとんどのグラフを SVG ファイル形式で作成しています。ただし SVG で出力すると、日本語の文字が出力しにくいことがあります。この場合は次節で紹介する方法でグラフを出力してください。

★☆☆

2-11-8　グラフのファイル出力②：プログラムを書く

データを変えて何度も似たようなグラフを出力したいときなどは、ボタンをポチポチ押していくよりも、プログラムを書いて画像をファイル出力したほうが時間を節約できます。1 度コードを書いてしまえば、実行するのは 1 秒もかかりませんので。

また、画像の大きさなどを指定することもできます。このような設定をコードとして残しておくと「昔、どうやってこのグラフを作成したのか、覚えていないなぁ」という問題を回避できます。「昔にやったことと同じことができる」というのは**再現可能性**とも呼ばれます。再現可能性を担保することは、科学として大切なだけでなく、実務でも後で自分の身を助けることになります。

入力：R 組み込みのアヤメ（iris）データ

処理：ガクや花弁における、長さ・幅の散布図行列を描く

出力：「result.png」という PNG ファイルに出力

```
png(filename = "result.png")
pairs(iris)
dev.off()
```

1行目でファイルの名称を指定します。1行目のコードを実行した直後にグラフを描画するコードを実行します。このグラフがファイルに出力されます。最後に dev.off() と実行して、ファイル編集を終えます。プログラムでファイルを出力する場合は「画像を描画する場所を指定（1行目）してから、グラフを描画する（2行目）」のようなイメージになります。

上記のコードを実行すると、作業ディレクトリ（標準だと、RStudio のプロジェクトを作ったフォルダ）に「result.png」という名前で画像が保存されます。画像そのものは RStudio 上で表示させたときと変わりがないので、結果は省略します。

MEMO

グラフ出力のさまざまな指定

PNG ファイルはラスタ型なので、拡大や縮小に弱いです。そこで SVG ファイル形式で出力します。また、グラフの大きさ（width、height）やフォント（family）も指定しました。フォントを指定しなければ、日本語の軸ラベルなどが出力できないことがあります。なお、SVG ファイルは、例えば Google Chrome や Edge などのブラウザで開けば中身を確認できます。

```
svg(
  filename = "result.svg",
  width = 6,
  height = 6,
  family="MS Gothic"
)
pairs(iris)
dev.off()
```

MEMO

グラフィックデバイスについて

この節では、例えば png(filename = "result.png") というコードを実行することで「result.png にグラフを出力しなさい」という指定をしました。仮に、こういった指定をしなかった場合は、RStudio の画面にグラフが描かれます。これは以下のコードで確認できます。

```
> # 現在のグラフィックデバイス
> pairs(iris)
> dev.cur()
RStudioGD
        2
```

ここで dev.cur 関数は、現在アクティブになっているデバイスを表示させる関数です。ここに RStudioGD と出ているのがわかります。

続いて png(filename = "result.png") を実行してから dev.cur 関数を実行すると、アクティブになっているデバイスが変わっているのがわかります。この状況で、例えば pairs(iris) などのような、グラフを描画する関数を実行すると、PNG ファイルに画像が出力されるのです。

```
> # PNGファイルに出力する場合
> png(filename = "result.png")
> dev.cur()
png
  4
```

最後に dev.off() と実行すると、ファイルが閉じられます。このタイミングで、出力した PNG ファイルなどの中身を、別のアプリケーション（フォトアプリなど）で確認できます。

```
> dev.off()
RStudioGD
  2
```

2-11-9　（参考）第４部のggplot2の紹介

より複雑でいて、より美麗なグラフを描きたいという場合は、是非第４部で紹介するggplot2を活用してください。データの集計から可視化まで統一的な手順で実装できます。

基本の方法を学ぶことが無駄になることはありません。例えば、グラフを保存する方法や箱ひげ図、散布図の解釈の仕方などは、ggplot2であっても同様です。

第 12 章 確率分布

章のテーマ

推測統計編に進む前に、R における確率分布の取り扱いを学びます。すぐに実践に移りたい読者は、この章を飛ばしても構いません。推測統計学の基本をこれから学んでいく、あるいは R を使ってそれを復習したいと思っている読者は、この章の内容が役に立つはずです。

章の概要

●確率的なシミュレーションを行う

単純ランダムサンプリング → 乱数の種 → 復元抽出と非復元抽出

●確率分布の取り扱い

二項分布 → 正規分布 → その他の確率分布

2-12-1　単純ランダムサンプリングのシミュレーション

私たちが扱うデータは、**母集団**から得られた**標本**だとみなします。母集団から標本を得ることを、**標本抽出**や**サンプリング**と呼びます。特に**単純ランダムサンプリング**は、統計分析においてとても重要な役割を果たします。この節では、単純ランダムサンプリングを R でシミュレーションします。

標本は、確率的に変化する**確率変数**だとみなされます。コンピュータ上で再現された確率変数は**乱数**と呼ばれることが多いです。コンピュータで乱数を生成することを**乱数生成シミュレーション**と呼ぶことにします。単純ランダムサンプリングのシミュレーションは、典型的な乱数生成シミュレーションだといえます。

単純ランダムサンプリングは、母集団からすべて等しい確率で標本を抽出する方法です。例えば母集団のサイズが 1 万ならば、すべて 1 万分の 1 の確率で標本として抽出される可能性があることになります。

1行目で、1を5000個、0を5000個持つベクトルpopulationを作成します。2行目で、単純ランダムサンプリングによって、標本を1つ抽出します。sampleという関数を使います。引数xに母集団を指定し、sizeに、サンプルサイズを指定します。コンソールのみ記載します。

```
> population <- rep(c(1,0), each = 5000)
> sample(x = population, size = 1)
[1] 0
```

今回はたまたま0が選ばれましたが、1が選ばれる可能性もあります。1万分の5千、すなわち2分の1の確率で「0」が選ばれて、同じく2分の1の確率で「1」が選ばれます。もしも、読者の方がお手持ちのPCで実行した場合は、これと異なる結果が得られているかもしれません。

実行結果がランダムに変わることは、以下のように、sample関数を何度も実行することで確認できます。

```
> sample(x = population, size = 1)
[1] 0
> sample(x = population, size = 1)
[1] 1
```

シミュレーションにおいて、サンプルサイズを増やすことも簡単にできます。

```
> sample(x = population, size = 10)
 [1] 1 1 1 1 0 0 1 1 0 1
```

Rのシミュレーションの結果として得られた0と1の羅列を見ていても、あまりその重要性が理解しにくいかもしれません。そういうときは、具体的な調査をイメージしてあげると良いです。

例えば、秋田県の大学生を対象として「猫と犬のどちらが好きか」というアンケートをすることを考えます。「1」ならば猫好きで、「0」ならば犬好きです。

このとき、秋田県の大学生が 1 万人いたとしても、その全員にアンケートを取ることは現実的には困難です。そこで、1 万人の中から 10 人を単純ランダムサンプリングによって抽出して、「猫と犬のどちらが好きか」というアンケートを実施したのだ、と考えます。秋田県の大学生の 5 千人が猫好きで、5 千人が犬好きだったと仮定して、このアンケート結果のシミュレーションを R で行ったというイメージです。

2-12-2　乱数の種の指定

今までの乱数生成シミュレーションでは、結果が毎回ランダムに変わっていました。しかし、異なる PC などでも同じ結果を再現したいことがあります。このときには乱数の種を指定します。set.seed という関数を使えば、**乱数の種**を指定できます。

```
> set.seed(1)
> sample(x = population, size = 10)
 [1] 1 0 1 0 0 1 0 1 0 1
> set.seed(1)
> sample(x = population, size = 10)
 [1] 1 0 1 0 0 1 0 1 0 1
```

set.seed 関数の引数には、好きな数字を入れて構いません。同じ数値を入れておくと、結果を再現できます。すなわち set.seed(1) と実行した直後に sample(x = population, size = 10) を実行すると、毎回「1 0 1 0 0 1 0 1 0 1」が結果として得られます。これは、時間をおいてから実行してもそうなりますし、異なる PC で実行してもこの結果となります（ただし、R のバージョンによって異なる値になる可能性があります）。

★★★

2-12-3 復元抽出と非復元抽出

今までは、1 万人の母集団のなかから「重複を許さずに」10 人をまとめて抽出しました。重複を許して標本を抽出することもできます。これを**復元抽出**と呼びます。ちなみに、重複を許さないものを**非復元抽出**と呼びます。

sample 関数は、標準だと非復元抽出を行います。replace = TRUE を引数に加えると、復元抽出になります。母集団が「1」と「0」の 2 つの数値だけだと仮定して、そこから復元抽出を行うコードは以下のようになります。コンソールのみ記載します。

```
> set.seed(1)
> population_2 <- c(1,0)
> sample(x = population_2, size = 10, replace = TRUE)
 [1] 1 0 1 1 0 1 1 1 0 0
```

2-12-4 二項分布

さまざまな確率分布が知られていますが、まずは**二項分布**を紹介します。二項分布は、例えばコインを独立に投げた結果として得られる表の回数や、「猫好き or 犬好き」というアンケートの結果として得られる猫好きの人の数などを扱う際に登場します。**独立**というのは統計学の専門用語です。コインを 1 回投げて表が出たら、次は裏が出やすい、といった関連性がないという意味です。

2-12-4-1 二項分布の確率質量関数

試行回数が n で成功確率が p の二項分布の**確率質量関数**は以下のようになります。ただし X は成功回数です。

$$\text{Binom}(X \mid n, p) = {}_n\mathrm{C}_x \, p^x (1-p)^{n-x}$$

確率質量関数は、確率を計算する関数です。単に**確率関数**と呼ばれることもあります。例えば「表が出る確率（成功確率）が 0.2 で、コインを投げた回数（試行回数）が 10 回のとき、表が 3 回出る確率」は以下のように計算されます。「≈」はほぼ等しいという記号です。

$$\mathrm{Binom}\,(X \mid n, p) = {}_{10}\mathrm{C}_3\, 0.2^{\,3}(1-0.2)^7 \approx 0.20$$

2-12-4-2　dbinom 関数による二項分布の確率質量関数の実装

この二項分布を R で計算しましょう。上記の確率を計算するコードは、たった 1 行です。コンソールのみ記載します。

```
> dbinom(x = 3, size = 10, prob = 0.2)
[1] 0.2013266
```

dbinom 関数を使うことで、確率を簡単に計算できます。

勉強のために、dbinom 関数を使わないで確率を計算してみます。${}_n\mathrm{C}_x$ は choose(n, x) と実装できます。

```
> p <- 0.2
> n <- 10
> x <- 3
> choose(n, x) * p^x * (1 - p)^(n - x)
[1] 0.2013266
```

少々複雑な数式であっても、R を使えば比較的簡単に実装ができます。数理統計学の教科書に載っている少し複雑な数式でも、R で実装しながら読み進めると、理解がしやすくなるかもしれません。

「表が出る確率（成功確率）が 0.2 で、コインを投げた回数（試行回数）が 10 回」の二項分布において、0 回表が出る確率、1 回表が出る確率、2 回表が……というのを計算していった結果を、折れ線グラフを使って確認してみます。

1 行目で 0 から 10 までの成功回数を用意します。2 行目で、各々の成功回数となる確率を計算します。3 行目で折れ線グラフを描きます。plot 関数は散布図を描く関数として紹介しましたが、type = "l" と指定することで、折れ線グラフを描くこともできます。

```
x <- 0:10
binom_probs <- dbinom(x = x, size = 10, prob = 0.2)
plot(x = x, y = binom_probs, type = "l")
```

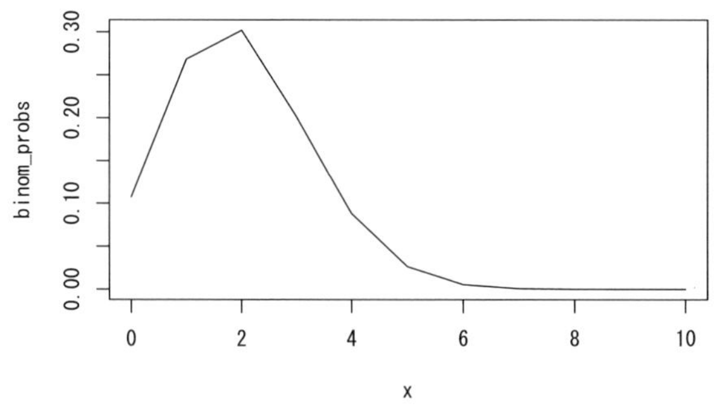

図 2-20　二項分布

2-12-4-3　pbinom 関数による累積分布関数の実装

今までは「表が3回出る確率」を計算していました。続いて「表が3枚以下になる確率」言い換えると「表が0枚、または1枚、または2枚、または3枚出る確率」を計算します。一般に確率変数 X が、ある値 x 以下になる確率 $P(X \leq x)$ を計算する関数を**累積分布関数**と呼びます。二項分布の累積分布関数は、R において pbinom 関数となります。

```
> pbinom(q = 3, size = 10, prob = 0.2)
[1] 0.8791261
```

pbinom 関数は、dbinom 関数を使っても計算できます。単に確率を足し合わせるだけです。

```
> dbinom(x = 0, size = 10, prob = 0.2) +
+   dbinom(x = 1, size = 10, prob = 0.2) +
+   dbinom(x = 2, size = 10, prob = 0.2) +
+   dbinom(x = 3, size = 10, prob = 0.2)
[1] 0.8791261
```

pbinom関数とdbinom関数は、関数の頭の1文字が変わっただけですね。二項分布はすべてbinomという文字が使われます。これは二項分布の英語名「binomial distribution」の略称です。

2-12-4-4　qbinom関数によるパーセント点の実装

続いて「ある累積確率を取る点」を計算します。パーセント点や分位点とも呼びます。例えば確率変数Xにおいて「$P(X \leq x)$が0.8791261となるx」を得るコードは以下のようになります。

```
> qbinom(p = 0.8791261, size = 10, prob = 0.2)
[1] 3
```

pbinomの逆をやるのがqbinomというイメージです。

2-12-4-5　rbinom関数による乱数の生成

最後に、二項分布に従う乱数を生成します。「表が出る確率（成功確率）が0.2で、コインを投げた回数（試行回数）が10回」というシミュレーションを1度だけ行い、そのときに何回の表が出たのかを表示させます。

```
> set.seed(1)
> rbinom(n = 1, size = 10, prob = 0.2)
[1] 1
```

上記のシミュレーションを5回繰り返した結果を表示させます。

```
> set.seed(1)
> rbinom(n = 5, size = 10, prob = 0.2)
[1] 1 1 2 4 1
```

MEMO

R言語における乱数生成手法

二項分布以外にもさまざまな確率分布に従う乱数を生成できます。重要なものでは、例えばrunif関数を使うことで一様分布に従う乱数を生成できます。R言語では、一様乱数を生成する際、乱数生成手法として高い評価を得ている、Mersenne-Twister（メルセンヌ・ツイスタ）というアルゴリズムが標準で使われています。乱数の生成に関しては「?Random」としてヘルプも参照してください。

2-12-5 正規分布

続いて**正規分布**をRで扱う方法を解説します。

2-12-5-1 正規分布の確率密度関数

正規分布は連続型の確率分布です。二項分布と異なり、確率変数が小数点以下の値を取ることもあります。連続型の確率分布では、例えば「確率変数がピッタリ“3”である確率」などをそのまま計算することはできません。連続型の確率分布の場合は、確率質量関数ではなく**確率密度関数**が使われます。正規分布の確率密度関数は以下の通りです。ただしμは期待値で、σ^2は分散を表すパラメータです。

$$\text{Normal}\,(X \mid \mu, \sigma) = \frac{1}{\sqrt{2\pi}\sigma}\exp\left\{-\frac{(x-\mu)^2}{2\sigma^2}\right\}$$

期待値が0で、分散が1の正規分布は**標準正規分布**と呼ばれます。

2-12-5-2 dnorm関数による確率密度関数の実装

標準正規分布において、確率変数の値が0.5を取るときの確率密度は、以下のようにして計算できます。meanで平均値をsdで標準偏差を指定します。

```
> dnorm(x = 0.5, mean = 0, sd = 1)
[1] 0.3520653
```

頭文字のdはdbinomのdと同じです。binomの代わりにnormという文字列を使います。勉強のために、dnorm関数を使わないで確率を計算してみます。

```
> x <- 0.5
> mu <- 0
> sigma <- 1
> 1 / (sqrt(2 * pi) * sigma) * exp(-((x - mu) ^ 2) / (2 * sigma ^ 2))
[1] 0.3520653
```

標準正規分布において、確率変数を-3から+3までの範囲で変化させた結果を、折れ線グラフを使って確認してみます。

1行目で-3から+3までを0.01区切りで分けた等差数列を用意します。2行目で、確率密度を計算します。3行目で折れ線グラフを描きます。

```
x <- seq(from = -3, to = 3, by = 0.01)
norm_probs <- dnorm(x = x, mean = 0, sd = 1)
plot(x = x, y = norm_probs, type = "l")
```

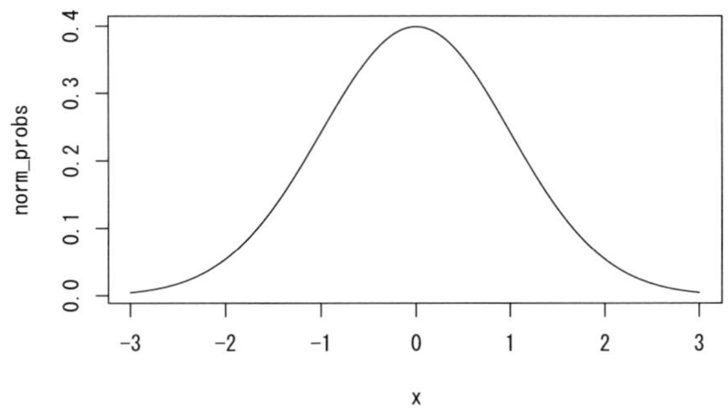

図2-21　正規分布

2-12-5-3 pnorm 関数による累積分布関数の実装

正規分布の累積分布関数は pnorm です。

```
> pnorm(q = 0.5, mean = 0, sd = 1)
[1] 0.6914625
```

2-12-5-4 qnorm 関数によるパーセント点の実装

標準正規分布のパーセント点を求めます。確率変数がおよそ 1.96 のときに、それが 97.5% 点になることは、覚えておくと良いでしょう。

```
> qnorm(p = 0.975, mean = 0, sd = 1)
[1] 1.959964
```

2-12-5-5 rnorm 関数による乱数の生成

最後に、標準正規分布に従う乱数を 5 つ生成します。

```
> set.seed(1)
> rnorm(n = 5, mean = 0, sd = 1)
[1] -0.6264538  0.1836433 -0.8356286  1.5952808  0.3295078
```

2-12-6 その他の確率分布

二項分布と正規分布で確認したように、関数の頭文字を変えることで、挙動を変えることができます。以下で整理しておきます。

```
d  ：確率または確率密度
p  ：累積分布
q  ：パーセント点
r  ：乱数の生成
```

二項分布と正規分布以外にもさまざまな確率分布があります。いくつかを紹介しておきます。

```
# ポアソン分布
ppois(q = 2, lambda = 5)

# t分布
pt(q = 1, df = 3)

# F分布
pf(q = 1, df1 = 2, df2 = 2)

# χ二乗分布
pchisq(q = 2, df = 5)
```

第 13 章 3 行以下で終わる分析の例：推測統計編

章のテーマ

実践編として、**統計的仮説検定**を中心とした統計分析の実行の方法を解説します。統計的仮説検定は、単に**仮説検定**や**検定**と略することもあります。R 言語は大変に高機能であるため、多くの仮説検定をサポートしています。この本では基本的な仮説検定に絞って解説します。

仮説検定の理論については、例えば松原他（1991）や粕谷（1998）などを参照してください。

章の概要

二項検定 → χ^2 検定 → 1 変量の t 検定 → 対応のある t 検定
→ 対応の無い t 検定 → Wilcoxon の検定 → 1 元配置分散分析
→ クラスカル・ウォリス検定 → 多重比較法 → 相関係数とその検定

2-13-1 母比率の検定：二項検定

二項検定とは、母比率に対する仮説検定の 1 つです。「母比率を○○であると仮定したとき、手持ちのデータはその仮定と矛盾しているとみなせるか？」を調べます。今回は、「10 回投げて 8 回が表だったコインは、表が出る確率が 0.5 よりも大きいイカサマコインだとみなせるか」を調べる目的で二項検定を用います。binom.test 関数を使います。

入力：10 回投げて 8 回が表だったコイン投げの結果

処理：以下の要領で二項検定を行う

帰無仮説：イカサマコインではない (50% の確率で表が出るコインだ)

対立仮説：イカサマコインである（表が出る確率は50%よりも大きい）
（片側検定となります）

有意水準：5%

出力：コンソールに出力

```
binom.test(x = 8, n = 10, alternative = "greater")
```

コンソールの出力は以下の通りです。

```
> binom.test(x = 8, n = 10, alternative = "greater")

        Exact binomial test

data:  8 and 10
number of successes = 8, number of trials = 10,
p-value = 0.05469
alternative hypothesis: true probability of success is greater than 0.5
95 percent confidence interval:
 0.4930987 1.0000000
sample estimates:
probability of success
                   0.8
```

binom.test関数においてx = 8として「表が出たのは8回（成功回数は8回）」という指定をしました。n = 10として「コインを投げた回数は10回（試行回数は10回）」という指定をしました。最後のalternative = "greater"は片側検定をするという指定です。詳細はMEMOで補足します。

コンソールを確認するとp-value = 0.05469とあり、p値が5%（0.05）よりも大きいため「コインにおける表が出る確率が50%よりも大きいとは言えない」という結果となります。

MEMO

binom.test の出力の解説

binom.test 関数を実行すると、p 値以外にもさまざまな情報が出力されます。簡単に解説します。

number of successes と number of trials で、成功回数と試行回数が出力されます。

p-value が p 値です。

alternative hypothesis で対立仮説の内容が出力されます。これが true probability of success is greater than 0.5 であるので、片側検定であることがわかります。両側検定の出力結果は、次の MEMO を参照してください。

95 percent confidence interval で、成功確率の 95% 信頼区間が出力されます。

probability of success は、成功確率の点推定値です。

MEMO

片側検定・両側検定

今回は「投げられたコインは、表が出る確率が 50% よりも大きいのではないか」ということを検定しました。これは**片側検定**と呼ばれる検定です。

片側検定にはもう 1 パターンあります。それは「投げられたコインは、表が出る確率が 50% よりも小さいのではないか」ということの検定です。この場合は alternative = "less" を指定します。

「投げられたコインは、表が出る確率が 50% と異なるのではないか」を検定する場合は alternative = "two.sided" を指定します。このタイプの検定を**両側検定**と呼びます。両側検定の結果を以下に示します。両側検定の方が大きな p 値になります。こちらもやはり帰無仮説は棄却できないという結果となりました。

```
> binom.test(x = 8, n = 10, alternative = "two.sided")

        Exact binomial test

data:  8 and 10
number of successes = 8, number of trials = 10,
```

```
p-value = 0.1094
alternative hypothesis: true probability of success is not equal to 0.5
95 percent confidence interval:
 0.4439045 0.9747893
sample estimates:
probability of success
                   0.8
```

MEMO

binom.test を使わないで *p* 値を計算する

第 2 部第 12 章で学んだ二項分布の知識を使うことで、binom.test 関数を使うことなしに p 値の計算ができます。片側検定を行うコードは以下の通りです。

```
> x <- 8
> n <- 10
> p <- 0.5
> sum(dbinom(x = x:n, size = n, prob = p))
[1] 0.0546875
```

今回は 10 回中 8 回が表となりました。帰無仮説を前提とした際、すなわち「表が出る確率は 50% だ」というのを前提とした際に、今回のデータ（8 回が表）か、それよりも極端なデータ（9 回あるいは 10 回が表）が得られる確率を dbinom 関数で計算すると、p 値が得られます。sum(dbinom(x = x:n, size = n, prob = p)) というコードは「試行回数が 10、成功確率が 0.5 の二項分布において、成功回数が 8 回または 9 回または 10 回となる確率」を計算しています。x:n で「x から n までの等差数列」を得ていることを思い出せば、コードを読み解くことができるはずです。

MEMO

基準となる確率を変える

先ほどは「表が出る確率は50%だ」を帰無仮説としました。これを「表が出る確率は40%だ」にする場合はp = 0.4を引数に追加します。

```
> binom.test(x = 8, n = 10, p = 0.4, alternative = "greater")

	Exact binomial test

data:  8 and 10
number of successes = 8, number of trials = 10,
p-value = 0.01229
alternative hypothesis: true probability of success is greater than 0.4
95 percent confidence interval:
 0.4930987 1.0000000
sample estimates:
probability of success
                   0.8
```

この場合はp-value = 0.01229となって、帰無仮説は棄却されます。

2-13-2 分割表の検定：χ^2検定

続いて、分割表の検定を解説します。二項検定では「ある固定の確率」との比較でした。例えば「あるコインAにおいて、表が出る確率は50%と異なるかどうか」を検定していました。分割表の検定では「2群における比較」となります。すなわち「コインAとコインBとで、表が出る確率が異なるか」を検定できます。

いくつかやり方がありますが、基本的な**χ^2検定**の実装方法を解説します。chisq.test関数を使います。

以下の機能を実装します。データ⑤については 2-9-2 節を参照してください。

入力：データ⑤「2-9-5-fish-chicken.csv」
処理：以下の要領で χ^2 検定を行う
　帰無仮説：性別によって、鶏肉と魚肉の好みに違いはない
　対立仮説：性別によって、鶏肉と魚肉の好みに違いがある
　有意水準：5%
出力：コンソールに出力

```
fish_chicken <- read.csv("2-9-5-fish-chicken.csv")
t_fish_chicken <- table(fish_chicken)
chisq.test(t_fish_chicken, correct = FALSE)
```

1 行目でデータを読み込み、2 行目でクロス集計表の形式に集計します（2-9-7 節参照）。そして 3 行目で χ^2 検定を行います。correct = FALSE は p 値の補正を行わないという指定です。コンソールの出力は以下の通りです。

```
> fish_chicken <- read.csv("2-9-5-fish-chicken.csv")
> t_fish_chicken <- table(fish_chicken)
> chisq.test(t_fish_chicken, correct = FALSE)

        Pearson's Chi-squared test

data:  t_fish_chicken
X-squared = 4.2667, df = 1, p-value = 0.03887

Warning message:
In chisq.test(t_fish_chicken, correct = FALSE) :
  カイ自乗近似は不正確かもしれません
```

X-squared は χ^2 値という、χ^2 検定の検定統計量です。p-value が p 値です。今回は p-value = 0.03887 となったため、帰無仮説は棄却されました。「性別によって、鶏肉と魚肉の好みに違いがあるとみなせる」という結果になりました。

MEMO

クロス集計表の復習

2-9-7 節で解説済みですが、fish_chicken データをクロス集計した結果を以下に再掲します。table 関数を使います。

```
> table(fish_chicken)
         choice
sex       chicken fish
  female        5    3
  male          1    7
```

MEMO

3 カテゴリに対する検定

2 × 2 分割表だけでなく、2 × 3 などさまざまな分割表に対して実行できます。データ⑥「2-9-6-favorite-food.csv」に対して実行します。

```
> favorite_food <- read.csv("2-9-6-favorite-food.csv")
> t_favorite_food <- table(favorite_food)
> t_favorite_food
        favorite_food
sex      fish meat vegetables
  female    2    5          1
  male      5    1          2
> chisq.test(t_favorite_food, correct = FALSE)

Pearson's Chi-squared test

data:  t_favorite_food
X-squared = 4.2857, df = 2, p-value = 0.1173

Warning message:
In chisq.test(t_favorite_food, correct = FALSE) :
   カイ自乗近似は不正確かもしれません
```

こちらは p 値が 0.05 を上回ったため「性別によって好きな食べ物が変わるとは言えない」という結果となりました。

2-13-3　1 群の平均値に対する検定：1 変量の *t* 検定

続いて、数量データの平均値を対象とした検定に移ります。最初は 1 変量の ***t* 検定**の実装方法を解説します。正規分布に従う母集団から、単純ランダムサンプリングによって得られた標本に対して適用できる検定手法です。

今回は、「工場で生産された、重量が 10 グラムであるはずの部品」を対象とします。重量は設計通りならば 10 グラムのはずですが、製品ごとにわずかに重量が異なります。平均値が 10 グラムと異なっていると言えるかどうかを検定します。t.test 関数を使います。

入力：工場で生産された部品 100 個の重量「2-13-1-parts-weight.csv」

処理：以下の要領で 1 変量の *t* 検定を行う

帰無仮説：部品の重量の平均値は 10 グラムである

対立仮説：部品の重量の平均値は 10 グラムと異なる
(両側検定となります)

有意水準：5%

出力：コンソールに出力

```
parts_weight <- read.csv("2-13-1-parts-weight.csv")
head(parts_weight, n = 3)
t.test(x = parts_weight$parts_weight, mu = 10)
```

1 行目でデータを読み込み、2 行目でデータの最初の 3 行を出力させます。3 行目で *t* 検定を実行します。mu = 10 と指定すると、「平均値が 10 と異なるかどうか」の検定を行うことができます。コンソールの出力は以下の通りです。

```
> parts_weight <- read.csv("2-13-1-parts-weight.csv")
> head(parts_weight, n = 3)
  parts_weight
1         9.94
2        10.02
```

```
3         9.92
> t.test(x = parts_weight$parts_weight, mu = 10)

        One Sample t-test

data:  parts_weight$parts_weight
t = 1.2661, df = 99, p-value = 0.2084
alternative hypothesis: true mean is not equal to 10
95 percent confidence interval:
  9.993534 10.029266
sample estimates:
mean of x
  10.0114
```

p 値を見ると p-value = 0.2084 であり、0.05を上回っているため「平均値が10グラムと異なっているとは言えない」という結果になりました。

MEMO

t.test の出力の解説

t.test 関数を実行すると、p 値以外にもさまざまな情報が出力されます。簡単に解説します

t = 1.2661, df = 99, p-value = 0.2084 において、t 値という t 検定の検定統計量と、自由度、そして p 値が出力されます。

alternative hypothesis で対立仮説が出力されます。今回は両側検定なので true mean is not equal to 10 すなわち「10と異なる」というのを対立仮説に置いています。片側検定をする場合は、二項検定と同様に、例えば alternative = "greater" などと指定してください。

95 percent confidence interval で平均値の95%信頼区間が出力されます。

sample estimates で平均値の点推定値が出力されます。

2-13-4　2 群の平均値の差の検定：(対応のある) t 検定

2 群の平均値の差の検定手法を解説します。最初は対応のある t 検定です。

今回は、1 つの部品を作るのにかかった作成時間を対象とします。A さん、B さん、C さん、D さん、そして E さん、と 5 人の担当者に研修を実施しました。研修をする前とした後で部品の作成時間（単位：秒）を記録してあります。研修によって、作成時間が変化したかどうかを検定します。

入力：5 人を対象とした、部品の作成時間

研修前：「2-13-2-bef-training.csv」

研修後：「2-13-3-aft-training.csv」

処理：以下の要領で対応のある t 検定を行う

帰無仮説：研修の前後で作成時間は変わらない

対立仮説：研修の前後で作成時間が変化する（両側検定となります）

有意水準：5%

出力：コンソールに出力

```
aft_training <- read.csv("2-13-2-bef-training.csv")
bef_training <- read.csv("2-13-3-aft-training.csv")
t.test(bef_training$time, aft_training$time, paired = TRUE)
```

1 行目と 2 行目でデータを読み込み、3 行目で t 検定を実行します。paired = TRUE と指定すると、対応のある t 検定を行うことができます。コンソールの出力は以下の通りです。

```
> aft_training <- read.csv("2-13-2-bef-training.csv")
> bef_training <- read.csv("2-13-3-aft-training.csv")
> t.test(bef_training$time, aft_training$time, paired = TRUE)
```

```
        Paired t-test

data:  bef_training$time and aft_training$time
t = -3.3005, df = 4, p-value = 0.02992
alternative hypothesis: true difference in means is not equal to 0
95 percent confidence interval:
 -11.783727  -1.016273
sample estimates:
mean of the differences
                   -6.4
```

p 値が p-value = 0.02992 であり、0.05 を下回っているため「研修の前後で部品の作成時間が変化するとみなせる」という結果になりました。

MEMO

データの確認

今回は、2 つの CSV ファイルに分かれているやや複雑なデータでした。以下に、分析対象となったデータを表示させた結果を記載します。

```
> aft_training
  human time
1     A   28
2     B   34
3     C   19
4     D   44
5     E   31
> bef_training
  human time
1     A   22
2     B   25
3     C   20
4     D   35
5     E   22
```

MEMO

1 変量の t 検定と、対応のある t 検定の比較

対応のある t 検定は「変化量の平均値が 0 か否か」を検定している手法だといえます。そのため、「研修前と研修後の差分値」を対象として 1 変量の t 検定を実行しても、同じ結果が得られます。これは、以下のコードで確認できます。

```
> diff_time <- bef_training$time - aft_training$time
> t.test(diff_time, mu = 0)

        One Sample t-test

data:  diff_time
t = -3.3005, df = 4, p-value = 0.02992
alternative hypothesis: true mean is not equal to 0
95 percent confidence interval:
 -11.783727  -1.016273
sample estimates:
mean of x
     -6.4
```

2-13-5　2 群の平均値の差の検定：（対応のない）t 検定

続いて、対応のない t 検定の実装方法を解説します。

今回は、「2 種類の装置で生産された、同じ種類の部品」を対象とします。同じ部品なので同じ重量になるはずですが、製品ごとにわずかに重量が異なります。装置によって部品の重量が異なっていると言えるかどうかを検定します。t.test 関数を使います。

入力：2 種類の装置で生産された部品の重量「2-13-4-two-machine.csv」

処理：以下の要領で対応のない t 検定を行う

帰無仮説：装置によって部品の重量は変わらない

対立仮説：装置によって部品の重量は変わる
（両側検定となります）
有意水準：5％
出力：コンソールに出力

```
two_machine <- read.csv("2-13-4-two-machine.csv")
head(two_machine, n = 3)
t.test(formula = weight ~ type, data = two_machine)
```

1行目でデータを読み込み、2行目でデータの最初の3行を出力させます。3行目でt検定を実行します。formula = weight ~ typeと指定すると、「weightがtypeによって異なるかどうか」を検定できます。コンソールの出力は以下の通りです。

```
> two_machine <- read.csv("2-13-4-two-machine.csv")
> head(two_machine, n = 3)
       type weight
1 machine_a   9.94
2 machine_a  10.02
3 machine_a   9.92
> t.test(formula = weight ~ type, data = two_machine)

	Welch Two Sample t-test

data:  weight by type
t = -0.45624, df = 66.561, p-value = 0.6497
alternative hypothesis: true difference in means is not equal to 0
95 percent confidence interval:
 -0.07310541  0.04590541
sample estimates:
mean in group machine_a mean in group machine_b
                10.0100                 10.0236
```

p値を見るとp-value = 0.6497であり、0.05を上回っているため「生産された部品の重量は、装置によって異なる、とは言えない」という結果になりました。

MEMO

データの確認

分析の結果を述べるときに、p 値のみを記載するのは不適切です。p 値は判断をするにおいて役立つ情報を提供してくれはしますが、p 値のみを盲目的に信用するのは避けるべきでしょう。以下で、装置ごとの生産部品の要約統計量を出力させます。この辺りの処理は第 2 部第 9 章も参考にしてください。

```
> tapply(two_machine$weight, two_machine$type, summary)
$machine_a
   Min. 1st Qu.  Median    Mean 3rd Qu.    Max. 
  9.780   9.963  10.015  10.010  10.070  10.160 

$machine_b
   Min. 1st Qu.  Median    Mean 3rd Qu.    Max. 
   9.64    9.89   10.02   10.02   10.12   10.48 
```

実務的には、装置ごとに、生産部品の重量のヒストグラムや箱ひげ図などを描くことも検討すべきでしょう。

2-13-6　2 群の中央値の差の検定：Wilcoxon の検定

t 検定は、母集団分布が正規分布であることを仮定しています。一方、**ノンパラメトリック検定**を使うことで、母集団分布が正規分布に従っていないデータであっても、検定を行うことができます。ここではノンパラメトリック検定の 1 種である、**Wilcoxon の検定**を実装する方法を解説します。対応のない t 検定と同じ課題を扱います。Wilcoxon の検定は **Mann-Whitney の U 検定**と言われることもあります。両者は同じ手法です。

以下の機能を実装します。データに関しては、2-13-5 節とまったく同じものを使っています。

入力：2種類の装置で生産された部品の重量「2-13-4-two-machine.csv」
処理：以下の要領でWilcoxonの検定を行う
　　帰無仮説：装置によって部品の重量は変わらない
　　対立仮説：装置によって部品の重量は変わる
　　　　　　　(両側検定となります)
　　有意水準：5%
出力：コンソールに出力

```
two_machine <- read.csv("2-13-4-two-machine.csv")
wilcox.test(formula = weight ~ type, data = two_machine)
```

1行目でデータを読み込み、2行目でWilcoxonの検定を実行します。formulaの指定方法などは対応のないt検定と変わりません。コンソールの出力は以下の通りです。

```
> two_machine <- read.csv("2-13-4-two-machine.csv")
> wilcox.test(formula = weight ~ type, data = two_machine)

        Wilcoxon rank sum test with continuity correction

data:  weight by type
W = 1229.5, p-value = 0.8903
alternative hypothesis: true location shift is not equal to 0
```

p値を見ると`p-value = 0.8903`であり、0.05を上回っているため「生産された部品の重量は、装置によって異なる、とは言えない」という結果になりました。

2-13-7　3 群以上の差の検定：1 元配置分散分析

2 群での比較ではなく、3 群以上での平均値に対する検定の方法を解説します。**分散分析**を用います。分散分析は Analysis of Variance を略して、ANOVA と呼ばれることもあります。

分散分析は、正規線形モデルと呼ばれる統計モデルの 1 つです。正規線形モデルは、回帰分析や分散分析などを統一的に取り扱うことができます。正規線形モデルなどの理論については、例えば馬場 (2015) や粕谷 (2012) などを参照してください。

今回は、「3 種類の装置で生産された、同じ種類の部品」を対象とします。装置によって部品の重量が異なっていると言えるかどうかを検定します。lm 関数を使って正規線形モデルを当てはめた後に、anova 関数を使って分散分析を実行する流れとなります。

入力：3 種類の装置で生産された部品の重量「2-13-5-three-machine.csv」

処理：以下の要領で分散分析を行う

　帰無仮説：装置によって部品の重量は変わらない

　対立仮説：装置によって部品の重量は変わる

　有意水準：5%

出力：コンソールに出力

```
three_machine <- read.csv("2-13-5-three-machine.csv")
mod_lm <- lm(weight ~ type, data = three_machine)
anova(mod_lm)
```

1 行目でデータを読み込み、2 行目で正規線形モデルを推定します。formula = weight ~ type と指定すると、「weight が type によって異なる」ことを想定してモデルを推定できます。3 行目で分散分析の結果を出力します。コンソールの出力は以下の通りです。

```
> three_machine <- read.csv("2-13-5-three-machine.csv")
> mod_lm <- lm(weight ~ type, data = three_machine)
> anova(mod_lm)
Analysis of Variance Table

Response: weight
           Df Sum Sq Mean Sq F value    Pr(>F)
type        2  9.819  4.9095   601.9 < 2.2e-16 ***
Residuals 147  1.199  0.0082
---
Signif. codes:
0 '***' 0.001 '**' 0.01 '*' 0.05 '.' 0.1 ' ' 1
```

Analysis of Variance Tableが**分散分析表**となります。p値を見ると2.2e-16となっています。これは10のマイナス16乗を下回るくらい小さなp値であるという意味です。0.05を下回っているため「生産された部品の重量は、装置によって異なる」という結果になりました。

MEMO

anovaの出力の解説

出力された分散分析表の簡単な解説を行います。

Response: weightの下段からが分散分析表となります。Dfが自由度、Sum Sqが平方和、Mean Sqが平均平方、F valueがF比、そしてPr(>F)がF比と自由度に基づいて計算されたp値です。

p値の隣に「***」という記号がついています。これはSignif. codesを見ると解釈できます。p値が0.001よりも小さい場合は「***」となります。0.01よりも小さい場合は「**」で、0.05よりも小さい場合は「*」がp値の隣につくことになります。0.05以上で0.1よりも小さな場合は「.」マークがつき、0.1以上の場合は、マークが何もつきません。

MEMO

aov 関数を使う方法

lm 関数の代わりに aov 関数を使う方法もあるので紹介します。aov 関数は、lm 関数を分散分析のために使いやすくしたものです。以下に結果を載せます。lm 関数を使った場合と同じ結果になります。

```
> mod_aov <- aov(weight ~ type, data = three_machine)
> summary(mod_aov)
             Df Sum Sq Mean Sq F value Pr(>F)
type          2  9.819   4.910   601.9 <2e-16 ***
Residuals   147  1.199   0.008
---
Signif. codes:
0 '***' 0.001 '**' 0.01 '*' 0.05 '.' 0.1 ' ' 1
```

MEMO

データの確認

データの先頭の 3 行を確認します。

```
> head(three_machine, n = 3)
       type weight
1 machine_a   9.94
2 machine_a  10.02
3 machine_a   9.92
```

装置ごとの生産部品の要約統計量を出力させます。この辺りの処理は第 2 部第 9 章も参考にしてください。

```
> tapply(three_machine$weight, three_machine$type, summary)
$machine_a
   Min. 1st Qu.  Median    Mean 3rd Qu.    Max.
  9.780   9.963  10.015  10.010  10.070  10.160

$machine_b
```

```
   Min. 1st Qu.  Median    Mean 3rd Qu.    Max. 
   9.85    9.97   10.04   10.04   10.09   10.27 

$machine_c
   Min. 1st Qu.  Median    Mean 3rd Qu.    Max. 
  9.310   9.432   9.475   9.484   9.527   9.710 
```

MEMO

箱ひげ図の描画

データ three_machine の箱ひげ図を描いて、データの特徴を確認します。

```
boxplot(weight ~ type, data = three_machine)
```

箱ひげ図を見ると、machine_a と machine_b ではほとんど違いがないものの、machine_c は重量が軽くなっているように見えます。この辺りの詳細は 2-13-9 節で、より詳しく解説しています。

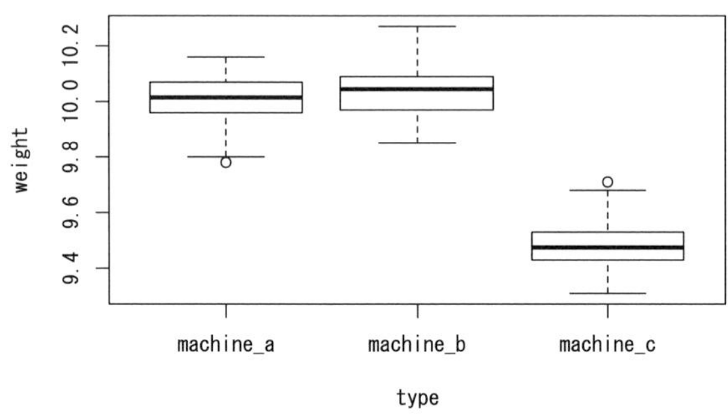

図 2-22　three_machine の箱ひげ図

2-13-8　3 群以上の差の検定：クラスカル・ウォリス検定

3 群の比較においても、ノンパラメトリック検定を適用できます。**クラスカル・ウォリス検定**を今回は採用します。データや分析のシチュエーションは、2-13-7 節と同様とします。

入力：3 種類の装置で生産された部品の重量「2-13-5-three-machine.csv」
処理：以下の要領でクラスカル・ウォリス検定を行う
　帰無仮説：装置によって部品の重量は変わらない
　対立仮説：装置によって部品の重量は変わる
　有意水準：5%
出力：コンソールに出力

```
three_machine <- read.csv("2-13-5-three-machine.csv")
kruskal.test(weight ~ type, data = three_machine)
```

1 行目でデータを読み込み、2 行目でクラスカル・ウォリス検定を実行します。コンソールの出力は以下の通りです。

```
> three_machine <- read.csv("2-13-5-three-machine.csv")
> kruskal.test(weight ~ type, data = three_machine)

  Kruskal-Wallis rank sum test

data:  weight by type
Kruskal-Wallis chi-squared = 100.2, df = 2,
p-value < 2.2e-16
```

p 値を見るとく 2.2e-16 となっています。これは 10 のマイナス 16 乗を下回るくらい小さな p 値であるという意味です。0.05 を下回っているため「生産された部品の重量は、装置によって異なる」という結果になりました。

★★★

2-13-9　多重比較法

分散分析の結果は「3 群のどれかで、平均値が異なる」ということがわかるのみです。一方で「A,B,C の 3 種類において、A,C 間で違いがあり、A,B 間では違いがない」というように個別のグループごとに比較をしたいこともあるでしょう。ここで問題になるのが**検定の多重性**です。平たく言うと「検定を何度も繰り返していると、帰無仮説が棄却されやすくなってしまう」という問題です。この問題を解決するために、**多重比較法**を用います。多重比較法にはさまざまな手法がありますが、最も基本的な**ボンフェローニの方法**を採用します。

今回も「3 種類の装置で生産された、同じ種類の部品」を対象とします。このとき、装置 A,B,C において、どの装置同士に違いがあるのかを調べます。pairwise.t.test 関数を使います。

入力：3 種類の装置で生産された部品の重量「2-13-5-three-machine.csv」
処理：以下の要領でボンフェローニの方法に基づく多重比較を行う
　　帰無仮説：装置によって部品の重量は変わらない
　　対立仮説：装置によって部品の重量は変わる
　　有意水準：5%
出力：コンソールに出力

```
three_machine <- read.csv("2-13-5-three-machine.csv")
pairwise.t.test(three_machine$weight, three_machine$type,
                p.adj = "bonferroni")
```

1 行目でデータを読み込み、2 行目以降で多重比較を実行します。コンソールの出力は以下の通りです。

```
> three_machine <- read.csv("2-13-5-three-machine.csv")
> pairwise.t.test(three_machine$weight, three_machine$type,
+                 p.adj = "bonferroni")
```

```
        Pairwise comparisons using t tests with pooled SD

data:  three_machine$weight and three_machine$type

          machine_a machine_b
machine_b 0.21      -
machine_c <2e-16    <2e-16

P value adjustment method: bonferroni
```

出力の表を見ると、machine_a 列において、machine_b との比較では、p 値が 0.05 を上回っているため、平均値に差があるとは言えない、という結果になっています。しかし、machine_a 列において、machine_c との比較では、p 値が 0.05 を下回っているため、平均値に差があると判断されます。

machine_b 列においても、machine_c との比較では、p 値が 0.05 を下回っているため、平均値に差があると判断されます。

まとめると「A,B では有意水準 5% で帰無仮説は棄却できない。A,C 及び B,C 間では有意水準 5% で帰無仮説は棄却される」という結果となりました。

今回はボンフェローニの方法を採用しましたが、ほかにもいくつかの方法があります。ヘルプ、すなわち ?pairwise.t.test の実行結果などを参照してください。

★☆☆

2-13-10　相関係数とその検定：ピアソンの積率相関係数

数量データ同士の関連性を探る指標として、**相関係数**があります。相関係数が 0 に近い場合は、2 つの変数同士には（線形の）関連性がないことがわかります。相関係数が 0 か 0 でないかは、データの解釈に役立つ情報だといえます。相関係数にはいくつかの種類がありますが、まずは**ピアソンの積率相関係数**を用います。

今回は 2-11-5 節で散布図を描くときに用いたデータを対象とします。地域の人口と牛肉の売り上げのデータです。人口と売り上げに関連性があるかどうかを、「相関係数が0か0でないか」を検定することによって調べます。

以下の機能を実装します。データ③については2-9-2節を参照してください。

入力：データ③「2-9-3-sales-population.csv」
処理：以下の要領でピアソンの積率相関係数が0かどうかの検定を行う
　帰無仮説：ピアソンの積率相関係数の値は0である
　対立仮説：ピアソンの積率相関係数の値は0ではない
　　(両側検定となります)
　有意水準：5%
出力：コンソールに出力

```
sales_population <- read.csv("2-9-3-sales-population.csv")
cor.test(x = sales_population$beef,
         y = sales_population$resident_population)
```

1行目でデータを読み込み、2行目以降で相関係数の検定を実行します。コンソールの出力は以下の通りです。

```
> sales_population <- read.csv("2-9-3-sales-population.csv")
> cor.test(x = sales_population$beef,
+          y = sales_population$resident_population)

	Pearson's product-moment correlation

data:  sales_population$beef and sales_population$resident_population
t = 4.532, df = 6, p-value = 0.003967
alternative hypothesis: true correlation is not equal to 0
95 percent confidence interval:
 0.4605628 0.9780726
sample estimates:
      cor
0.8797245
```

p 値が p-value = 0.003967 であり、0.05 を下回っているため「相関係数の値は 0 と異なるとみなせる」という結果になりました。

MEMO

cor.test の出力の解説

cor.test 関数を実行すると、p 値以外にもさまざまな情報が出力されます。簡単に解説します。

t = 4.532, df = 6, p-value = 0.003967 において、t 値という検定統計量と、自由度、そして p 値が出力されます。

alternative hypothesis で対立仮説が出力されます。今回は両側検定なので true correlation is not equal to 0 すなわち「相関係数は 0 ではない」というのを対立仮説に置いています。

95 percent confidence interval で相関係数の 95%信頼区間が出力されます。

sample estimates で相関係数の点推定値が出力されます。

MEMO

相関行列の計算

検定をするのではなく、相関係数の値を得るだけであれば、cor 関数を使う方法もあります。cor 関数は、変数の組み合わせごとに相関係数の値を行列の形式で出力します。このような出力を**相関行列**と呼びます。

```
> cor(sales_population)
                         beef resident_population
beef                1.0000000           0.8797245
resident_population 0.8797245           1.0000000
```

MEMO

ノンパラメトリックな順位相関係数の検定

相関係数にもノンパラメトリックな方法があります。代表的なものがスピアマンの順位相関係数です。method = "spearman" と指定することで、**スピアマンの順位相関係数**を用いた検定が行えます。

```
> cor.test(x = sales_population$beef,
+          y = sales_population$resident_population,
+          method = "spearman")

        Spearman's rank correlation rho

data:  sales_population$beef and sales_population$resident_population
S = 8, p-value = 0.004563
alternative hypothesis: true rho is not equal to 0
sample estimates:
      rho
0.9047619
```

ケンドールの順位相関係数も使用できます。この場合は method = "kendall" と指定します。

```
> cor.test(x = sales_population$beef,
+          y = sales_population$resident_population,
+          method = "kendall")

        Kendall's rank correlation tau

data:  sales_population$beef and sales_population$resident_population
T = 25, p-value = 0.005506
alternative hypothesis: true tau is not equal to 0
sample estimates:
      tau
0.7857143
```

第 14 章 外部パッケージの活用

章のテーマ

この章が第 2 部の最後の章となります。ここでは、外部パッケージを活用して、便利な関数などを追加で使用できるようにする方法を解説します。パッケージとは関数やデータ構造などをひとまとめにしたようなものです。パッケージを追加で読み込むことで、標準の R では用意されていない最新の分析手法を実行できることもあります。

この章ではパッケージのインストールの方法やその使い方を、簡単な事例を交えて解説します。

章の概要

パッケージのインストール → バージョンの確認と更新 → 読み込み → パッケージの使い方を探る

2-14-1　パッケージのインストール

パッケージは、ネット環境に接続したうえで install.packages 関数を使うことでインストールできます。例えば、minerva というパッケージをインストールする場合は以下のようなコードになります。

```
install.packages("minerva", dependencies = TRUE)
```

なお、minerva は、非線形な関係性であってもとらえることのできる相関係数を算出できるパッケージです。具体的にどのように使用するのかは、後ほど紹介します。dependencies = TRUE と指定することで、関連するパッケージもまとめてインストールされます。コンソールに package 'minerva' successfully unpacked and MD5 sums checked と出力されて、パッケージのインストールが成功したことを確認します。

パッケージのインストールは、基本的に 1 度行うだけで十分です。新しいバージョンの R などを再インストールした場合には、パッケージの再インストールが必要になります。

パッケージのインストールに失敗した場合は、RStudio を「管理者として実行」して起動するとうまくいくことがあります。

2-14-2 パッケージのバージョンの確認と更新

インストールされたパッケージは、RStudio の画面から参照できます。「Packages」と書かれたタブをクリックすると、情報が表示されます。パッケージがたくさんインストールされていて確認がしづらい場合は、検索ボックスにパッケージの名称を入力すると良いでしょう。パッケージの簡単な紹介とパッケージのバージョンが確認できます。

Files　Plots　Packages　Help　Viewer

Install　Update　Packrat　minerva

	Name	Description	Version
✓	minerva	Maximal Information-Based Nonparametric Exploration for Variable Analysis	1.5.8

図 2-23　パッケージペイン

なお、「Install」というボタンを押すことで、パッケージペインからパッケージのインストールを行うこともできます。パッケージの更新をする場合は「Update」ボタンを押します。更新すべきパッケージが複数ある場合は、まとめて更新ができます。「Packrat」というボタンは、複数の PC などで同じパッケージのバージョンを使って分析を行う場合などに活用します。複数人で共同開発をするのに便利な機能ですが、詳細は割愛します。興味がある方は、例えば高橋 (2018) などを参照してください。

`packageVersion` という関数を使うことでも、パッケージのバージョンを確認できます。

```
packageVersion("minerva")
```

コンソールの出力は以下の通りです。

```
> packageVersion("minerva")
[1] '1.5.8'
```

2-14-3　パッケージの読み込み

インストールされたパッケージを読み込む際には library という関数を使います。

```
library(minerva)
```

library 関数は、RStudio を立ち上げるたびに実行する必要があります。この状態で以下のコードを実行すると、パッケージのバージョンを含めた、R の実行環境が確認できます。

```
sessionInfo()
```

2-14-4　パッケージの使い方を探る

先ほどインストールした minerva パッケージの使い方を見ていきましょう。

2-14-4-1　minerva パッケージの基本

minervaパッケージは、Maximal Information-Based Nonparametric Exploration を略して MINE に属する指標を計算するパッケージです。MINE

は「非線形な関係性であってもとらえることのできる、2変数間の関連性を探る指標」だといえます。MINEの理論に関する詳細はここでは解説しません。興味のある方はReshef他(2011)を参照してください。この論文は著名な学術雑誌であるScience誌に掲載されただけではなく、同誌において「21世紀の相関係数」であると高く評価されています。このような最新の技術を簡単に使えるのがR言語の素晴らしいところです。

minervaパッケージそのものも大変に優れたパッケージですが、このパッケージにかかわらず、ほかのパッケージをインストールした場合でも役に立つような「パッケージの使い方の調べ方」を中心に解説します。

2-14-4-2 パッケージの使い方の調べ方

まだ使ったことのないパッケージについて調べる場合は、「パッケージ名+半角スペース+CRAN」で検索をするのがおすすめです。提供元の一次情報を確認するのは欠かせません。CRANはRやパッケージを配布しているWebサイトのことですね(1-1-6節参照)。一次情報というと読みづらい印象があります。英語で書かれているというのがやや扱いにくいところではありますが、後ほど紹介するようにサンプルコードが提供されていることが多いので、それを実行するだけでも勉強になります。

例えば「minerva CRAN」で検索をすると、CRANにおけるminervaパッケージを扱ったWebページが出てくるはずです。この中から「Reference manual」を探します。基本的にパッケージ名と同じPDFファイルが配布されているはずです。このPDFファイルがパッケージのリファレンスマニュアルになります。参考までに、minervaパッケージのマニュアルは以下のURLから確認できます。「https://cran.r-project.org/web/packages/minerva/minerva.pdf」

minervaパッケージはそれほど機能が多くありませんが、巨大なパッケージだと100ページを超えるマニュアルになることもあります。

2-14-4-3 関数の使い方の調べ方

今回はmineという関数を使ってみることにします。mineを解説している項目を確認します。mine関数の場合は以下の項目が記載されているはずです。

- Description：関数の紹介
- Usage：関数の使用法
- Arguments：引数の解説
- Details：関数の詳細（理論など）
- Value：戻り値の解説
- Author(s)：作成した著者
- References：参考文献
- Examples：実行例

なお、マニュアルの内容は?mineなどと実行して、ヘルプを参照することでも閲覧できます。お好きな方法で閲覧してください。

Exampleから2つのコードを実行してみます。library(minerva)と事前に実行していないと動作しないことに注意してください。

コードは、1行目で分析対象となるデータを（読み込むのではなく）作成し、2行目でmine関数を使って、作成されたデータの関連性を評価します。

```
x <- runif(10); y <- 3*x+2; plot(x,y,type="l")
mine(x,y)
```

セミコロン（;）は、1行の中に複数のコードをまとめるときに使う区切り記号です。1行目だけで「x <- runif(10)」「y <- 3*x+2」「plot(x,y,type="l")」の3つの処理が実行されています。runifは一様分布に従う乱数を生成する関数です。rbinom関数（二項分布に従う乱数を生成する。2-12-4節参照）の一様分布バージョンです。

ここでmineという関数がminervaパッケージが提供する関数です。明示的に「minervaパッケージの関数を使います」と指定したい場合は「minerva::mine(x,y)」のように、パッケージ名の後にコロンを2つつなげてから関数名を記述します。今回はパッケージ名を指定しても指定しなくても結果は変わりません。しかし、複数のパッケージが同じ名前の関数を提供していることがあります。この場合はパッケージ名も指定しておくと安全です。

xとyという2つの変数を作り、その結果を折れ線グラフとして描画します（図 2-24）。2 行目のコードで mine 関数を使って x と y の関連性を計算しています。コンソールの出力は以下の通りです。

```
> x <- runif(10); y <- 3*x+2; plot(x,y,type="l")
> mine(x,y)
$MIC
[1] 1
$MAS
[1] 0
$MEV
[1] 1
$MCN
[1] 2
$`MIC-R2`
[1] 4.440892e-16
$GMIC
[1] 1
$TIC
[1] 1
```

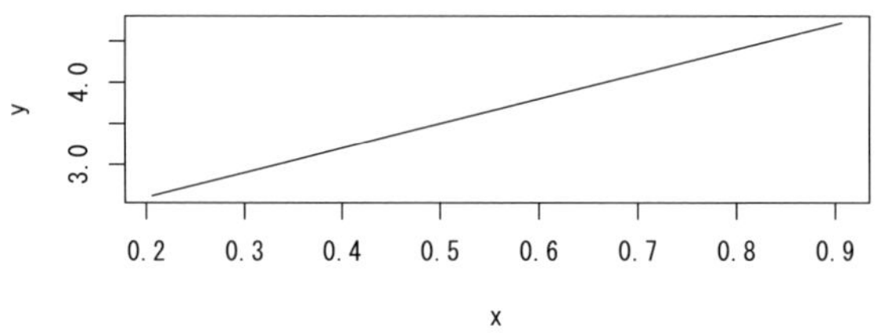

図 2-24 mine 実行例その 1

コンソールにはさまざまな指標が出力されています。その中でも一番上の $MIC に着目してみましょう。マニュアルの Value の項を見ると、これらの指標の解説があります。$MIC は相関係数のように解釈できる、2 変数間の関連性を見る指標です。統計的に独立したデータの場合は 0 に近づき、ノイズのない関係性がある場合は 1 に近づきます。図 2-24 のようなノイズのない直線的な関係がある場合には、$MIC は 1 になります。

別の実行例を確認します。今度は直線ではなく、三角関数を使ってにょろにょろとした関連性を持つデータを対象にして mine 関数を実行します。

```
t <-seq(-2*pi,2*pi,0.2); y1 <- sin(2*t); plot(t,y1,type="l")
mine(t,y1,alpha=1)
```

1行目で「t <-seq(-2*pi,2*pi,0.2)」「y1 <- sin(2*t)」「plot(t,y1,type="l")」の３つの処理が実行されています。seq は等差数列を得る関数です。pi は 3.14……となる円周率です。sin は正弦波 (sin) を取る関数です。２行目のコードで mine 関数を使って t と y1 の間の関連性を計算しています。サンプルサイズが小さい場合には alpha=1 を指定することが望ましいと記載があったので、そのようにしています。コンソールの出力は以下の通りです。$MIC が 1 になっているのが確認できます。

```
> t <-seq(-2*pi,2*pi,0.2); y1 <- sin(2*t); plot(t,y1,type="l")
> mine(t,y1,alpha=1)
$MIC
[1] 1
$MAS
[1] 0.5869921
$MEV
[1] 0.9998182
$MCN
[1] 5.672425
$`MIC-R2`
[1] 0.962882
$GMIC
[1] 0.8704609
$TIC
[1] 84.0454
```

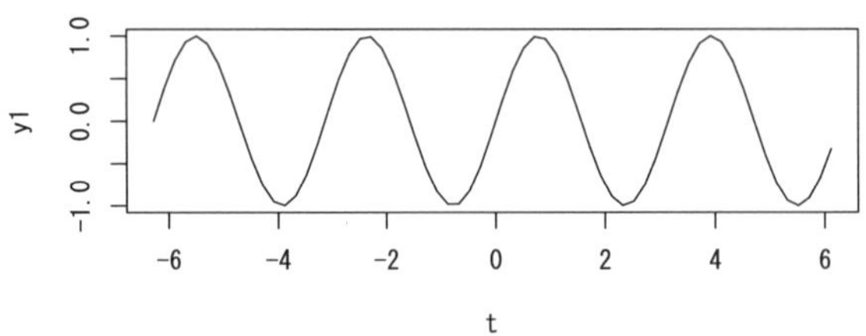

図2-25 mine実行例その2

グネグネとした関連性は、ピアソンの積率相関係数などでは検出が困難です。しかしMICという指標を使うことで、このような関連性も検出できるようになります。

MINEの理論そのものは難解ですが、これを実行することはそれほど難しくありません。もちろん理論を学ぶことは大切ですが、まずは手を動かして、その手法の特徴を調べてみると、理解が深まることもあります。

第 3 部

【中級編】長いコードを書く技術

第 1 章 Git によるバージョン管理

章のテーマ

中級編では、初級編と比べると長いコードを書いていきます。長いコードを書くということは、実装を誤るということです。「誤る可能性がある」ではありません。絶対確実に 100% 誤ります。間違うことは日常茶飯事で、悪いことではありません。この間違いを修正する技術を解説します。

この章では、バージョン管理ツールの 1 つである Git の紹介をします。「プログラミングの補助ツール」の解説となると、表題を見ただけで飛ばしてしまう読者がいるかもしれません。しかし、それはとてももったいないことです。この章で解説する Git は「失敗したものを元に戻せる」という大変便利な環境を提供してくれます。失敗しても大丈夫、壊してしまっても大丈夫、後で元に戻せるから。この状況がもたらす素晴らしさを是非体感してください。

章の概要

- **Git の基本事項とインストール手順**

  Git を使うメリット → Git クライアント → インストール → 初期設定

- **RStudio を使って Git によるバージョン管理を開始する**

  ローカルリポジトリの基本 → プロジェクト作成時にリポジトリを作る
  → 既存のプロジェクトをバージョン管理の対象にする
  → ローカルリポジトリの内容を確認する → .gitignore ファイル

- **Git の使い方**

  ファイル追加とコミット → 変更箇所の表示 → 変更の破棄
  → 変更履歴の確認 → Git のさらに便利な使い方

3-1-1 Gitを使うメリット

Gitはバージョン管理システムと呼ばれるものです。バージョン管理システムを使うことで、変更履歴などを簡単に残すことができます。2つの立場からGitを使うメリットを紹介します。

1つ目は、個人でプログラムを実装する人にとってのメリットです。最も大きいメリットは「失敗したものを元に戻せる」ことです。コードを書き換えた際、どこを変更したのかを後で確認できます。その変更が良くないものだった場合は、変更を元に戻すこともできます。Gitを導入するのに、特別な理由は要りません。「プログラムの間違いを簡単に修正できるようにしたい」というすべての人にGitは役立ちます。

2つ目は、複数人でプログラムを実装する人にとってのメリットです。Gitを使うと、複数人で分かれて実装したプログラムを1つにまとめたり、コードの変更履歴や実装者の意図などをみんなで共有したりできます。

Gitは大変に高機能ですが、この本では個人使用に限ってその使い方を解説します。また、基本的な機能に絞って、なるべく専門用語を使わないで解説します。

3-1-2 Gitクライアント

Gitはそのまま使うのではなく、他のソフトウェアを介して使うのが簡単です。Gitを使いやすくするための便利なソフトウェアのことを**Gitクライアント**と呼びます。この本ではRStudioをGitクライアントとして使います。

GitクライアントにはほかにもSourceTreeやTortoiseGitなどがあります。TortoiseGitはWindowsのみで使用できます。もちろんGitクライアントを使わないでGitを使うこともできます。

3-1-3 Gitのインストール

RStudioはすでにインストール済みであるとして、ここではWindowsを例として、Gitのインストールを行う手順を解説します。もちろんGitはMacでも使えます。

git for windowsをインストールします。配布元のURLは以下の通りです「URL: https://gitforwindows.org/」。「Download」というボタンを押せばすぐにダウンロードが始まります。好みにもよりますが、はじめのうちは、特に設定を変更せずにインストールしても良いでしょう。

3-1-4 Gitの設定

Gitがインストールされると、Git Bashが使えるようになります。Windows10のスタートメニューからGit Bashを実行します。Git Bashが実行されると、無味乾燥な黒い画面が出てくるはずです。本来はここにさまざまなコマンドを入力してGitを操作します。コマンド入力の手間を省くためにGitクライアントを使用するのですが、最初の設定はこの黒い画面を使うことになります。

Git Bashを使って、Gitを使用する際のユーザー情報を登録します。以下のコマンドを実行することで、登録ができます。

```
git config --global user.email "email@sample.com"
git config --global user.name "My Name"
```

メールアドレスと名前は、ご自身のものに変更なさってください。なお、メールアドレスもユーザー名も、適当なものを入力して大丈夫です。個人で使う場合には、これらの情報はあまり重要ではありません。

3-1-5 RStudioを使ったローカルリポジトリの作成

RStudioを介してGitによるバージョン管理を行う場合は、RStudioのプロジェクト単位で管理するのが簡単です。RStudioにおいてプロジェクトを作成する際、あわせてGitの**ローカルリポジトリ**を作成しましょう。「リポジトリ」とは、変更履歴などを記録する容れ物のようなものです。「ローカル」とは「地方的」という意味です。ローカルリポジトリは「自分のパソコンで使われるリポジトリ」です。複数人で共同作業をしたり、別のPCなどにバックアップをしたりする場合は**リモートリポジトリ**もあわせて作ることが多いですが、この本では省略します。

ローカルリポジトリをRStudioから作成する方法には2通りあります。1つ目が、プロジェクトを新規に作るタイミングでGitの設定をする方法です。2つ目が、すでに作られたプロジェクトを、Gitによるバージョン管理下に置く方法です。どちらの方法を使っても、結果は変わりません。順に解説します。

3-1-6 プロジェクト作成時にバージョン管理の対象にする

例えば「C:¥git_project」というフォルダに新規のRStudioのプロジェクトを作成し、Gitによるバージョン管理もあわせて行うとします。1-2-5節と同様に、RStudioの右上にあるアイコンボタンをクリックして「New Project」を選択します。続く画面で「New Directory」を選択します（図3-1）。

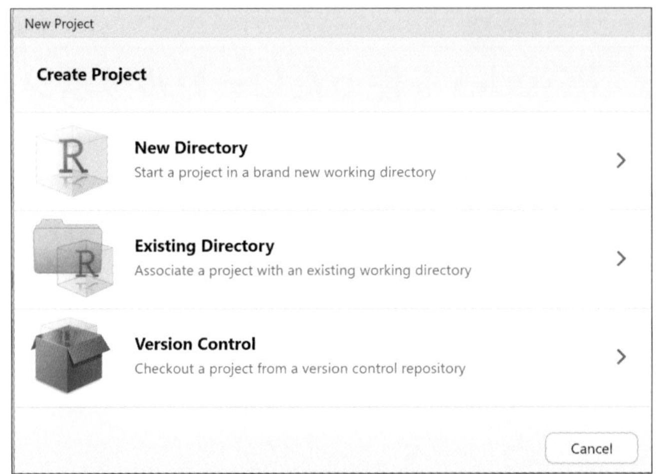

図 3-1　プロジェクトの新規作成時に「New Directory」を選択

プロジェクトのタイプには「New Project」を選択します。

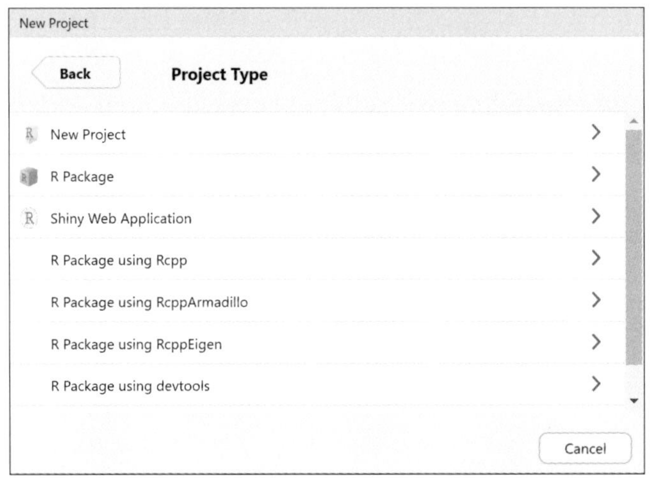

図 3-2　プロジェクトのタイプは「New Project」を選択

最後のプロジェクト作成画面（図 3-3）が大切です。ここで「Create a git repository」にチェックを入れます。これで、RStudio のプロジェクトと Git のローカルリポジトリが作成されます。このチェックボックスが表示されていなければ、Git が正しくインストールされているか、もう一度確認しましょう。

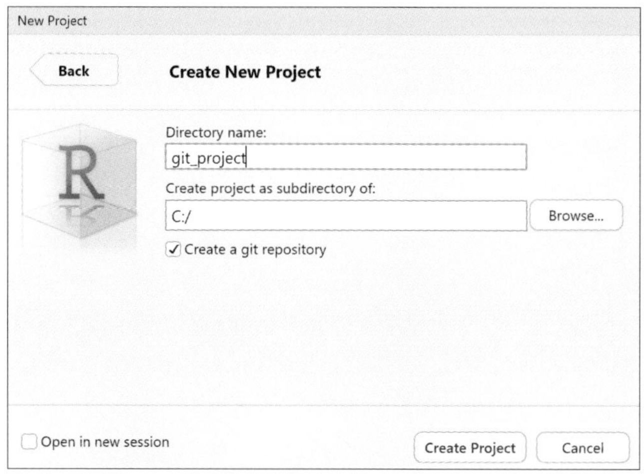

図 3-3 「Create a git repository」にチェックを入れる

3-1-7 既に作られたプロジェクトをバージョン管理の対象にする

Git をインストールする前に作成したプロジェクトなどは、バージョン管理の対象になっていないはずです。これをバージョン管理の対象にすることもできます。

RStudio のメニューから「Tool」→「Project Options」を選択します。Project Option の画面から「Git/SVN」を選択し、「Version control system」で「Git」を選択します。確認画面が何回か出ることもありますが、このときは「Yes」を選択します。なお、SVN も Git と同じくバージョン管理システムです。しかし、個人で使う場合は Git の方が扱いやすいですし、企業でも Git の使用が増えているので、SVN は解説しません。

最後に「OK」ボタンを押し、必要に応じて RStudio を一度閉じてから再度開きなおします。

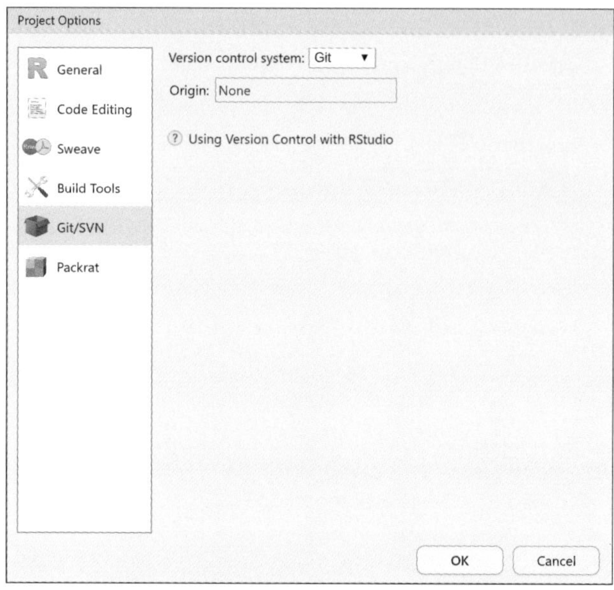

図 3-4　設定画面からバージョン管理下に置く

3-1-8　ローカルリポジトリの内容を確認する

プロジェクトが作成されたとき、拡張子が「.Rproj」となっているプロジェクトファイルが自動で生成されるのでした。また、隠しファイルではありますが「.Rproj.user」というフォルダも自動生成されます（1-2-16 節参照）。

Git によるバージョン管理下に置いた場合は、さらに「.gitignore」というファイルと、隠しファイルとして「.git」というフォルダが作成されます。隠しファイルを触ることは少ないでしょうが「.git」というフォルダの中に変更履歴などが格納されていることだけ覚えておきましょう。このフォルダを削除してはいけません。

3-1-9　.gitignore ファイル

自動で生成された「.gitignore」というファイルの中身を確認してみます。

メモ帳や RStudio の Files タブから開くことができます。初期状態では以下の 4 行が記載されているはずです (RStudio のバージョンによって変わるかもしれません)。

```
.Rproj.user
.Rhistory
.RData
.Ruserdata
```

この「.gitignore」ファイルは「修正履歴などを保存しない対象一覧」をまとめたファイルです。例えば「.Rhistory」ファイルは、R の実行内容がまとめられたファイルです。コードを一切修正しなくても、計算を実行するだけでこのファイルは更新されてしまいます。また「.RData」ファイルはしばしばとても容量の大きなものになります。あまりにも容量が大きなファイルはバージョン管理の対象から外す方が無難です。こういったものを「.gitignore」に記載します。

バージョン管理下に置かないファイルやフォルダの名称を「.gitignore」に追記することで、その対象を増やすこともできます。

3-1-10　ファイル追加とコミット

例えば変更履歴を「1 文字追記 / 修正するたび」に自動で記録するのは効率が良くなさそうです。さすがにここまでは自動化できません。ファイルを追加 / 削除 / 修正したときに、私たちが「ここまでの変更を記録してね」と Git に指示する必要があります。その方法を解説します。

RStudio の Git タブをクリックすると、「プロジェクト作成時に自動で生成されていて」かつ「.gitignore ファイルに名称が記載されていない」ファイルの一覧が出てきます。初期状態ならば「.gitignore」ファイルとプロジェクトファイルの 2 つが出ているはずです。この 2 つのファイルを「ファイルを新規作成した」ということで、変更の記録を残すことにします。

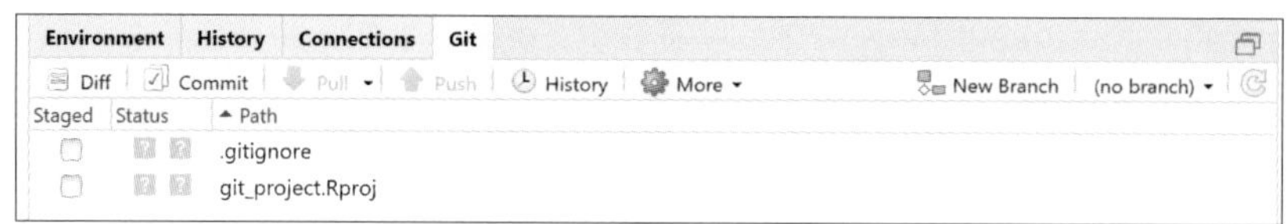

図 3-5 新規に追加されたファイル

新規作成されたファイルには、ファイル名の左側にチェックボックスがあるので、それにチェックを入れます。この作業を**ステージング**と呼びます。この作業により「変更を記録する対象のファイル」を指定します。図 3-5 において「？？」だった Status が「A」に代わるはずです。「A」は「Added（追加）」の略です。

変更履歴を後で確認したときに、変更の流れが理解できるようにしておくべきです。例えば「ありとあらゆる機能を修正した」というタイミングで変更の記録をしたとしましょう。この変更が失敗だった場合は「ありとあらゆる機能をもう一度元の状態に戻す」という羽目になります。これは時間の無駄です。細かく分けて変更を記録しておくと、問題のあった箇所だけを元に戻すことができます。ステージングは「どのファイルに対する変更を記録するか」を決める作業です。変更を元に戻す機会があるかもしれない、と思いながらステージングをすると良いですね。

続いて変更の記録をします。この作業を**コミット**と呼びます。Git タブのメニューにある「Commit」ボタンを押すと、図 3-6 のような画面が出てきます。

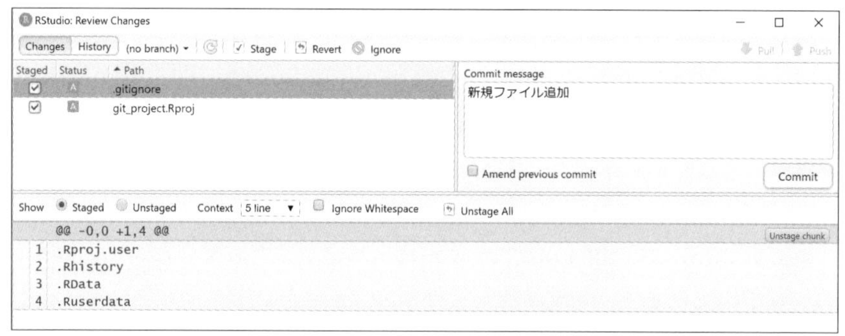

図 3-6 コミット画面（ファイルの追加）

画面左上に、コミットの対象となるファイル名の一覧が表示されます。画面右上でコミットメッセージを記載します。コミットメッセージは必須です。どのような意図でコミットをしたのかを記載しましょう。今回はとりあえず「新規ファイル追加」というコメントにしておきました。

画面下側には、追記された内容が表示されています。

画面中央右側にある「Commit」ボタンを押すと、コミットされます。最後に「Close」ボタンを押して、コミット画面を閉じます。

3-1-11　Rコードの変更と、変更箇所の表示

自動で生成されたファイルを対象とするだけだとつまらないので、Rファイルを作成してみましょう。Rのスクリプトを作成し「sample.R」という名称で保存します。ここに、例えば以下のように実装します。

```
sample_data <- 1:10
sample_data_mean <- mean(sample_data)
```

そして、3-1-10節の方法に従って、ファイルをコミットします。

次に、上記のコードにさらに1行を追加します。平均値が0になるように、sample_dataを変換したzero_mean_dataを作成しました。

```
zero_mean_data <- sample_data - sample_data_mean
```

このタイミングでGitタブを見ると、「sample.R」ファイルのステータスが「M」となっているはずです。「Modified（修正）」の略で「変更されましたよ」というマークです。このときにコミットボタンを押すと、図3-7の画面が出てきます。

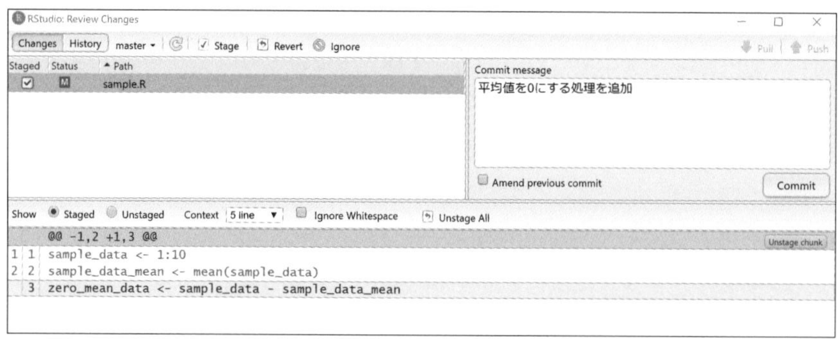

図 3-7　コミット画面（コードの追加）

コードを追加した箇所だけが、緑色の網掛けになります。どこを修正したかが一目でわかります。変更箇所を確認しながら、変更の記録をつけていくことができます。これで「Staged」にチェックが入っていることを確認したうえで「Commit」ボタンを押すとコミットされます。

ちなみに、変更箇所を確認したい場合は、Git タブ（図 3-5）の「Commit」ボタンではなく「Diff」ボタンを押しても良いです。こちらでも変更の差分を確認できます。

3-1-12　変更の破棄

続いて、既存のコードを修正した場合を見てみます。

先ほどは、対象となるデータを sample_data などという名称にしていました。しかし、この名前が長くて使いにくいので、data を一文字で d と略しました。例えば sample_data は sample_d に変更となります。

```
sample_d <- 1:10
sample_d_mean <- mean(sample_d)
zero_mean_d <- sample_d - sample_data_mean
```

読者の方は気が付かれましたでしょうか。この修正には、実は問題があります。1行目と2行目は正しく修正されていますが、3行目でsample_data_meanという変更前の名称が残ってしまっています。RStudioをいったん閉じてから上記のコードを再度実行すると、Error: object 'sample_data_mean' not foundというエラーが出てくるはずです。

余談ですが、オブジェクトの名称の変更は、慎重に行う必要があります。命名を大雑把に済ませてしまうと、後で修正するのが大変ですので、気を付けましょう。

問題があることに気が付かずソースコードを保存し、1週間後にRコードを実行したら動かなくなってしまったとします。原因もそのころには忘れてしまっているでしょう。「何もしていないのにコードが動かなくなりました」と勘違いしてしまうかもしれませんね。今まで動いていたコードがその日の気分で突然動かなくなることは、基本的にありません。

さて、今までと同様にGitタブの「Commit」ボタンを押して、変更箇所を確認してみましょう（図3-8）。本来の画面は、修正される前のコードが赤色、修正後のコードが緑色の網掛けになっているはずです。

このタイミングで誤りに気が付くことができれば、「変更前の状態に戻す」ことができます。

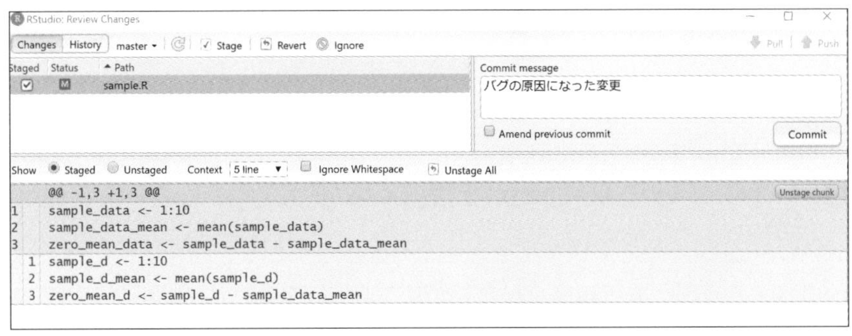

図3-8　コミット画面（コードの変更）

図3-8において、上部メニューの「Revert」をクリックします。確認画面が出た場合は「Yes」を選択します。すると、先ほどの変更が取り消され、修正前の状態に戻ります。

3-1-13 変更履歴の確認

Git タブのメニューにおいて「History」というボタンを押すと、過去の修正履歴を確認できます（図 3-9）。

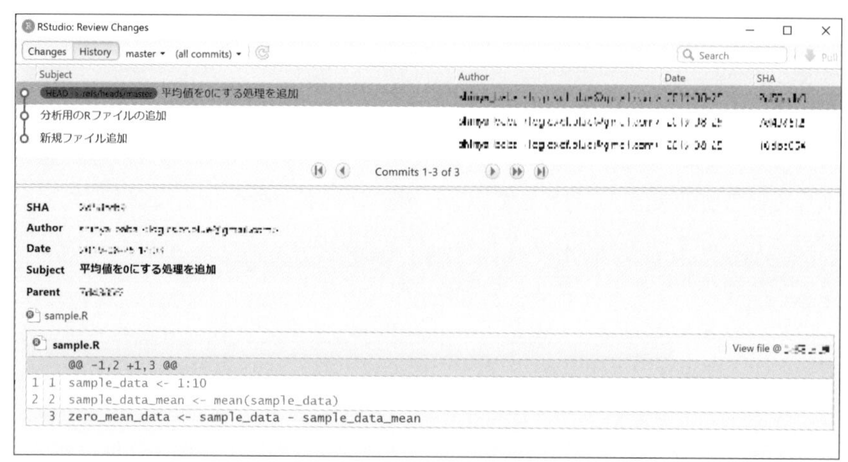

図 3-9 History 画面

過去の変更記録において、画面右下にある「View file」を押すと、その時点でのコード全体を確認できます。

3-1-14 Git のさらに便利な使い方

いわゆるバックアップソフトとして Git を使うこともできます。例えば USB メモリなどに変更履歴を保存しておくと、お使いのパソコンが木端微塵に粉砕されても、USB メモリの変更履歴をもとに現状復帰できます。**GitHub** というサービスを使うと、クラウド上に変更履歴を記録できます。自分のパソコンとは異なる場所にリポジトリを作るので、これらをリモートリポジトリと呼びます。バックアップはもちろんですが、他の人とコードを共有するという意味でも便利な機能です。この本では解説しませんでしたが、チームでの開発をする際にも Git は大変に有用です。

これらの機能を使いこなす場合には、SourceTree や TortoiseGit を追加でインストールするか、Git のコマンドを使えるようになった方が便利でしょう。

ちなみに、この本のソースコード一式は、GitHub で公開されます。この本の原稿も Git でバージョン管理しながら執筆しました。

第2章 条件分岐と繰り返し

章のテーマ

この章では、条件によって動作を変える方法と、似たような処理を何度も繰り返す方法を解説します。これらの構文を学ぶことで「与えられた関数を実行するだけ」という状況から大きく進歩できるはずです。

章の概要

●条件分岐

if と else → ifelse 関数 → switch 関数

●繰り返し

for ループ → while ループ → 繰り返しの終了 (break) → スキップ (next)

3-2-1 if と else による条件分岐

if 構文は「ある条件が満たされていた場合のみ実行する」処理を記述できます。条件に関しては、第2部第8章で紹介したさまざまな論理演算を活用できます。条件が満たされていない場合には else で指定された処理が実行されます。else if 構文を使うことで、else の後にさらに条件を指定することもできます。

3-2-1-1 if 構文の基本

単純な使用例を以下に記載します。

```
# 所持金
my_money <- 8000

# 所持金の額によって、表示させる文章を変える
```

```
if (my_money < 10000) {
  print("所持金は1万円未満です")
} else if (my_money >= 10000 && my_money < 20000) {
  print("所持金は1万円以上、2万円未満です")
} else {
  print("所持金は2万円以上です")
}
```

コンソールの出力は以下の通りです。

```
・・・前略・・・
[1] "所持金は1万円未満です"
```

条件が２つあります。１つ目の条件は「my_money < 10000」で、２つ目の条件は「my_money >= 10000 && my_money < 20000」です。上から順番に条件が満たされているかどうかチェックされます。条件が満たされたら、その直後の中カッコで囲まれたコードが実行されます。

今回はmy_moneyが8000なので、１つ目の条件である「my_money < 10000」の結果がTRUEになります。そのため「print("所持金は１万円未満です")」が実行されました。

条件をifの後の丸カッコの中で指定すること。条件が満たされたときの処理をその後の中カッコ内に記述するというのが基本的なルールです。

3-2-1-2　条件を変えて実行（２つ目の条件式に合致した場合）

参考までにmy_moneyの金額を変えて実行します。my_money以外は一切変えていませんが、出力は変化します。コンソールの出力のみ記載します。

```
> # 所持金が多くなった
> my_money <- 18000
>
> # 所持金の額によって、表示させる文章を変える
> if (my_money < 10000) {
+   print("所持金は1万円未満です")
```

```
+ } else if (my_money >= 10000 && my_money < 20000) {
+   print("所持金は1万円以上、2万円未満です")
+ } else {
+   print("所持金は2万円以上です")
+ }
[1] "所持金は1万円以上、2万円未満です"
```

今回はmy_moneyが18000です。1つ目の「my_money < 10000」の結果はFALSEです。そして2つ目の「my_money >= 10000 && my_money < 20000」という条件がTRUEになったので、その条件の処理が実行されます。「1万円以上、かつ、2万円未満」という「かつ」の条件は、「&&」で2つの条件をつなげることで実装できます。この辺りに不安がある方は、2-8-11節を参照してください。

3-2-1-3 条件を変えて実行（どの条件式にも合致しなかった場合）

どの条件式にも合致しなかった場合は、最後のelseで指定されたコードが実行されます。コンソールの出力のみ記載します。

```
> # 所持金がもっと多くなった
> my_money <- 50000
>
> # 所持金の額によって、表示させる文章を変える
> if (my_money < 10000) {
+   print("所持金は1万円未満です")
+ } else if (my_money >= 10000 && my_money < 20000) {
+   print("所持金は1万円以上、2万円未満です")
+ } else {
+   print("所持金は2万円以上です")
+ }
[1] "所持金は2万円以上です"
```

3-2-1-4 中カッコの省略

1行で終わるような短い条件分岐の場合は、中カッコを省略できます。

```
> x <- 10
> if(x > 0) "0より大きい" else "0以下"
[1] "0より大きい"
```

3-2-2　ifelse による条件分岐

条件分岐をする方法はほかにもあります。ifelse 関数を使った条件分岐を解説します。

3-2-2-1　ifelse 関数の基本

まずは単純な使用例を確認します。コンソールの出力のみ記載します。

```
> my_result <- "OK"
> ifelse(my_result == "OK", "問題ない", "大変だ！")
[1] "問題ない"
```

ifelse 関数の 1 つ目の引数で条件を指定します。条件が満たされた場合は 2 つ目の引数で指定された処理が実行されます。条件が満たされなかった場合は 3 つ目の引数で指定された処理が実行されます。

my_result を変更して実行すると、結果が変わります。

```
> my_result <- "NG"
> ifelse(my_result == "OK", "問題ない", "大変だ！")
[1] "大変だ！"
```

3-2-2-2　ベクトルを引数に指定して実行

ifelse 関数は、ベクトルを対象として条件を指定できます。ベクトルで与えられた数値の絶対値を計算してみましょう。

```
> my_number <- c(20, -3, -15, 8)
```

```
> ifelse(my_number < 0, my_number * -1, my_number)
[1] 20  3 15  8
```

基本的な構文は変わりませんが、いくつかのポイントがあります。

1つ目のポイントは、ベクトルを与えると、ベクトルで結果が返ってくることです。ifelse関数を何度も実行する必要はありません。短いコードで結果が得られるので、とても便利です。

2つ目のポイントは、条件として渡されたmy_numberの要素にアクセスしたうえで、結果を出力できることです。常に同じ文言（例えば「0未満の値です」といった固定された文章）を出力するだけではありません。渡されたデータに対して、そのデータにあわせた適切な変換を施した結果を出力できます。

なお、絶対値を取る関数はRに用意されています。abs(my_number)と実行することで、my_numberの絶対値が得られます。上記の事例はあくまでも勉強用のコードなので注意してください。

MEMO

ANDとORの指定の方法

単なるif構文を使った場合は「&&」と&マークを2つつなげましたが、ifelse関数を使う場合には問題があります。

```
> our_money <- c(50000, 18000, 8000)
>
> # 最初の1つの要素しか評価されない
> ifelse(our_money >= 10000 && our_money < 20000,
+        "1万円以上2万円未満",
+        "それ以外")
[1] "それ以外"
```

our_moneyには要素が3つあるのにかかわらず、最初の1つ目の要素しか評価されていません。「&&」と&マークを2つつなげると、このような挙動になるので注意してください。

以下のように&マークを1つだけ使うと問題ありません。

```
> ifelse(our_money >= 10000 & our_money < 20000,
+         "1万円以上2万円未満",
+         "それ以外")
[1] "それ以外"              "1万円以上2万円未満"
[3] "それ以外"
```

通常の if 構文では && など２つつなげることが多く、ifelse 関数を使う場合は & を１つだけ使うことが多いです。OR 条件である「|」記号に関しても同様です。

3-2-3　switch による条件分岐

選択肢が複数ある場合は、if をつなげる方法だとコードが長くなってしまいます。そのようなときは switch 関数を使います。

3-2-3-1　switch 関数の基本

まずは単純な使用例を確認します。コンソールの出力のみ記載します。

```
> pattern <- "A"
>
> switch (
+   pattern,
+   "A" = print("パターンAの処理を実行します"),
+   "B" = print("パターンBの処理を実行します"),
+   "C" = print("パターンCの処理を実行します"),
+   print("その他の処理を実行します")
+ )
[1] "パターンAの処理を実行します"
```

if や else といった構文を使うのではなく、switch 関数の中に条件をまとめて指定します。１つ目の引数が条件です。２つ目の引数以降で「条件が○○だったときの処理」を実装します。例えば「"A" = ○○」なら「条件が "A" だったときには○○の処理を行う」という意味になります。同様に「条件が "B"」や「条件が "C"」であるときの処理を実装します。最後の引数には「どの条件にも満たされなかった場合の処理」を実装します。今回は単純な文章を出力するだけの処理を実装しました。

switch を使うことで、if の条件を何度も指定するより、短いコードで実装できます。

3-2-3-2 条件を変えて実行

pattern のみを変更して実行してみます。どの条件にも満たされなかった場合は、最後の処理が実行されます。

```
> pattern <- "Z"
>
> switch (
+   pattern,
+   "A" = print("パターンAの処理を実行します"),
+   "B" = print("パターンBの処理を実行します"),
+   "C" = print("パターンCの処理を実行します"),
+   print("その他の処理を実行します")
+ )
[1] "その他の処理を実行します"
```

3-2-3-3 条件を数値にして実行

switch 関数の１つ目の引数（今回の事例では pattern）には文字列を指定することに注意してください。仮に数値Ｎを指定してしまうと、Ｎ番目の処理が実行されます。例えば数値の「2」を渡すと、２番目の処理、すなわち「print(" パターン B の処理を実行します ")」が実行されます。

```
> pattern <- 2
>
> switch (
+   pattern,
+   "A" = print("パターンAの処理を実行します"),
+   "B" = print("パターンBの処理を実行します"),
```

```
+   "C" = print("パターンCの処理を実行します"),
+   print("その他の処理を実行します")
+ )
[1] "パターンBの処理を実行します"
```

今回は４つの処理がswitch関数の中で指定されていました。これを超える数値、例えば「5」を指定すると、NULLが返ってきます。

3-2-4　forによる繰り返し処理

続いて繰り返しの処理を行う方法を解説します。最も有名なものがforを使うものでしょう。forループと呼ぶこともあります。

3-2-4-1　forループの基本

```
> for(i in 1:3){
+   print(i)
+ }
[1] 1
[1] 2
[1] 3
```

1行目のfor (i in 1:3)が「iを1,2,3と順番に変化させながら、中カッコ以下の処理を繰り返し実行する」という意味です。print(i)の実行結果が「1, 2, 3」と変化していますね。

もちろん中カッコの中にはprint(i)以外にも様々な処理を実装できます。似たような処理を何度も繰り返すというのがforループのココロです。これは後ほど具体例を挙げながら見ていきます。

3-2-4-2　インデックスの変化のさせ方

iの変化のパターンは自由に指定できます。例えば、以下のようにベクトルを直接指定しても構いません。

```
> for (i in c(5, 10, 23)){
+   print(i)
+ }
[1] 5
[1] 10
[1] 23
```

添え字はiが使われることが多いですが、jやkあるいはindexなど、自由に名前を付けることができます。

```
> for (index in c(5, 10, 23)){
+   print(index)
+ }
[1] 5
[1] 10
[1] 23
```

3-2-4-3 全く同じ処理を何度も繰り返す

forループの使用例を紹介します。例えば以下のコードはprint("hello")というまったく同じコードを3回繰り返して実行します。

```
> for (i in 1:3) {
+   print("hello")
+ }
[1] "hello"
[1] "hello"
[1] "hello"
```

3-2-4-4 forループによるベクトルの操作

応用編です。添え字を変えながら、ベクトルに対して計算を行います。

```
> # 添え字を変えて実行
> input <- c(5, 8, 9)
```

```
> output <- c(0, 0, 0)
> for (i in 1:length(input)) {
+   output[i] <- input[i] * 10
+ }
> output
[1] 50 80 90
```

上記のコードではinputで与えられたベクトルに10をかけたものをoutputに格納しています。「length(input)」でinputの要素数（今回は3）が取得できます。そのため「for (i in 1:length(input))」はiを「1,2,3」と変更させながら中カッコ内の処理を実行する、という指示になります。

中カッコの「output[i] <- input[i] * 10」は「inputのi番目の値に10をかけた結果を、outputのi番目に格納しなさい」という指示です。

input[1]の値は5です。output[1]には「5×10=50」が格納されます。

input[2]の値は8です。output[2]には「8×10=80」が格納されます。

input[3]の値は9です。output[3]には「9×10=90」が格納されます。

なかなか複雑なコードですね。実はというと、R言語では、上記のようなコードを書くことはほとんどありません。というのも、ベクトルに対して柔軟に計算ができるからです。forループを使うまでもなく、以下のような短いコードで同じ結果が得られます。

```
> output_2 <- input * 10
> output_2
[1] 50 80 90
```

forループは、他のプログラミング言語ではとても重要な構文です。しかし、Rではforループを使わなくても繰り返しの処理が簡単にできるので、登場する頻度は意外と少ないです。とはいえ、知らないで使わないのと、知っているうえであえて使わないのは別でしょう。forループが必要になることもあるので、繰り返し構文を理解しておくこと自体は有用だと思います。

★★★

3-2-5 whileによる繰り返し処理

ここでは2つ目の繰り返し構文としてwhileループを紹介します。forループとおよそ同じことができますが、実装の仕方が少し違います。

3-2-5-1 whileループの基本

まずは単純な使用例を確認します。

```
> # カウンター
> count <- 3
> # ループ
> while (count > 0) {
+   print(count)
+   count <- count - 1
+ }
[1] 3
[1] 2
[1] 1
```

whileには「繰り返し計算を続ける条件」を指定します。今回は「count > 0がTRUEである間だけ、中カッコの処理を繰り返し実行する」ことになります。中カッコにおいて「count <- count - 1」が大切なポイントです。countを1ずつ減らす処理を入れることで、3回目にcountが0となります。そうしたら繰り返し処理を抜けます。

うっかりプログラムを書き間違えると、無限に繰り返し処理を行ってしまうこともあります。そのときは、コンソールの右上に赤い「Stop」というボタンが出ているはずなので、それをクリックすれば強制終了できます。キーボードの「Esc」キーを押しても構いません。

3-2-5-2 whileループの応用例

whileの別の事例を見ていきます。少し複雑なコードを解読する練習だと思って読み進めてください。以下のコードでは「順番に値を確認していき、値が下落するタイミングの要素番号を調べる」ということをしています。

```
> # 値が下落するまで続ける
> prices <- c(100, 120, 110, 130, 150)
>
> index <- 1
> diff <- 0
> while (diff >= 0) {
+   diff <- prices[index + 1] - prices[index]
+   index <- index + 1
+ }
>
> index
[1] 3
```

pricesの3番目の要素で、値が下落していることがわかりました。以下では少し丁寧にコードを解読していきます。

繰り返し構文は初見だと理解するのが難しく感じることがあります。その場合は、ループを外してやり、1つずつindexを手作業で変化させながら、その結果を確認していくのが良いと思います。

まずは、繰り返しの第1回目の実行時の挙動を確認してみましょう。

```
> # 初期条件
> index <- 1
> diff <- 0
>
> # 初回実行時
> diff <- prices[index + 1] - prices[index]
> index <- index + 1
> diff
[1] 20
> index
[1] 2
```

indexは1、diffは0が初期値でした。このタイミングでwhileの中カッコの中のコードを実行すると、以下の処理が実行されるはずです。

diff ： pricesの2番目の値と1番目の値の差分値になる
　　　すなわちprices[2] - prices[1] = 120 - 100 = 20
index：値が1足される
　　　すなわち1 + 1 = 2

diffの値はプラスになっているので、2回目の繰り返し処理に移ります。

```
> diff <- prices[index + 1] - prices[index]
> index <- index + 1
> diff
[1] -10
> index
[1] 3
```

indexは2の状態でした。このタイミングでwhileの中カッコの中のコードを実行すると、以下の処理が実行されるはずです。

diff ： pricesの3番目の値と2番目の値の差分値になる
　　　すなわちprices[3] - prices[2] = 110 - 120 = -10
index：値が1足される
　　　すなわち2 + 1 = 3

ここでdiffがマイナスになりましたね。whileループの条件である「diff >= 0」が満たされなくなったので、ここで繰り返し処理が終了されます。そのため、最終的なindexは3とわかりました。3番目の値で、価格が下落したということです。

ちなみに、今回の実装には問題があります。1度も値が下落することのないprice（例えばprice <- 1:5など）を対象にすると、今回の実装ではエラーになります。エラーを防ぐためには、indexがpriceの範囲を超える場合に、ループを終了させる処理が必要です。ループを終了させる方法は、次節の解説が参考になるはずです。

★★☆

3-2-6 breakによる繰り返しの終了

break関数を使ってループを終了させる方法を解説します。

```
> input <- c(10, 25, 12)
> index <- 1
>
> while (TRUE) {
+   # indexがinputの範囲を超える場合ループを抜ける
+   if (index > length(input)) break()
+   print(input[index]) # inputのindex番目の要素を表示
+   index <- index + 1  # indexを1追加
+ }
[1] 10
[1] 25
[1] 12
```

注目してほしいのはwhile (TRUE)です。whileの条件が常にTRUEとなっているので、このままだと無限に繰り返し処理が実行されます。この無限ループと、breakという「ループを終了させる関数」を組み合わせたのが今回の実装です。

上記のコードではif (index > length(input))として「indexがinputの範囲を超える」場合にbreak関数によってループを終了させています。こうすることで、inputの中身を最後までprintした後、繰り返し処理を終えます。本当に無限ループに陥らないよう、注意しましょう。なお、break関数はforループでも同様に機能します。

MEMO

repeatによる繰り返し

while (TRUE)の代わりにrepeatを使うことでも、同様の繰り返し処理が実行できます。

★★☆

3-2-7 next による処理のスキップ

繰り返しを完全に終わらすのではなく、処理をスキップして次の処理に移る場合は next 関数を使います。以下のコードは「i が 3 に等しいときは、処理をスキップする」という実装例です。next 関数は while でも同様に機能します。

```
> for(i in 1:5){
+   if(i == 3) next()
+   print(i)
+ }
[1] 1
[1] 2
[1] 4
[1] 5
```

第3章 関数の作成と関数の活用

章のテーマ

この章では、関数を自分で作成する方法を解説します。関数を作ることで「似たようなコードを何度も実装する」という手間を減らすことができます。また、関数の作り方を学ぶことで、関数の使い方についても理解が深まるはずです。

章の概要

関数の作成の基本 → 出力の形式を工夫する → デフォルト引数 → エラーとワーニングの出力 → 例外処理 → 関数のスコープ

3-3-1　関数の作成の基本

整数の商を出力する int_division という関数を作ってみます。「%/%」は整数の商を計算する演算子です。

```
int_division <- function(x, y) {
  x %/% y
}
```

関数を作っただけだと、コンソールへの出力は基本的にありません。
関数の作り方を整理します。

1. function 関数を使う
2. 引数を指定する（今回は x と y の２つの引数）
3. 中カッコ内で、関数の処理を実装するなお、引数を1つも指定しない関数を作ることもできます。

実際に int_division 関数を使ってみましょう。小数点以下が切り捨てられた整数の商が出力されます。コンソールのみ記載します。

```
> int_division(6, 2)
[1] 3
> int_division(7, 2)
[1] 3
```

MEMO

return を使う方法

関数を作った際、中カッコ内の処理において、最後に実行された結果が出力されます。しかし明示的に「この結果を出力させたいです」と指定することもできます。return 関数を使います。

```
int_division_return <- function(x, y) {
  return(x %/% y)
}
```

結果は変わらないのでどちらを使っても良いでしょう。return を使わない実装の方をよく見るので、この本では return を使いません。

この本ではあまり登場しないとはいえ、「不適切な引数が渡されたので、適当な返り値を出力して、早くに関数を終了させたい」という場合などに、return を積極的に使うこともあります。

MEMO

中カッコを使わない方法

短い関数ならば、以下のように中カッコを省略できます。

```
int_division_simple <- function(x, y) x %/% y
```

MEMO

関数の上書きに注意

R では既存の関数を上書きできてしまいます。そのため、下記のコードを実行すると、もはや mean 関数を使っても平均値が計算できません。

```
> # mean関数を足し算に変更する
> mean <- function(data) sum(data)
> # mean関数を実行すると、足し算が行われる
> mean(1:3)
[1] 6
```

うっかりで関数を上書きしてしまった場合は、RStudio を再起動するか、以下のように rm 関数を使って、自作関数を削除しましょう。

```
> # オブジェクトの削除
> rm(mean)
> # もとに戻る
> mean(1:3)
[1] 2
```

3-3-2　出力の形式を工夫する

単に整数の商を出力するだけだとつまらないですね。この節では出力の形式を工夫して、関数を改造します。

3-3-2-1　複数の結果をまとめて出力する

商と余りを両方とも出力できるように関数を修正します。2つ以上の結果を出力する場合は、list にまとめるのが簡単な方法です。

```
int_division_2 <- function(x, y) {
  quotient <- x %/% y  # 商
```

```
  remainder <- x %% y  # 余り

  # 結果をlistにまとめて出力
  list(quotient = quotient, remainder = remainder)
}
```

実際にint_division_2関数を使ってみましょう。商がquotientに、あまりがremainderになります。コンソールのみ記載します。

```
> int_division_2(6, 2)
$quotient
[1] 3
$remainder
[1] 0

> int_division_2(7, 2)
$quotient
[1] 3
$remainder
[1] 1
```

3-3-2-2 invisible関数を用いた結果の隠蔽

先ほどの結果でも問題ないのですが、コンソールの出力が少々そっけないです。計算式・商・余りが一目でわかるようにコンソールに出力させます。そのうえで、今までの出力（$quotient以下の結果）はコンソールに出力させないように修正します。

```
int_division_3 <- function(x, y) {
  quotient <- x %/% y  # 商
  remainder <- x %% y  # 余り

  # 割り算の計算結果をコンソールに出力
  print(
    sprintf(
      "%s ÷ %s の結果は、商が%sで余りが%sです",
      x, y, quotient, remainder
```

```
    )
  )

  # 結果のlistはコンソールに出力させない
  invisible(list(quotient = quotient, remainder = remainder))
}
```

ポイントは２つあります。

１つはprint関数を使って標準出力（今回はコンソール）に、人間が理解しやすい形式で結果を出力させていることです。結果の整形にはsprintf関数を使いました（2-7-12節参照）。

２つ目のポイントはinvisible関数です。invisible関数を使うことで、結果のlistを標準出力に出さないようにしました。

実際にint_division_3関数を使ってみましょう。

```
> int_division_3(6, 2)
[1] "6 ÷ 2 の結果は、商が3で余りが0です"
> int_division_3(7, 2)
[1] "7 ÷ 2 の結果は、商が3で余りが1です"
```

返り値であるlistの中身を確認したいこともあります。その場合は丸カッコで関数を囲うか、関数の出力を別途格納し、その結果を出力すればよいです。

```
> # 関数を丸カッコで囲う
> (int_division_3(7, 2))
[1] "7 ÷ 2 の結果は、商が3で余りが1です"
$quotient
[1] 3
$remainder
[1] 1

> # 結果のリストを格納
> result <- int_division_3(7, 2)
[1] "7 ÷ 2 の結果は、商が3で余りが1です"
```

```
> result
$quotient
[1] 3
$remainder
[1] 1
```

result にはあくまでも、最後の処理である list の中身だけが格納されていることに注意してください。print の結果は格納されません。

3-3-3　デフォルト引数

先ほどの result <- int_division_3(7, 2) というコードにおいて、１つ気になることがあります。商と余りを result に格納する場合は、コンソールに計算結果を出力する必要性はないはずです。そこで trace という追加の引数を用意して、「trace が TRUE のときのみ」print 関数を実行し、計算結果をコンソールに出力させるように修正します。

さらに trace を引数に指定しなかった場合は、デフォルトで結果をコンソールに出力させるようにします。このときに使う技術が**デフォルト引数**です。デフォルトとは初期設定という意味です。

```
int_division_4 <- function(x, y, trace = TRUE) {
  quotient <- x %/% y  # 商
  remainder <- x %% y  # 余り

  # trace = TRUEのときのみ、
  # 割り算の計算結果をコンソールに出力
  if (trace) {
    print(
      sprintf(
        "%s ÷ %s の結果は、商が%sで余りが%sです",
        x, y, quotient, remainder
      )
    )
  }
```

```
  # 結果のlistはコンソールに出力させない
  invisible(list(quotient = quotient, remainder = remainder))
}
```

引数の設定としてfunction(x, y, trace = TRUE)とすることで、引数traceは「デフォルトでTRUE」となります。if (trace) となっているので、traceがTRUEのときにはprint関数が実行されるようになっています。

実際にint_division_4関数を使ってみましょう。

```
> result_1 <- int_division_4(7, 2)
[1] "7 ÷ 2 の結果は、商が3で余りが1です"
> result_2 <- int_division_4(7, 2, trace = FALSE)
> result_3 <- int_division_4(7, 2, trace = TRUE)
[1] "7 ÷ 2 の結果は、商が3で余りが1です"
```

traceを指定しなければ、デフォルトのままなのでtraceはTRUEとなり、計算結果がコンソールに出力されます。引数にtrace = FALSEと指定したときのみ、計算結果がコンソールに出力されなくなります。引数にtrace = TRUEと指定したときは、当然ですがコンソールに結果が出力されます。

Rがもともと用意してくれている関数でも、デフォルト引数はしばしば用いられています。例えばlog関数のヘルプを参照すると、Usageにlog(x, base = exp(1))という記載があるはずです。対数の底は、指定をしない限りネイピア数eとなることがわかります。

3-3-4 エラーとワーニングの出力

関数の実行時に、**エラー**や**ワーニング**、あるいは何らかの情報を出力したいことがあります。その方法を解説します。整数の商と余りを計算する関数を以下のように修正します。赤色の網掛けが、追記された箇所です。

```
int_division_5 <- function(x, y, trace = TRUE) {
  # メッセージ
  message("■処理が開始されました■")

  if (x <= y) {
    # エラーを出力して処理を終了
    stop("「割る数」よりも大きな「割られる数」を指定してください！")
  }

  if (y == 0) {
    # ワーニングを出力して処理を続行
    warning("割る数が0なので、商はInfになります")
  }
  quotient <- x %/% y  # 商
  remainder <- x %% y  # 余り

  # trace = TRUEのときのみ、
  # 割り算の計算結果をコンソールに出力
  if (trace) {
    print(
      sprintf(
        "%s ÷ %s の結果は、商が%sで余りが%sです",
        x, y, quotient, remainder
      )
    )
  }

  # 結果のlistはコンソールに出力させない
  invisible(list(quotient = quotient, remainder = remainder))
}
```

message関数を使い、情報を出力します。stop関数を使い、エラーを発生させます。今回は「割られる数」xが「割る数」y以下のときにエラーとなるようにしました。warning関数を使うとワーニング（警告）を出力できます。今回は「割る数」yが０のときにワーニングを出すようにしました。

実際にint_division_5関数を使ってみましょう。何も問題ない場合にはmessageの出力とprint関数の出力のみです。

```
> # 作成した関数の実行例
> int_division_5(x = 7, y = 3)
■処理が開始されました■
[1] "7 ÷ 3 の結果は、商が2で余りが1です"
```

「割られる数」x よりも大きな「割る数」y を指定するとエラーになります。

```
> int_division_5(x = 7, y = 8)
■処理が開始されました■
Error in int_division_5(x = 7, y = 8) :
  「割る数」よりも大きな「割られる数」を指定してください！
```

「割る数」y に０を指定するとワーニングとなります。ワーニングの場合は、警告は出るものの、処理は最後まで実行されます。

```
> int_division_5(x = 7, y = 0)
■処理が開始されました■
[1] "7 ÷ 0 の結果は、商がInfで余りがNaNです"
Warning message:
In int_division_5(x = 7, y = 0) : 割る数が0なので、商はInfになります
```

なお、関数の引数のチェックをする場合は stopifnot 関数なども使われます。他にも、引数が指定されているかどうかをチェックする missing 関数や、引数の値を特定の値に制限する match.arg 関数などが活用できます。

3-3-5　例外処理

この節では、エラーが発生したときの取り扱いを解説します。

3-3-5-1　繰り返し処理においてエラーが発生した場合

エラーが出ると、例えば繰り返し処理などは、エラーが出たタイミングで終了されます。

```
> # 計算の対象となるベクトル
> a <- c(7, 7, 7, 7)
> b <- c(3, 0, 8, 4)
> # エラーが出ると、処理が終了される
> for (i in 1:length(a)) {
+   int_division_5(a[i], b[i])
+ }
■処理が開始されました■
[1] "7 ÷ 3 の結果は、商が2で余りが1です"
■処理が開始されました■
[1] "7 ÷ 0 の結果は、商がInfで余りがNaNです"
■処理が開始されました■
Error in int_division_5(a[i], b[i]) :
  「割る数」よりも大きな「割られる数」を指定してください！
In addition: Warning message:
In int_division_5(a[i], b[i]) : 割る数が0なので、商はInfになります
```

「割られる数」がaで、「割る数」がbです。aよりもbが大きくなるとint_division_5はエラーを出力するのでした。そのため、本来ならば4回の繰り返しが実行されるはずでしたが、最後の1回は実行されていません。

3-3-5-2 try関数を使ったエラーへの対処

エラーが出ても最後まで処理を続けたいときはtry関数を使います。

```
> # 最後まで処理が繰り返される
> for (i in 1:length(a)) {
+   try(int_division_5(a[i], b[i]))
+ }
■処理が開始されました■
[1] "7 ÷ 3 の結果は、商が2で余りが1です"
■処理が開始されました■
[1] "7 ÷ 0 の結果は、商がInfで余りがNaNです"
■処理が開始されました■
Error in int_division_5(a[i], b[i]) :
  「割る数」よりも大きな「割られる数」を指定してください！
In addition: Warning message:
In int_division_5(a[i], b[i]) : 割る数が0なので、商はInfになります
```

```
■処理が開始されました■
[1] "7 ÷ 4 の結果は、商が1で余りが3です"
```

最後まで処理が実行されました。

3-3-5-3　tryCatch 関数を使ったエラーへの対処

エラーやワーニングが出たときの処理を個別に実装できます。tryCatch 関数を使います。

```
> # エラーが出たときの処理を追加
> for (i in 1:length(a)) {
+   tryCatch(
+     expr = {                    # エラーが出るかもしれない処理
+       int_division_5(a[i], b[i])
+     },
+     error = function(e) {       # エラーが出たときの処理
+       message("以下の問題が発生しました")
+       message(e)
+       message("¥n次の処理を続行します")
+     },
+     warning = function(w) {     # ワーニングが出たときの処理
+       message("以下のワーニングが発生しました")
+       message(w)
+       message("¥n次の処理を続行します")
+     },
+     finally = {                 # 常に実行される処理
+       message("処理が終了されました")
+     }
+   )
+ }
■処理が開始されました■
[1] "7 ÷ 3 の結果は、商が2で余りが1です"
処理が終了されました
■処理が開始されました■
以下のワーニングが発生しました
割る数が0なので、商はInfになります
次の処理を続行します
処理が終了されました
```

```
■処理が開始されました■
以下の問題が発生しました
「割る数」よりも大きな「割られる数」を指定してください！
次の処理を続行します
処理が終了されました
■処理が開始されました■
[1] "7 ÷ 4 の結果は、商が1で余りが3です"
処理が終了されました
```

tryCatchにおいて、引数exprに「エラーが出るかもしれない処理」を記述します。今回はint_division_5の実行処理ですね。

エラーが出たときの処理は引数errorに、ワーニングが出たときの処理は引数warningに実装します。今回はメッセージを表示するだけにしました。なお「¥n」は改行を表す正規表現です。

エラーの有無にかかわらず、常に実行される処理を、引数finallyに指定します。今回はメッセージを表示するだけにしました。

3-3-6 関数のスコープ

関数のスコープについて理解すると、「変数や関数を参照する範囲」を知ることができます。

3-3-6-1 関数のスコープの基本

以下のsample_fancでは、「関数の中」でxを定義したうえで、それを出力しています。

```
sample_fanc <- function() {
  x <- 3
  x
}
```

さて、sample_fancを実行する前に「関数の外」でxに5を代入した場合、

sample_fanc の出力はどのようになるでしょうか。コンソールのみ記載します。

```
> # 関数の外でxを定義
> x <- 5
> # 関数を実行
> sample_fanc()
[1] 3
```

「関数の外側」で x <- 5 が実行されても、その影響は受けていません。また「関数の内側」で x <- 3 が実行されても、関数の外側にある x には何の影響も及ぼしません。これが原則です。

```
> # 関数の外側xの値は変化しない
> x
[1] 5
```

3-3-6-2　スーパーアサインメント演算子

もし「関数の内側」での変更の結果を「関数の外側」に書き込みたい場合は、**スーパーアサインメント演算子**「<<-」を使います。

```
sample_func_2 <- function() {
  x <<-  3
  x
}
```

sample_fanc と同じように「関数の外側」で x に 5 を代入してから sample_func_2 を実行します。

```
> # 関数の外側でxを作成
> x <- 5
> # 関数を実行
> sample_func_2()
[1] 3
```

スーパーアサインメント演算子を使うと、「関数の外側」にある変数xの値が変化します。

```
> # xの値が変化する
> x
[1] 3
```

ただし、スーパーアサインメント演算子を使いすぎると、どこで変数が変化したのかがわかりにくくなってしまいます。使いどころには注意してください。

3-3-6-3 関数の中で定義されていない変数を使用する例

関数の実行時、変数はまず「関数の内側」が参照されます。そのうえで「関数の内側」に対象となる変数や関数がなければ、「関数の外側」をさらに調べます。以下のsample_fanc_3では、「関数の内側」でxが定義されていません。

```
sample_func_3 <- function() {
  x
}
```

「関数の外側」でxに5を代入してからsample_fanc_3を実行します。コンソールのみ記載します。

```
> # 関数の外側でxを作成
> x <- 5
> # 関数を実行
> sample_func_3()
[1] 5
```

関数の実行時、「関数の内側」に対象となる変数や関数がなければ、「関数の外側」をさらに調べます。この流れは覚えておきましょう。ただし、スーパーアサインメント演算子など特別な処理を実装しない限り、「関数の外側」は参照するのみで、変更はされません。

なお、「関数の内側」や「関数の外側」という用語は、この本での造語です。「関数の内側」の変数を**ローカル変数**と呼びます。「関数の外側」について理解するためには、**環境**に対する理解が必要となり、この本で扱う範囲を超えてしまいます。興味のある読者はWickham (2016) などを参照してください。

第4章 関数の応用的な使い方

章のテーマ

Rにおいてしばしば用いられる関数、例えばlappy関数やoptim関数の使い方に習熟していただく目的で、いくつかの実装例を紹介します。

Rは関数型プログラミング言語（Functional Programing：FP）の特徴を有していると言われることがあります。この本では関数型プログラミングの哲学には立ち入りません。しかし、「関数を引数に取る」関数や、「関数が返り値となる」関数などがしばしば登場します。これを**高階関数**と呼びます。この章では、「関数を引数にとる関数」の使い方を紹介します。

章の概要

●高階関数の基本

lapply関数の復習 → 無名関数 → 数値微分の実装

●高階関数の利用

数値積分 → 関数が0になる点を調べる → optimizeによる最適化 → optimによる最適化

3-4-1　lapply関数の復習

今までに登場したlappy関数の使い方を復習します。

```
> # 対象となるデータ
> target <- list(
+   data_1 = 1:5,
+   data_2 = 11:14
+ )
> # データの確認
> target
```

```
$data_1
[1] 1 2 3 4 5
$data_2
[1] 11 12 13 14
> # データを対数変換する
> lapply(target, log)
$data_1
[1] 0.0000000 0.6931472 1.0986123 1.3862944 1.6094379
$data_2
[1] 2.397895 2.484907 2.564949 2.639057
```

lapply 関数は list 型のデータを対象として、任意の関数を適用する関数です。lapply(target, log) とすることで、対象データである target に対して、各々の要素に log 関数を適用した結果を返します。

ここで注目すべきポイントは、lapply 関数が、その引数に関数を取っていることです。「関数を引数に取る」関数を**汎関数**と呼びます。汎関数は、渡された数値に 1 を足した結果を返すような「数値を引数にして、数値を返す」関数とは使い方が異なります。初見だと、「関数を引数に取る」関数の使い方が理解しにくく感じられるかもしれません。この章では「関数を引数に取る」関数を中心に、その使い方を解説します。このような関数の使い方に慣れていただくことを目的としています。

3-4-2　無名関数

「関数を引数に取る」関数を使う際に有用なテクニックが**無名関数**です。無名関数とは、その名の通り名前のない関数です。名前のある関数と対比させると理解がしやすいはずです。

3-4-2-1　名前がついている関数

まずは名前がついている普通の関数を作成します。引数に 1 を足した結果を返す関数です。コンソールの出力のみ記載します。

```
> # 1を足す関数
> plus_one <- function(x) {
+   x + 1
+ }
```

list に格納されているデータに対してすべて 1 を足したいときは、lapply 関数の引数に、先ほど作った plus_one を指定すればよいです。

```
> # すべての値に1を足す
> lapply(target, plus_one)
$data_1
[1] 2 3 4 5 6
$data_2
[1] 12 13 14 15
```

3-4-2-2 無名関数

上記のコードでも問題ないのですが、たかが 1 を足すだけの処理に長いコードを書くのは面倒ですね。そこで登場するのが無名関数です。無名関数は plus_one <- function(x) というコードにおいて、plus_one <- を省略したものです。関数を別途用意せず、lapply 関数の中で無名関数を作成し、それを使用します。これなら 1 行で実装できます。

```
> # 無名関数の使用
> lapply(target, function(x) x + 1)
$data_1
[1] 2 3 4 5 6
$data_2
[1] 12 13 14 15
```

★★★

3-4-3　数値微分の実装

この節では**数値微分**をする関数を実装します。難しいと感じたら、飛ばしてもらって結構です。

3-4-3-1　微分の復習

実装する前に、微分の復習を簡単にします。

厳密な説明ではないでしょうが、微分は「傾き」を計算する作業です。「傾き」は以下の図のように計算します。

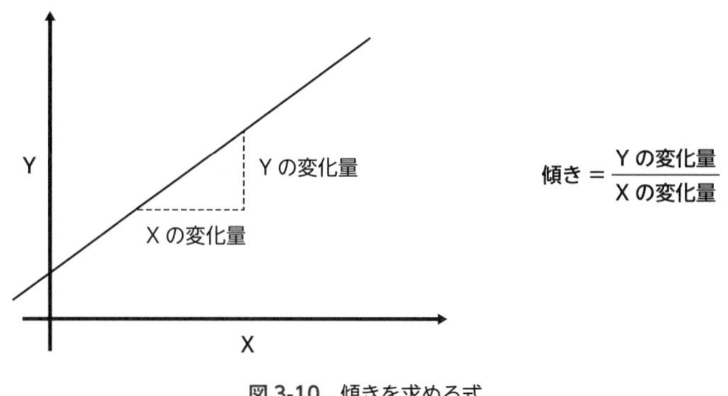

図 3-10　傾きを求める式

直線の場合には気軽に上記の公式を使えばよいのですが、例えば x^2 のような「まっすぐ」ではない関数の場合には工夫が必要です。その工夫が「x の変化量をとても小さくとること」です。x の変化量を h とおいたとき、以下の公式を覚えている方は多いのではないでしょうか。

$$f'(x) = \lim_{h \to 0} \frac{f(h + x) - f(x)}{h}$$

このようにして得られるものを微分係数といいます。微分係数を得る関数を導関数と呼びます。$f'(x)$ が導関数です。公式を使うと $f(x) = x^2$ のとき $f'(x)=2x$ になります。例えば $x = 3$ のときの微分係数は 6 となります。

3-4-3-2　数値微分を行う関数の作成

高校のときに習った微分の公式を使うことなく、微分係数を求めるのが今回のテーマです。数値微分では、x の変化量 h を例えば 0.00000001 のようにとても小さくします。こうすることで極限を取る計算をしなくても済みます。数値微分を行う関数 differential を作成します。

```
# 微分係数を返す関数
differential <- function(f, x, h = 1e-7) {
  (f(x + h) - f(x)) / h
}
```

引数 f は関数であることに注意してください。(f(x + h) - f(x)) / h が微分の公式に当たる箇所ですね。極限を取る代わりに 10 のマイナス 7 乗を意味する「1e-7」というとても小さな h を使っています。

3-4-3-3　数値微分の実行

実際に differential 関数を使って微分係数を計算してみましょう。

まずは微分の対象となる関数 target_func を用意します。$f(x) = x^2$ という関数とします。$x = 3$ のときの微分係数を計算します。

```
> # 微分したい関数
> target_func <- function(x) {
+   x ^ 2
+ }
>
> # x=3の時の微分係数を求める
> differential(f = target_func, x = 3)
[1] 6
```

公式通りに計算した結果と一致しました。なお、今回は問題ありませんでしたが、数値微分は計算誤差が入ることがあるので注意しましょう。今回作成した数値微分をする関数は、あくまでも勉強用のコードとなります。

3-4-4　integrate による数値積分

ここからは、R が提供してくれているさまざまな汎関数とその使い方を紹介します。この節では**数値積分**を行います。

3-4-4-1　integrate による数値積分

対象となる関数を $f(x) = x^2$ としたとき、これを 0 から 1 の間で積分します。積分の公式を使うと、以下のように 0.333... という結果になるはずです

$$\int_0^1 x^2\,dx = \left[\frac{1}{3}x^3\right]_0^1 = \frac{1}{3} - 0 = 0.3333\,...$$

積分の公式を使わなくても、integrate 関数を使うことで定積分の結果が得られます。コンソールの出力のみ記載します。

```
> # target_funcを0から1の間で積分
> integrate(f = target_func, lower = 0, upper = 1)
0.3333333 with absolute error < 3.7e-15
```

integrate 関数には、lower と upper で積分の範囲を指定します。そして f = target_func として関数を引数に指定します。

3-4-4-2　無名関数を使う例

つづいて $f(x) = x^3$ としたとき、これを 0 から 1 の間で積分します。積分の公式を使うと、以下のように 0.25 という結果になるはずです。

$$\int_0^1 x^3\,dx = \left[\frac{1}{4}x^4\right]_0^1 = \frac{1}{4} - 0 = 0.25$$

今回は、無名関数を使って実装してみます。

```
> # 無名関数を0から1の間で積分
> integrate(
+   f = function(x) x ^ 3,
+   lower = 0,
+   upper = 1
+ )
0.25 with absolute error < 2.8e-15
```

3-4-5 uniroot を使って関数が 0 になる点を調べる

ある関数 $f(x)$ が0になるときの x の値を調べます。このときの x を**方程式の根**と呼びます。

3-4-5-1 対象となる関数の作成

今回は $f(x) = x^3 - 8$ を対象とします。まずは関数を作成します。

```
# 0になる点を調べたい関数
target_func_2 <- function(x) {
  x ^ 3 - 8
}
```

上記の関数を、折れ線グラフを使って可視化します。abline 関数は直線を引く関数です。h = 0 とすると、高さが0の水平な線を引きます。v = 0 とすると、横軸の値が0のところに垂直の線を引きます。lwd = 2 とすると、線が少し太くなります。

```
# 関数の可視化
x <- seq(from = -2, to = 3, by = 0.01)
y <- target_func_2(x)
plot(y ~ x, type = "l")
abline(h = 0, v = 0, lwd = 2)
```

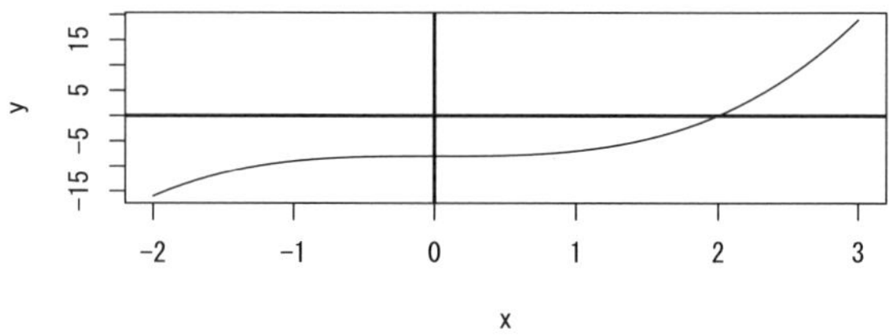

図 3-11　関数が 0 になる点を調べる

3-4-5-2　uniroot による方程式の根の計算

図 3-11 を見ると、$x = 2$ のときに $f(x) = 0$ となっていそうに見えます。これを確認します。uniroot 関数を使います。

```
> # 0になる点を調べる
> uniroot(f = target_func_2, interval = c(-2, 3))
$root
[1] 2
$f.root
[1] -1.46768e-06
$iter
[1] 8
$init.it
[1] NA
$estim.prec
[1] 6.103516e-05
```

uniroot 関数には、対象となる関数 f と、探索する範囲 interval を指定します。出力における $root が $f(x) = 0$ となるときの x です。

3-4-5-3　無名関数を使う例

無名関数を使うと、以下のように実装できます。まったく同じ結果が得られるので、コンソールの出力は省略します。

```
uniroot(f = function(x) x ^ 3 - 8, interval = c(-2, 3))
```

MEMO

多項式の根を求める

高階関数ではありませんが、多項式の根を求める際には polyroot 関数を使います。polyroot 関数には、引数として、x の 0 乗から、1 乗、2 乗、3 乗、4 乗……の係数をベクトルで指定します。$f(x) = x^3-8$ の根を求めた結果は以下の通りです。虚数解も出力されていますが、実数値の解は uniroot の結果と一致しました。

```
> # 参考：多項式の根を求める
> # f(x) = -8*x^0 + 0*x^1 + 0*x^2 + 1*x^3
> polyroot(c(-8, 0, 0, 1))
[1]  2-0.000000i -1+1.732051i -1-1.732051i
```

3-4-6 optimize による最適化

関数 $f(x)$ が最大あるいは最小になるときの x を求めます。

3-4-6-1 対象となる関数の作成

今回は $f(x) = -x^2+4x+3$ の最大値を取るときの x を求めます。まずは関数を作成します。

```
target_func_3 <- function(x) {
  -1 * x ^ 2 + 4 * x + 3
}
```

上記の関数を、折れ線グラフを使って可視化します。

```
# 関数の可視化
x <- seq(from = -2, to = 5, by = 0.01)
y <- target_func_3(x)
plot(y ~ x, type = "l")
abline(h = 0, v = 0, lwd = 2)
```

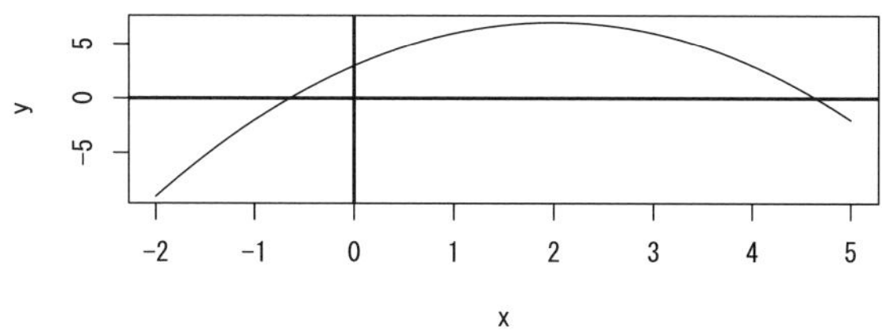

図 3-12　関数が最大になる点を調べる

3-4-6-2　optimize による最適化

図 3-12 を見ると、$x = 2$ のときに $f(x)$ が最大になっていそうに見えます。これを確認します。optimize 関数を使います。

```
> # 関数の値を最大化する点を調べる
> optimize(
+   f = target_func_3,
+   interval = c(0, 5),
+   maximum = TRUE
+ )
$maximum
[1] 2
$objective
[1] 7
```

optimize 関数には、対象となる関数 f と、探索する範囲 interval を指定します。最大になる点を探す場合は maximum = TRUE とします。デフォルトは FALSE です。

結果、$maximum が2なので、$x = 2$ のときに $f(x)$ は最大値をとることがわかりました。$objective が7なので、そのときの最大値は7です。

3-4-6-3 無名関数を使う例

無名関数を使うと、以下のように実装できます。まったく同じ結果が得られるので、コンソールの出力は省略します。

```
optimize(
  f = function(x) -1 * x ^ 2 + 4 * x + 3,
  interval = c(0, 5),
  maximum = TRUE
)
```

3-4-7 optim による最適化

optimize 関数は1つの変数のみを変化させたときの最大（最小）を調べます。変数が2つ以上ある場合は optim 関数を使います。今回は単回帰分析における、切片と傾きの値を計算してみます。以下の単回帰モデルを推定します。

$$y = 切片 + 傾き \times x + 誤差$$

3-4-7-1 対象となる関数の作成

単回帰分析では、残差平方和を最小にするパラメータを採用します。そこで、まずは残差平方和（Residual sum of squares:RSS）を計算する関数を作ります。

```
# 残差平方和を計算する関数
calc_rss <- function(pars) {
  y_hat <- pars[1] + pars[2] * x
  sum((y - y_hat) ^ 2)
}
```

optim 関数を使う場合は、変化させるパラメータをベクトルにまとめる必要があります。例えば「calc_rss <- function(a, b)」のように 2 つの引数を要する関数には適用できないので注意してください。パラメータのベクトル pars において、1 つ目の要素 pars[1] が切片で、2 つ目の要素 pars[2] が傾きです。

y_hat が「切片 + 傾き × x」で表される、y の推定値です。「実測値－推定値」すなわち「y - y_hat」が残差です。「(y - y_hat) ^ 2」の合計値を取得することで、残差平方和を得ています。

本筋ではありませんが、関数の中では x と y が定義されていないことに注意してください。この場合は「関数の外側」で定義された x と y が使用されます。この辺りは 3-3-6 節を参照してください。

データを読み込み、パラメータを指定して残差平方和を計算してみます。今回は親子の身長を記録した「2-1-1-height.csv」というデータを対象とします。

```
> # データの読み込み
> data_height <- read.csv("2-1-1-height.csv")
> head(data_height, n = 3)
  children parents
1    159.6   159.3
2    167.6   163.0
3    171.7   170.0
>
> x <- data_height$parents
> y <- data_height$children
>
> # 残差平方和の計算
> calc_rss(pars = c(100, 0.5))
[1] 2994.69
```

3-4-7-2　optim による最適化

残差平方和が最小になるパラメータを調べます。

```
> optim(
+   par = c(1, 1), # パラメータの初期値
+   fn = calc_rss  # 最小にしたい関数
+ )
$par
[1] 90.5762063  0.4581462
$value
[1] 266.968
$counts
function gradient
     129       NA
$convergence
[1] 0
$message
NULL
```

optim関数には、パラメータの初期値parと、最小にしたい関数fnを指定します。パラメータはparで指定された初期値からスタートして、値を少しずつ変化させながら、関数fnを最小にする点を探索します。出力における$convergenceが0になっていれば成功です。切片は90.5762063で傾きは0.4581462と求まりました。

上記の計算はlm関数を使って得られる結果とほぼ一致します。

```
> # lm関数を使って得られたパラメータと比較
> lm(y ~ x)

Call:
lm(formula = y ~ x)

Coefficients:
(Intercept)            x
    90.5770       0.4581
```

lm関数は、今回実装したコードより、もっと効率の良い計算が使われています。そのため実際の分析の際にはlm関数を使う方が良いでしょう。しかし、統計学や機械学習の手法の勉強のために、これらの最適化関数を使うのは良

いやりかただと思います。

MEMO

最適化のアルゴリズムの変更

　変数が複数あるときの最適化は難しい問題です。optim 関数において、引数 method を指定して、最適化のアルゴリズムを変えると、結果が改善されることがあります。例えば「method = "Nelder-Mead"」と指定すると Nelder-Mead 法が、「method = "BFGS"」と指定すると準ニュートン法の一種である BFGS 法が適用されます。

第 5 章 長いコードを書くときの工夫

章のテーマ

この章では、長いコードを書くときに気を付ける点を紹介します。小さなヒントにすぎない内容ですが、日々のコーディングを楽にする工夫を簡単に紹介します。

章の概要

上から順番に実行して動作するコードを書く
→ 読みやすいコードとコーディングルール
→ セクション区切りを入れる
→ ファイルの分割と source 関数による読み込み

3-5-1 上から順番に実行して動作するコードを書く

RStudio では、任意の行にカーソルを移動させてから「Ctrl + Enter」を押すとコードが実行されます。しかし、たとえ実行できたとしても、以下のようなコードを書くべきではありません。

```
# ダメな実装
x * 3
x <- 4
```

上記のコードは、上から順番に実行するとエラーになります。先に下の行にある `x <- 4` を実行してから、上の行の `x * 3` を実行する必要があります。長いコードで上記のような実装があると、コードを最後まで実行するだけでも一苦労です。このような実装は是非避けてください。

3-5-2　読みやすいコードとコーディングルール

理解がしやすい、読みやすいコードを書くことは大切です。読みやすいコードを書く工夫としてしばしば指摘されるのが以下の内容です

1. コメントを活用する
2. 理解しやすい変数名をつける
3. インデントを入れる

コメントに関しては第１部第２章で、変数名に関しては第２部第２章で取り上げました。最後の**インデント**について補足します。

インデントとは字下げという意味です。インデントが無いコードとインデントがあるコードの例を記載します。

```
# インデントがないコード
calc_absolute_value <- function(input) {
if (input < 0) {
input <- input * -1
}
print(input)
}

# インデントがあるコード
calc_absolute_value <- function(input) {
  if (input < 0) {
    input <- input * -1
  }
  print(input)
}
```

絶対値を計算して、その結果をコンソールに出力する関数です。インデントがあってもなくても正しく機能します。しかし、インデントを活用することで、中カッコで囲まれたブロックの範囲が明確になります。

オブジェクトの命名規則などは、**コーディングルール**あるいは**コーディングスタイル**というルールガイドに従うと統一感が出ます。さまざまなコーディングルールが提案されています。書籍『Advanced R』（日本語翻訳版は『R言語徹底解説』）のコーディングスタイルガイドなどを参照すると良いでしょう。英語版はWeb上から無料で閲覧できます。「URL: http://adv-r.had.co.nz/Style.html」。

3-5-3 セクション区切りを入れる

長いコードを書く場合は、ある程度まとまった機能ごとに**セクション区切り**を入れるのがおすすめです。コメントの末尾にハイフンやイコール記号、あるいはシャープ記号を4回以上連続させることで、セクションと認識されます。ハイフンを使うのがおすすめです。

```
# セクション- ----

# セクション= ====

# セクション# ####
```

RStudioでは「Ctrl + Shift + R」のショートカットキーで、セクションを挿入できます。

ハイフンのついたコメントでコードを区切ると、それだけで内容の区切りがわかりやすくなります。例えば「ライブラリ読み込みセクション」と「データ読み込みセクション」と「回帰分析の実行セクション」に分けていれば、コードはかなり理解しやすくなります。

また、RStudioでは「Alt + Shift + J」というショートカットを使うと、セクション間を自由に移動できます。

★★☆

3-5-4 ファイルの分割と source 関数による読み込み

1つのファイルに実装されたコードがあまりに長くなりすぎると、修正箇所や実行する箇所がわからなくなってしまいます。このようなときはファイルをいくつかに分割すると良いです。

しばしばみられるのが「データの読み込みや変換などの前処理を行うコード」と「実際に分析モデルを構築するコード」を分けることです。もちろんほかの分け方もあるでしょう。「自作した関数」などもほかのファイルに分けると見通しが良くなることがあります。

ファイルがたくさんあると扱いにくいので、例えば「CSV ファイルなどのデータを格納するフォルダ」と「分析のための R ファイルを格納するフォルダ」を分けることがあります。もちろん、さらに細かく分けることもできます。

ファイルを分けた、とても簡単な分析プロジェクトの事例を紹介します。まずはフォルダの構成です。「r_analysis」というフォルダにプロジェクトを作成したと考えます。

```
プロジェクトを作成したフォルダ (r_analysisフォルダ)
│      .Rhistory
│      r_analysis.Rproj
│
├── data
│      2-1-1-height.csv
│
└── main
       0-read-data.R
       1-explore.R
```

プロジェクト直下に data フォルダと main フォルダを作りました。data フォルダに CSV ファイルを配置して、main フォルダに２つの R ファイルを配置しました。

2つのRファイルは以下のようになっています。

● 0-read-data.R

```
# データの読み込み -----------------------------------------------

data_height <- read.csv("./data/2-1-1-height.csv")
```

● 1-explore.R

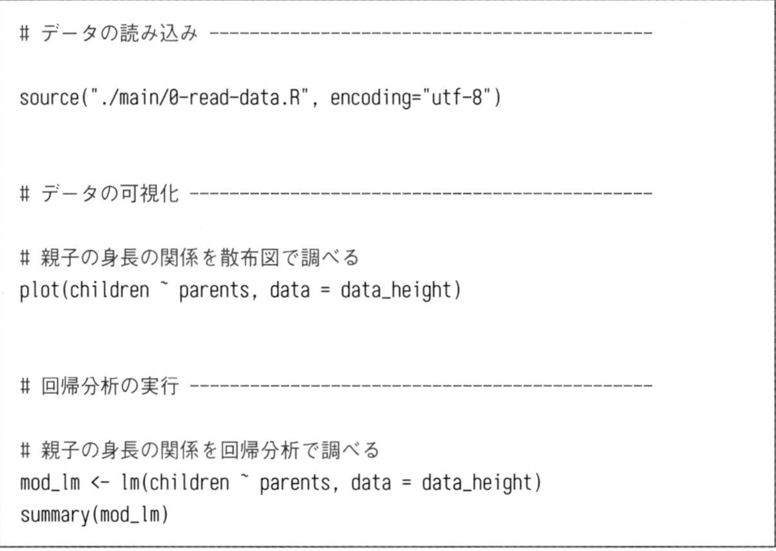

```
# データの読み込み -----------------------------------------------

source("./main/0-read-data.R", encoding="utf-8")


# データの可視化 -------------------------------------------------

# 親子の身長の関係を散布図で調べる
plot(children ~ parents, data = data_height)


# 回帰分析の実行 -------------------------------------------------

# 親子の身長の関係を回帰分析で調べる
mod_lm <- lm(children ~ parents, data = data_height)
summary(mod_lm)
```

今回は事例の紹介なので、コメントを除くと実質1行のコードしかありませんが、「0-read-data.R」は、本来ならばデータの変換処理など、長いコードが実装されているでしょう。

注意すべきポイントを簡単に解説します。

フォルダの構成にあわせなければ、ファイルの読み込みができません。「0-read-data.R」において "./data/2-1-1-height.csv" とすることで、「data フォルダにある 2-1-1-height.csv を読み込みます」という指定となります。相対パスの指定などについては 2-7-7 節も参照してください。

続いて「1-explore.R」において source 関数を使っているのが重要なポイン

トです。source関数を使ってRファイルを指定すると、指定されたRファイルが実行されます。そのため「0-read-data.R」ファイルに一切触れることなく、「1-explore.R」だけを使ってデータの読み込みができます。source関数で指定している文字コードは適宜変更してください。

実際に回帰分析を行う場合は、「1-explore.R」ファイルを開いて、その中のコードを上から順番に実行すればよいです。

第 4 部

【応用編】Tidyverse の活用

導入

→ 第 1 章　Tidyverse の基本

Tidyverse によるデータ処理

→ 第 2 章　パイプ演算子

→ 第 3 章　データの読み込み

→ 第 4 章　データの抽出・変換・集計

→ 第 5 章　日付の操作

→ 第 6 章　データの可視化

→ 第 7 章　データの整形と結合

第 1 章 Tidyverse の基本

章のテーマ

第 4 部では Tidyverse を活用したデータ分析の方法を解説します。第 1 章では、Tidyverse の概要を紹介します。

章の概要

Tidyverse とは何か → Tidyverse のマニフェスト
→ Tidyverse にかかわるパッケージ → Tidyverse のインストール
→ より深く学びたい方へ

4-1-1　Tidyverse とは何か

Tidyverse は、一言でいうと、データ分析に役立つパッケージの集まりです。R では豊富なパッケージが提供されています。その中でも Tidyverse と呼ばれるパッケージ群は、特に汎用性が高くて便利です。データの入出力や、集計処理、グラフ描画などを、統一的な構文で柔軟に実装できます。第 2 部で紹介した古典的な実装方法も悪くはないのですが、Tidyverse を使うことで、より効率的なプログラミングが可能となります。ぜひ Tidyverse を習得して、プログラミングの生産性を上げてください。

Tidyverse の Web サイト「URL: https://www.tidyverse.org/」によると、Tidyverse は、データサイエンス向けに設計された、R パッケージのコレクションであると紹介されています。これらのパッケージは、基礎となる設計思想や文法、およびデータ構造を共有しているのが特徴です。平たく言えば、Tidyverse は「複数の外部パッケージの集まり」であり、これらのパッケージは「データ分析に役立つ」ものであり、そして「パッケージ間で統一性が取れている」という特徴を持っています。

4-1-2　Tidyverse のマニフェスト

Tidyverse のコンセプトを、『The tidy tools manifesto』という Web ページ「URL: https://cran.r-project.org/web/packages/tidyverse/vignettes/manifesto.html」から引用して紹介します（日本語訳は松村他（2018）から引用。英語原文は省略）。

1. 再利用しやすいデータ構造を使う
2. 複雑なことを 1 つの関数で行うよりも、単純な関数を %>%（パイプ）演算子で組み合わせる
3. 関数型プログラミングを活用する
4. 人間にやさしいデザインにする

高度な考え方も含まれますが、この本では「Tidyverse の枠組みにあるパッケージの基本的な使い方」の解説を中心とします。

4-1-3　Tidyverse にかかわるパッケージ

Tidyverse にかかわるパッケージは多くあります。その中でも、この本では以下のパッケージについて、その使い方の概要を解説します。難しい用語もありますが、これらは順を追ってのちほど解説します。

- `magrittr`：パイプ演算子「`%>%`」などを提供する
- `tibble`：`data.frame` を使いやすくしたデータ構造を提供する
- `readr`：データの読み込みや書き込みを支援する
- `dplyr`：データ操作を支援する
- `lubridate`：日時の操作を支援する
- `hms`：時間の操作を支援する
- `ggplot2`：データの可視化を行う
- `tidyr`：整然データの作成を支援する

4-1-4 Tidyverse のインストール

Tidyverse に関連したパッケージをインストールすることで、Tidyverse の機能を使うことができます。あくまでもパッケージのインストールですので、RStudio 上で作業が終わります。

1つ1つパッケージをインストールするよりも簡単な方法があります。以下のコードを実行することで、Tidyverse にかかわるさまざまなパッケージをまとめてインストールできます。

```
install.packages("tidyverse")
```

パッケージをまとめて読み込む場合は以下のコードを実行します。conflict とコンソールに出力されることがありますが、無視して大丈夫です。

```
library(tidyverse)
```

なお、Tidyverse にかかわるパッケージを個別に読み込んでも構いません。また、一部のパッケージは上記の方法での一括読み込みができません。例えば magrittr パッケージなどは個別に読み込む必要があります。この本では、パッケージの名称を覚えてもらう意味も込めて、パッケージを個別に読み込むようにします。

4-1-5 より深く学びたい方へ

より深く学びたい読者のための参考文献をいくつか紹介します。

1つが Wickham(2017)『R for Data Science（日本語訳：R ではじめるデータサイエンス)』です。Tidyverse を用いたデータ分析に関して詳細に記載されています。英語版は Web 上で、無料で閲覧できます「URL: https://r4ds.had.co.nz/」。日本語の書籍としては松村他 (2018)『R ユーザーのための

RStudio[実践] 入門』などがあります。個別のパッケージに含まれる関数の詳細などは、パッケージごとのリファレンスマニュアルも参照してください。

Tidyverse の Web サイト「URL: https://www.tidyverse.org/」から個別のパッケージのリンク先に移ると「チートシート（Cheatsheet）という「頻繁に使う機能だけを集めた便利なリファレンス」が提供されています。こちらを参考にしてもよいでしょう。

第 2 章 パイプ演算子

章のテーマ

R 言語のプログラミングを短く簡潔に書くことができる機能であるパイプ演算子の使い方を解説します。データ処理の“流れ”が一目でわかる記法です。

この章では以下のようにパッケージが読み込まれていることを前提とします。必要に応じて install.packages 関数を使ってパッケージをインストールして下さい。

```
library(magrittr)
```

章の概要

●パイプ演算子の基本

パイプ演算子を使ってみる → 相対度数と累積相対度数を得る → 引数の与え方

● magrittr パッケージのその他の機能の紹介

tee 演算子 → exposition パイプ演算子 → 複合割り当てパイプ演算子

4-2-1　パイプ演算子を使ってみる

パイプ演算子は magrittr パッケージなどで提供される演算子です。パイプ演算子だけならば、第 4 部第 4 章で解説する dplyr パッケージなどでも提供されています。magrittr パッケージを読み込むと、tee 演算子などの様々な機能もあわせて使えます。これらの演算子は単なるパッケージが提供する機能という枠組みを超えて、R での分析を行う際に頻繁に用いられます。慣れてしまえば、とても効率よくコードを書くことができます。

パイプ演算子を使って、３日間の平均気温を計算してみます。

```
temperature <- c(20, 19, 23)
temperature %>% mean()
```

コンソールの出力は以下の通りです。

```
> temperature <- c(20, 19, 23)
> temperature %>% mean()
[1] 20.66667
```

２行目に注目してください。「%>%」がパイプ演算子です。Windowsでは「Ctrl + Shift + M」というショートカットキーを使うことで挿入できます。RStudioで最も多く使うショートカットキーの一つといえるでしょう。

パイプ演算子を使ったコード（左側）と使わないコード（右側）を比較します。

```
temperature <- c(20, 19, 23)
temperature %>% mean()
```

```
temperature <- c(20, 19, 23)
mean(temperature)
```

mean関数の引数を、カッコの中に入れるのではなく、パイプ演算子の左側に指定します。使い方の基本はこれだけです。

4-2-2　相対度数と累積相対度数を得る

平均値を計算するだけの事例ですと、パイプ演算子を使うことでコードが長くなってしまい、余計に書きづらくなったように感じられます。パイプ演算子は、処理を連続して実行させるときに真価を発揮します。

パイプ演算子を使うことで、オブジェクトをたくさん作るのをやめること、そして、関数の入れ子の構造をなくすことができます。事例を挙げて解説します。

4-2-2-1 相対度数を得るための様々な実装

2-9-6 節で紹介した、相対度数を得るコードを対象とします。「2-9-6-favorite-food.csv」は、「魚・肉・野菜」の 3 種類で好きな食べ物のアンケートをとり、男女別で記録したデータです（詳しくは 2-9-2 節）。データを読み込んだうえで、性別の情報は無視して、好きな食べ物のアンケート結果のみを抽出し、target_data という名称で格納しておきます。

```
favorite_food <- read.csv("2-9-6-favorite-food.csv")
target_data <- favorite_food$favorite_food
target_data
```

コンソールの出力は以下の通りです。

```
> favorite_food <- read.csv("2-9-6-favorite-food.csv")
> target_data <- favorite_food$favorite_food
> target_data
 [1] fish       fish       vegetables fish       vegetables
 [6] fish       meat       fish       meat       vegetables
[11] meat       meat       meat       fish       meat
[16] fish
Levels: fish meat vegetables
```

まずは一切の工夫をせずに、2-9-6 節の方法で相対度数を求めます。まずは度数を求めます。元のデータを集計して、「魚が好きな人数」と「肉が好きな人数」と「野菜が好きな人数」を得ると、以下のような結果になります。コンソールのみ記載します。

```
> freq <- table(target_data)
> freq
target_data
      fish       meat vegetadbles
         7          6           3
```

freqを引数にしてprop.table関数を適用することで、相対度数を得ます。全体の43.75%の人が魚好きであることがわかります。

```
> prop.table(freq)
target_data
      fish       meat vegetables
    0.4375     0.3750     0.1875
```

重要なコードのみを取り出したものが下記となります。

```
freq <- table(target_data)
prop.table(freq)
```

1行目でtable関数を使って度数freqを得ます。そして、2行目でfreqを引数にしてprop.table関数を適用することで、相対度数を得ます。

ここで気になるのは、中間に登場する度数freqです。相対度数が必要で、度数そのものは不要という場合、freqは不要となります。使わないものを残しておくのは無駄であるように思います。

中間でのみ使われるfreqを作成しない方法として、以下のコードが考えられます。

```
prop.table(table(target_data))
```

prop.table関数の中でtable関数を実行させました。これでも動作はするのですが、2個も3個もカッコが入れ子になると、とても理解がしにくいコードになってしまいます。

そこで登場するのがパイプ演算子です。パイプ演算子を使って、コードを修正します。

```
target_data %>% table() %>% prop.table()
```

不要な freq というオブジェクトを生成しなくて済みました。またコードの可読性も高いです。下記の流れが一目でわかりますね。

対象データ：target_data
第 1 段階　：table 関数を適用
第 2 段階　：prop.table 関数を適用

4-2-2-2 パイプ演算子を活用した累積相対度数の計算

パイプをさらに伸ばすこともできます。累積相対度数を得るコードは以下のようになります。

```
target_data %>% table() %>% prop.table() %>% cumsum()
```

コンソールの出力は以下の通りです。

```
> target_data %>% table() %>% prop.table() %>% cumsum()
      fish       meat vegetables
    0.4375     0.8125     1.0000
```

まるでパイプの中をデータが流れていくようです。パイプ演算子を使うことで、複数の処理を連結できました。

パイプ演算子をあまりにも長くつなげると、逆に可読性が下がることがあります。この場合は、パイプの流れをいくつかに分割したり、以下のように行を変えてパイプをつなげたりすると良いでしょう。

```
target_data %>%
  table() %>%
  prop.table() %>%
  cumsum()
```

4-2-3 引数の与え方

パイプ演算子の左側の結果は、右側の関数における第一引数に渡されます。右側の関数において、第二引数以下を別途指定することもできます。

2-1-1-height.csv は、親子の身長を記録したデータです。このデータを読み込み、最初の３行を出力するコードは以下の通りです。

```
data_height <- read.csv("2-1-1-height.csv")
data_height %>% head(n = 3)
```

コンソールの出力は以下の通りです。

```
> data_height <- read.csv("2-1-1-height.csv")
> data_height %>% head(n = 3)
  children parents
1    159.6   159.3
2    167.6   163.0
3    171.7   170.0
```

２行目のコードは「head(data_height, n = 3)」としても同じ結果が得られます。head 関数の第一引数に data_height が渡されていることがわかります。そして第二引数として渡した n = 3 も正しく機能していることがわかります。

基本的にデータは右側の関数における第一引数に渡されます。しかし、それでは困ることもあります。任意の位置の引数に渡したい場合は、「ここに渡すよ」というマークとしてピリオド記号を使います。2-1-6 節のように、親子の身長データに対して回帰分析を適用するコードは以下のようになります。

```
data_height %>%
  lm(formula = children ~ parents, data = .) %>%
  summary()
```

第一引数はモデルの構造を指定する formula です。データは第二引数に渡す必要があります。この場合は「data = .」とピリオド記号を使います。これで 2-1-6 節と同じ結果を再現できます。コンソールの出力は以下の通りです。

```
> data_height %>%
+   lm(formula = children ~ parents, data = .) %>%
+   summary()
Call:
lm(formula = children ~ parents, data = .)

Residuals:
    Min      1Q  Median      3Q     Max
-11.677  -3.148   1.236   3.016   6.417
・・・以下略
```

4-2-4 tee 演算子

この節からは magrittr パッケージが提供する、パイプ演算子以外の機能の紹介をします。

4-2-4-1 パイプ演算子の課題

パイプ演算子は、左側の関数の結果を右側にそのまま伝えます。しかし、それが不要であることもあります。具体的にはグラフを描く場合です。パイプの中でグラフを描くと、想定しない結果が得られることがあります。例えば以下のコードが参考になるでしょう。

```
> result_1 <- target_data %>%
+   table() %>%
+   barplot()
> # 結果の出力
> result_1
     [,1]
[1,]  0.7
[2,]  1.9
```

```
[3,]  3.1
```

上記のコードを実行すると（結果は省略しますが）グラフは正しく描かれます。しかし、result_1 の中身がおかしいです。table 関数を適用したので度数のデータが格納されていてほしいのですが、よくわからない数値になっていますね。この数値は、棒グラフの位置を表しています。barplot 関数の出力を result_1 に格納してしまっていたわけです。これが好ましくないこともあるでしょう。

4-2-4-2　tee 演算子の活用

tee 演算子「%T>%」を使うことで、この問題を回避できます。%T>% を使うと、この演算子の直後の出力は使用されなくなります。table 関数で得られた度数の値が格納されるようになりました。

```
> result_2 <- target_data %>%
+   table() %T>%
+   barplot()
> # 結果の出力
> result_2
.
     fish       meat vegetables
        7          6          3
```

もちろん tee 演算子の後にパイプをつなげることもできます。以下のコードを実行すると、度数の棒グラフが描かれたうえで、相対度数を result_3 に格納できます。

```
> result_3 <- target_data %>%
+   table() %T>%
+   barplot() %>%
+   prop.table()
> # 結果の出力
> result_3
.
```

```
     fish       meat vegetables
   0.4375     0.3750     0.1875
```

4-2-5 exposition パイプ演算子

例えばデータフレームを対象とする場合、データフレーム全体ではなく、特定の列のみを対象に取りたいこともあります。そのときは **exposition パイプ演算子**を使うのが簡単です。

4-2-5-1 exposition パイプ演算子の基本

分析対象となるデータを読み込みます。コンソールのみ記載します。

```
> sales_meat <- read.csv("2-9-4-sales-meat.csv")
> sales_meat %>% head(n = 3)
  category sales
1     beef  35.6
2     beef  47.8
3     beef  32.5
```

sales_meat データにおいて、sales 列のみを抽出するときには $ 記号を使うのでした。

```
> sales_meat$sales
 [1] 35.6 47.8 32.5 68.9 49.9 32.7 52.3 56.1 35.8 26.9 45.1
[12] 33.9 23.8  7.9 41.2 29.6
```

この代わりに exposition パイプ演算子 %$% を使うことができます。

```
> sales_meat %$% sales
 [1] 35.6 47.8 32.5 68.9 49.9 32.7 52.3 56.1 35.8 26.9 45.1
[12] 33.9 23.8  7.9 41.2 29.6
```

上記の事例だとそのご利益がわかりにくいかもしれません。やはり、複雑な処理をする際に効果を発揮します。

4-2-5-2　expositionパイプ演算子の活用

categoryごとに売り上げの平均値を計算するコードを、ドル記号を使って実装すると、以下のようになります。ドル記号を何度も使う必要があるのが、少々不満です。

```
> tapply(sales_meat$sales, sales_meat$category, mean)
  beef   pork
46.975 30.525
```

expositionパイプ演算子を使うことで、上記のコードは以下のように簡潔になります。

```
> sales_meat %$% tapply(sales, category, mean)
  beef   pork
46.975 30.525
```

もちろん、この後さらにパイプをつなげていくこともできます。2-11-3節で作成した集計値のグラフは、以下のようにシンプルに実装できます。

```
sales_meat %$% tapply(sales, category, mean) %>% barplot()
```

4-2-6　複合割り当てパイプ演算子

2-10-2節において、データを標準化する方法を解説しました。もう一度復習しておきましょう。scale関数を使います。コンソールのみ記載します。

```
> sales_beef <- read.csv("2-9-1-sales-beef.csv")
> scale(sales_beef$beef)
             [,1]
[1,] -0.87866878
[2,]  0.05857792
[3,] -1.13641162
・・・以下略
```

scale 関数を使ってデータを変換した結果を保存する場合は、以下のようなコードになります。

```
> sales_beef$beef <- scale(sales_beef$beef)
> sales_beef %>% head(n = 3)
        beef
1 -0.87866878
2  0.05857792
3 -1.13641162
```

もちろんこの方法でも良いのですが、「<-」の左辺にも右辺にも sales_beef$beef が使われていて、冗長にも思えます。このようなときは**複合割り当てパイプ演算子**すなわち「%<>%」を使うことができます。

```
> sales_beef <- read.csv("2-9-1-sales-beef.csv")
> sales_beef$beef %<>% scale()
> sales_beef %>% head(n = 3)
        beef
1 -0.87866878
2  0.05857792
3 -1.13641162
```

複合割り当てパイプ演算子「%<>%」を使うと、左側に、右側の処理結果が代入されます。パイプラインの最初のパイプ記号の代わりに使うことができます。

第３章 データの読み込み

章のテーマ

この章では tibble パッケージを用いてデータを管理し、readr パッケージを用いてデータを読み込む方法を解説します。

この章では以下のようにパッケージが読み込まれていることを前提とします。必要に応じて install.packages 関数を使ってパッケージをインストールして下さい。

```
library(magrittr)
library(tibble)
library(readr)
```

magrittr は、パイプ演算子を提供するパッケージです。
tibble は data.frame を使いやすくしたデータ構造を提供するパッケージです。
readr は、データの読み込みや書き込みを支援するパッケージです。

章の概要

● tibble というデータの形式

data.frame と tibble

●データの読み込みと書き出し

readr パッケージによるデータの読み込み
→ データ型の変換 → 囲み文字と区切り文字の変更
→ クリップボードからのデータ読み込み → 文字コード
→ 欠損値の扱い → CSV ファイルの出力

4-3-1 data.frame と tibble

この章では tibble というデータの型を紹介します。tibble はほとんど data.frame と同様に扱うことができますが、わずかな違いがあります。

4-3-1-1 data.frame と tibble の作成

1 列目 x に「1 から 5 の数値」を持ち、2 列目 y に「a から e」までの小文字のアルファベットを格納した表形式のデータを作成します。letters は a から z までの小文字のアルファベットが格納されているベクトルです。

```
df_1  <- data.frame(x = 1:5, y = letters[1:5])
tbl_1 <- tibble(x = 1:5, y = letters[1:5])
```

df_1 は data.frame であり、tbl_1 は tibble という新しいデータ型を使ったものです。両者ともにほぼ同じ方法でデータを格納できます。

4-3-1-2 data.frame と tibble の違い

データの中身をコンソールに出力させます。

```
> df_1
  x y
1 1 a
2 2 b
3 3 c
4 4 d
5 5 e
> tbl_1
# A tibble: 5 x 2
      x y
  <int> <chr>
1     1 a
2     2 b
3     3 c
4     4 d
```

```
5     5 e
```

tibble関数を使って作成されたtbl_1は、data.frameと表示形式が少し変わっています。列名の下に、列のデータ型が出力されて、見やすくなっています。<int>はintegerの略称で整数値型です。<chr>はcharacterの略称で文字列型です。

tibbleはdata.frameが行っていた「余計なおせっかい」をしないことも特徴です。具体的には、「文字列を勝手にfactorに変換する」という処理をtibbleはしません。y列のデータ型を確認します。

```
> class(df_1$y)
[1] "factor"
> class(tbl_1$y)
[1] "character"
```

data.frameは、文字列を格納すると勝手にfactorに変換しますが、tibbleはcharacterのままとなっています。

4-3-1-3　data.frameをtibbleに変換する

data.frameをtibbleに変換する場合はas_tibble関数を使います。例えば、Rに組み込みのirisデータをtibbleに変換した結果は以下のようになります。<dbl>はdouble型、すなわち小数点以下も含む倍精度浮動小数点型を意味します。A tibble: 150 x 5と出力されていて、行数や列数が一目でわかるので便利です。

```
> iris %>% as_tibble()
# A tibble: 150 x 5
   Sepal.Length Sepal.Width Petal.Length Petal.Width
          <dbl>       <dbl>        <dbl>       <dbl>
 1          5.1         3.5          1.4         0.2
 2          4.9         3            1.4         0.2
 3          4.7         3.2          1.3         0.2
 4          4.6         3.1          1.5         0.2
```

```
 5         5         3.6       1.4       0.2
 6         5.4       3.9       1.7       0.4
 7         4.6       3.4       1.4       0.3
 8         5         3.4       1.5       0.2
 9         4.4       2.9       1.4       0.2
10         4.9       3.1       1.5       0.1
# ... with 140 more rows, and 1 more variable:
#   Species <fct>
```

4-3-1-4 tibble の出力に関する補足

iris データは、本来は 150 行 5 列あるデータですが、最初の 10 行と 4 列しか出力されていません。tibble はコンソールへの出力を見やすくするために、長すぎる行や列を省くことがあります。行や列をもっと多く表示させたい場合は、print 関数を適用し、その引数に n（行数）と width（テキストの文字数）を指定します。行数や文字数がわからないときは、少し大きめの数値を指定するとよいでしょう。結果は省略しますが、以下のコードを実行すると、150 行 5 列あるすべての iris データが出力されます。

```
iris %>% as_tibble() %>% print(n = 10000, width = 10000)
```

MEMO

tibble のそのほかの作成方法

tibble は、以下のように行ごとにデータを分けて入力できます。以下のコードの実行結果は tbl_1 と同じになります。

```
# 参考:tibbleの作成方法
tribble(
  ~x, ~y,
  1,  "a",
  2,  "b",
  3,  "c",
  4,  "d",
  5,  "f")
```

4-3-2 readr パッケージによるデータの読み込み

続いて readr パッケージを用いてデータの読み込みを行う方法を解説します。まずは CSV ファイルを読み込みましょう。第 2 部第 7 章で紹介した read.csv 関数の代わりに、readr パッケージの read_csv 関数を使います（ピリオドがアンダーバーに変わりました）。

read_csv 関数を使うと、read.csv 関数よりもデータの読み込みが速くなります。またデータを tibble として読み込むことができるので、データの表示形式などが見やすくなります。

2-9-2 節で紹介したデータを読み込みます。

```
sales_beef        <- read_csv("2-9-1-sales-beef.csv")
sales_beef_region <- read_csv("2-9-2-sales_beef_region.csv")
sales_meat        <- read_csv("2-9-4-sales-meat.csv")
```

コンソールの出力は以下の通りです。

```
> sales_beef        <- read_csv("2-9-1-sales-beef.csv")
Parsed with column specification:
cols(
  beef = col_double()
)
> sales_beef_region <- read_csv("2-9-2-sales_beef_region.csv")
Parsed with column specification:
cols(
  beef = col_double(),
  region = col_character()
)
> sales_meat        <- read_csv("2-9-4-sales-meat.csv")
Parsed with column specification:
cols(
  category = col_character(),
  sales = col_double()
```

```
)
```

read_csv 関数を使うと、コンソールに、各列のデータの型が出力されます。

print 関数を使って、データの最初の 3 行を確認します。コンソールの結果のみ記載します。

```
> sales_beef %>% print(n = 3)
# A tibble: 8 x 1
  beef
  <dbl>
1  26.9
2  30.9
3  25.8
# ... with 5 more rows
> sales_beef_region %>% print(n = 3)
# A tibble: 8 x 2
  beef region
  <dbl> <chr>
1  26.9 Nagoya
2  30.9 Shinagawa
3  25.8 Yokohama
# ... with 5 more rows
> sales_meat %>% print(n = 3)
# A tibble: 16 x 2
  category sales
  <chr>    <dbl>
1 beef      35.6
2 beef      47.8
3 beef      32.5
# ... with 13 more rows
```

4-3-3 データの型の変換

この節では、tibble で、データ型の変換を行う方法を解説します

4-3-3-1　データを読み込む際に、データ型を指定する

sales_beef_region と sales_meat には、文字列型のデータが格納された列があります。read.csv 関数を使った場合は勝手に factor に変換されるのですが read_csv 関数はそのような余計な処理は行いません。

仮に、read_csv 関数を使ってデータを読み込む際、データの型を予め factor にしたい場合は、以下のように実装します。コンソールの結果のみ記載します。

```
> # factorとして読み込む
> sales_meat <- read_csv(
+   "2-9-4-sales-meat.csv",
+   col_types = cols(category = col_factor())
+ )
> sales_meat %>% print(n = 3)
# A tibble: 16 x 2
  category sales
  <fct>    <dbl>
1 beef      35.6
2 beef      47.8
3 beef      32.5
# ... with 13 more rows
```

read_csv 関数に col_types という引数を追加します。ここで列名に対して適応したいデータ型を指定します。指定できるものの一部を紹介します。

- col_factor()　：因子型
- col_logical()　：論理値型
- col_integer()　：整数値型
- col_double()　：倍精度浮動小数点型
- col_character()：文字列型

4-3-3-2　tibble を対象に、データ型を変換する

データを読み込んだ後に変換することもできます。まずは普通にデータを読み込みます。

```
> sales_meat <- read_csv("2-9-4-sales-meat.csv")
Parsed with column specification:
cols(
  category = col_character(),
  sales = col_double()
)
> # これはcategoryが<chr>
> sales_meat %>% print(n = 3)
# A tibble: 16 x 2
  category sales
  <chr>    <dbl>
1 beef      35.6
2 beef      47.8
3 beef      32.5
# ... with 13 more rows
```

以下のようにparse_factor関数を使うことでfactorに変換できます。

```
> sales_meat$category <- parse_factor(sales_meat$category)
> # これはcategoryが<fct>になった
> sales_meat %>% print(n = 3)
# A tibble: 16 x 2
  category sales
  <fct>    <dbl>
1 beef      35.6
2 beef      47.8
3 beef      32.5
# ... with 13 more rows
```

文字列型のデータは、そのほかのデータ型へ変換できます。指定できるものの一部を紹介します。

- parse_factor()　：因子型
- parse_logical()　：論理値型
- parse_integer()　：整数値型
- parse_double()　：倍精度浮動小数点型

★★☆

4-3-4　囲み文字と区切り文字の変更

囲み文字がついているデータを読み込むことができます。また、カンマ以外の区切り文字が使われているデータを読み込むこともできます。これらの方法を解説します。

4-3-4-1　ダブルクォーテーションマークで囲まれたデータの読み込み

ダブルクォーテーションマークがついているCSVデータを読み込む場合は、特に追加の指定は不要です。2-7-3節のデータを使用します。コンソールの結果のみ記載します。

```
> greet_ok_1 <- read_csv(file = "2-7-2-double-quote.csv")
Parsed with column specification:
cols(
  greet = col_character(),
  time = col_character()
)
> greet_ok_1
# A tibble: 2 x 2
  greet                time
  <chr>                <chr>
1 Good morning, Taro! morning
2 Good evening, Taro! night
```

4-3-4-2　シングルクォーテーションマークで囲まれたデータの読み込み

シングルクォーテーションでデータが囲まれている場合は「`quote = "'"`」と指定します。

```
> greet_ok_2 <- read_csv(file = "2-7-3-single-quote.csv",
+                        quote = "'")
Parsed with column specification:
```

```
cols(
  greet = col_character(),
  time = col_character()
)
> greet_ok_2
# A tibble: 2 x 2
  greet               time
  <chr>               <chr>
1 Good morning, Taro! morning
2 Good evening, Taro! night
```

4-3-4-3 タブ区切りデータの読み込み

区切り文字の変更にも対応できます。CSV ファイルはカンマ区切りでしたが TSV ファイルはタブ区切りです。TSV ファイルを読み込む際は read_tsv 関数を使います。

```
> height_tsv <- read_tsv(file = "2-7-4-height.tsv")
Parsed with column specification:
cols(
  children = col_double(),
  parents = col_double()
)
```

以下のように read_delim 関数において delim = "¥t" と指定しても構いません。「¥t」はタブを表す正規表現です。

```
> height_tsv_delim <- read_delim(file = "2-7-4-height.tsv",
+                                delim = "¥t")
Parsed with column specification:
cols(
  children = col_double(),
  parents = col_double()
)
```

4-3-5　クリップボードからのデータ読み込み

良いデータの管理の方法ではありませんが、取り急ぎデータをコピーして読み込みたいこともあります。Excel などの表計算ソフトで編集されたデータを読み込むことを考えます。以下のように read_tsv 関数と clipboard() 関数を組み合わせることで、表計算ソフトからコピーされたデータを読み込めます。

```
data_clip <- read_tsv(clipboard())
```

4-3-6　文字コードがもたらすエラーの対処

日本語などの全角文字が含まれているファイルを読み込む際に頻発する文字コードの問題を解決する方法を解説します。

4-3-6-1　文字コードが Shift-JIS であるファイルの読み込み

read_csv 関数などは、標準だと文字コードが UTF-8 のデータを読み込む設定となっています。そのため、文字コードが Shift-JIS になると、以下のように文字化けします。コンソールのみ記載します。

```
> read_sjis <- read_csv("2-7-6-shift-jis.csv")
Parsed with column specification:
cols(
  `<U+008E>q<U+008B><U+009F>` = col_double(),
  `<U+0090>e` = col_double()
)
> read_sjis %>% print(n = 3)
# A tibble: 10 x 2
  `¥u008eq¥u008b¥u009f` `¥u0090e`
                  <dbl>      <dbl>
1                  160.       159.
2                  168.       163
3                  172.       170
```

```
# ... with 7 more rows
```

以下のように引数 locale を追加して locale(encoding = "SJIS") と指定すれば、文字化けすることなく全角文字を読み込めます。

```
> read_sjis <- read_csv("2-7-6-shift-jis.csv",
+                       locale = locale(encoding = "SJIS"))
Parsed with column specification:
cols(
  子供 = col_double(),
  親 = col_double()
)
> read_sjis %>% print(n = 3)
# A tibble: 10 x 2
   子供    親
  <dbl> <dbl>
1  160.  159.
2  168.  163
3  172.  170
# ... with 7 more rows
```

4-3-6-2 文字コードが UTF-8 であるファイルの読み込み

なお、文字コードが UTF-8 のデータはそのまま読み込むことができますが、明示的に指定すると以下のようになります。コンソールの結果は省略します。

```
read_utf8 <- read_csv("2-7-7-utf-8.csv",
                      locale = locale(encoding = "UTF-8"))
```

4-3-7 -999 を欠損値として解釈する

R では欠損値を NA で表すことはすでに解説しました。しかし、実際のデータでは、例えば「-999 を欠損値として解釈する」といった運用がなされていることもしばしばあります。当然ですが、普通の読み込み方法を使うと、「-999」

は数値として扱われます。

```
> read_csv("4-3-1-sales-beef-999.csv")
Parsed with column specification:
cols(
  beef = col_double()
)
# A tibble: 8 x 1
    beef
   <dbl>
1   26.9
2   30.9
3   25.8
4 -999
5   31.6
6   25.9
7 -999
8   33.7
```

ここで、引数としてna = "-999"を追加すると、「-999」という数値を欠損だと解釈してくれます。もちろん引数naの値を変えることで、「-999」以外でも欠損として扱うことができます。

```
> read_csv("4-3-1-sales-beef-999.csv", na = "-999")
Parsed with column specification:
cols(
  beef = col_double()
)
# A tibble: 8 x 1
   beef
  <dbl>
1  26.9
2  30.9
3  25.8
4  NA
5  31.6
6  25.9
7  NA
```

```
8  33.7
```

4-3-8 CSV ファイルの出力

tibble 型のデータを CSV ファイルとして出力することは難しくありません。data.frame において write.csv 関数を使いましたが、今回は write_csv 関数を使います。第２部第７章で write.csv 関数を使ったときは、行名を消したり、ダブルクォーテーションによる囲み文字を消したりと、いろいろの指定が必要でした。しかし、write_csv 関数は以下のように素直に実装できます。

```
# tibbleの作成
tbl_crab <- tibble(
  sex = c("male", "male", "male", "female", "female", "female"),
  shell_width    = c(13.8, 14.3, 14.1, 6.8, 7.2, 6.5),
  scissors_width = c( 2.8,  3.2,  3.1, 1.8, 2.3, 2.1)
)
# CSVファイルの出力
write_csv(tbl_crab, path = "crab-tbl.csv")
```

第 4 章 データの抽出・変換・集計

章のテーマ

この章では dplyr パッケージを用いて任意のデータを抽出したり、変換したり、集計したりする方法を解説します。対象となるサンプルデータについては 2-9-2 節を参照してください。

この章では以下のようにパッケージが読み込まれていることを前提とします。必要に応じて install.packages 関数を使ってパッケージをインストールして下さい。

```
library(magrittr)
library(readr)
library(dplyr)
```

magrittr は、パイプ演算子を提供するパッケージです。

readr は、データの読み込みや書き込みを支援するパッケージです。

dplyr は、データ操作を支援するパッケージです。

なお、パイプ演算子を使うだけならば、dplyr パッケージにも同じ機能があるため、magrittr パッケージを読み込む必要はありません。

章の概要

列の抽出 → 行の抽出 → 並び替え → 列名の変更
→ データの変換 → データの集計 → グループ別の集計 → 事例紹介

4-4-1　列の抽出

まずは列を抽出する方法を解説します。

4-4-1-1　データの読み込み

分析対象となるデータを読み込みます。コンソールの出力のみ記載します。

```
> # 元のデータ
> sales_beef_region <- read_csv("2-9-2-sales_beef_region.csv")
Parsed with column specification:
cols(
  beef = col_double(),
  region = col_character()
)
> sales_beef_region
# A tibble: 8 x 2
   beef region
  <dbl> <chr>
1  26.9 Nagoya
2  30.9 Shinagawa
3  25.8 Yokohama
4  38   Kawasaki
5  31.6 Osaka
6  25.9 Kobe
7  32.4 Kyoto
8  33.7 Hukuoka
```

4-4-1-2　select 関数の基本

sales_beef_regionにはbeefとregionの２列があります。特定の列のみを取得する場合はselect関数を使います。beef列のみを抽出するコードは以下の通りです。引数に対象となるデータと、抽出したい列名を指定します。

```
> select(sales_beef_region, beef)
# A tibble: 8 x 1
```

```
    beef
   <dbl>
1  26.9
2  30.9
3  25.8
4  38
5  31.6
6  25.9
7  32.4
8  33.7
```

4-4-1-3　特定の列を除く

列名の頭にマイナス記号を付けることで、特定の列を除くことができます。beef 列以外を抽出するコードは以下の通りです。

```
> select(sales_beef_region, -beef)
# A tibble: 8 x 1
  region
  <chr>
1 Nagoya
2 Shinagawa
3 Yokohama
4 Kawasaki
5 Osaka
6 Kobe
7 Kyoto
8 Hukuoka
```

4-4-1-4　パイプ演算子の活用

select 関数は dplyr パッケージが提供する関数です。select 関数以外にも言えることですが、dplyr パッケージの多くの関数は、第一引数が「対象データ」となっています。そのため、以下のようにパイプ演算子を素直に適用できます。実行結果は変わりませんが、この本ではパイプ演算子を積極的に使います。

```
> sales_beef_region %>% select(beef)
# A tibble: 8 x 1
   beef
  <dbl>
1  26.9
2  30.9
3  25.8
4  38
5  31.6
6  25.9
7  32.4
8  33.7
```

4-4-1-5 複数の列の抽出

複数の列を指定して抽出できます。Rにもともと用意されているirisデータは、Sepal.Length, Sepal.Width, Petal.Length, Petal.Width, Speciesの5列あるデータですが、その中から「Sepal.Length, Species」の2つだけを抽出します。

```
> iris %>%
+   as_tibble() %>%
+   select(Sepal.Length, Species) %>%
+   print(n = 3)
# A tibble: 150 x 2
  Sepal.Length Species
         <dbl> <fct>
1          5.1 setosa
2          4.9 setosa
3          4.7 setosa
# ... with 147 more rows
```

以下の流れでパイプラインの中をデータが流れています。

対象データ：iris

第1段階　：as_tibble関数を適用してtibble型に変換

第２段階　：select 関数を適用して Sepal.Length と Species を抽出
第３段階　：print 関数を適用して最初の３行のみをコンソールに表示

なお、今回は結果の見やすさのために as_tibble 関数を適用して tibble 型に変換する処理を入れましたが、必須ではありません。select 関数など多くの関数は data.frame にも適用できます。

MEMO

select 関数を使わずに列を抽出する方法

data.frame と同様に $ 記号や [[]] 記号を使うことでも列を抽出できます。

```
> # $記号を使った列の抽出
> sales_beef_region$beef
[1] 26.9 30.9 25.8 38.0 31.6 25.9 32.4 33.7
> # [[]]記号を使った列の抽出
> sales_beef_region[["beef"]]
[1] 26.9 30.9 25.8 38.0 31.6 25.9 32.4 33.7
```

data.frame と同じように、１つの列を抽出すると、ベクトルとして結果が得られます。

ただし、tibble 型のデータは、以下のように一重角カッコを使って１列だけを抽出したとき、drop=FALSE を指定しなくても、tibble 型としてデータが得られることに注意が必要です（data.frame では drop=FALSE を指定しなければ、$ 記号や [[]] 記号を使ったときと同様にベクトルとなっていました）。

```
> # 参考：drop = FALSEは不要
> sales_beef_region[, "beef"]
# A tibble: 8 x 1
   beef
  <dbl>
1  26.9
2  30.9
3  25.8
4  38
5  31.6
```

```
6  25.9
7  32.4
8  33.7
```

MEMO

pull 関数を使った列の抽出

select 関数は、1 列だけを取得しても tibble として結果を返します。tibble 型ではなくベクトルとして結果がほしい場合は pull 関数を使います。[[]] 記号と同様の機能となります。

```
> sales_beef_region %>% pull(beef)
[1] 26.9 30.9 25.8 38.0 31.6 25.9 32.4 33.7
```

4-4-2 条件を指定した行の抽出

続いて行の抽出を行います。2-5-8 節で紹介した subset 関数のように、条件を指定して、特定の行を抽出できます。

4-4-2-1 データの読み込み

分析対象となるデータを読み込みます。コンソールの出力のみ記載します。sales_meat はお肉のカテゴリ別に売り上げを記録したデータです。

```
> # 対象のデータ
> sales_meat <- read_csv(
+   "2-9-4-sales-meat.csv",
+   col_types = cols(category = col_factor()))
> sales_meat
# A tibble: 16 x 2
   category sales
  <fct>     <dbl>
 1 beef      35.6
```

```
 2 beef       47.8
 3 beef       32.5
 4 beef       68.9
 5 beef       49.9
 6 beef       32.7
 7 beef       52.3
 8 beef       56.1
 9 pork       35.8
10 pork       26.9
11 pork       45.1
12 pork       33.9
13 pork       23.8
14 pork        7.9
15 pork       41.2
16 pork       29.6
```

4-4-2-2　filter 関数の基本

category として beef と pork の 2 種類があります。sales_meat から category が pork の行のみを抽出します。filter 関数とさまざまな演算子を組み合わせて使います。

```
> sales_meat %>% filter(category == "pork")
# A tibble: 8 x 2
  category sales
  <fct>    <dbl>
1 pork      35.8
2 pork      26.9
3 pork      45.1
4 pork      33.9
5 pork      23.8
6 pork       7.9
7 pork      41.2
8 pork      29.6
```

filter 関数の中にさまざまな演算を使って抽出条件を指定することで、自由にデータの抽出ができるようになります。「category == "pork"」と指定することで、category 列が pork である行だけを抽出できます。

抽出条件を変えることもできます。次は売り上げsalesが40万円以上のデータのみを抽出します。

```
> sales_meat %>% filter(sales >= 40)
# A tibble: 7 x 2
  category sales
  <fct>    <dbl>
1 beef      47.8
2 beef      68.9
3 beef      49.9
4 beef      52.3
5 beef      56.1
6 pork      45.1
7 pork      41.2
```

4-4-2-3 複数の条件を指定する

複数の条件を組み合わせることもできます。「かつ」で組み合わせる場合は「&」記号を使います。「salesが40万円以上」かつ「categoryがpork」という条件で抽出します。

```
> sales_meat %>% filter(sales >= 40 & category == "pork")
# A tibble: 2 x 2
  category sales
  <fct>    <dbl>
1 pork      45.1
2 pork      41.2
```

MEMO

&記号を使わないで複数条件を指定する方法

&記号を使わない方法もあります。「かつ」の条件は以下のように、各条件をカンマで区切って引数に指定しても構いません。

```
sales_meat %>% filter(sales >= 40, category == "pork")
```

条件を「または」で組み合わせる場合は「|」記号を使います。「売り上げsalesが40万円以上」または「売り上げsalesが20万円以下」という条件で抽出した結果は以下の通りです。

```
> sales_meat %>% filter(sales >= 40 | sales <= 20)
# A tibble: 8 x 2
  category sales
  <fct>    <dbl>
1 beef      47.8
2 beef      68.9
3 beef      49.9
4 beef      52.3
5 beef      56.1
6 pork      45.1
7 pork       7.9
8 pork      41.2
```

MEMO

行番号を指定して抽出

例えば1行目から3行目までを抽出する場合は以下のように実装します。slice関数を使います。

```
> sales_meat %>% slice(1:3)
# A tibble: 3 x 2
  category sales
  <fct>    <dbl>
1 beef      35.6
2 beef      47.8
3 beef      32.5
```

4-4-3　並び替え

降順や昇順で行を並び替える方法を解説します。

4-4-3-1 arrange 関数の基本

4-4-1 節で登場した sales_beef_region を売り上げの昇順で並び替えます。arrange 関数を使います。引数には並び替えの基準となる変数名を指定します。

```
> sales_beef_region %>% arrange(beef)
# A tibble: 8 x 2
   beef region
  <dbl> <chr>
1  25.8 Yokohama
2  25.9 Kobe
3  26.9 Nagoya
4  30.9 Shinagawa
5  31.6 Osaka
6  32.4 Kyoto
7  33.7 Hukuoka
8  38   Kawasaki
```

降順で並び替える場合は、降順にしたい列名に desc 関数を適用します。

```
> sales_beef_region %>% arrange(desc(beef))
# A tibble: 8 x 2
   beef region
  <dbl> <chr>
1  38   Kawasaki
2  33.7 Hukuoka
3  32.4 Kyoto
4  31.6 Osaka
5  30.9 Shinagawa
6  26.9 Nagoya
7  25.9 Kobe
8  25.8 Yokohama
```

4-4-3-2 2つ以上の列を参照した並び替え

2つ以上の列を参照して並び替えをすることもできます。例えば 4-4-2 節で登場した sales_meat データは、お肉の種類別に売り上げを記録していました。

以下のコードは、お肉の種類別に分け、さらに同じ種類内で売り上げを昇順に並び替えます。

```
> sales_meat %>% arrange(category, sales)
# A tibble: 16 x 2
   category sales
   <fct>    <dbl>
 1 beef      32.5
 2 beef      32.7
 3 beef      35.6
 4 beef      47.8
 5 beef      49.9
 6 beef      52.3
 7 beef      56.1
 8 beef      68.9
 9 pork       7.9
10 pork      23.8
11 pork      26.9
12 pork      29.6
13 pork      33.9
14 pork      35.8
15 pork      41.2
16 pork      45.1
```

MEMO

上位 n 位までを取得

例えば売り上げの上位 3 位までを占める地域を取得する場合は、arrange 関数と slice 関数を組み合わせればよいです。

```
> sales_beef_region %>%
+   arrange(desc(beef)) %>%
+   slice(1:3)
# A tibble: 3 x 2
   beef region
  <dbl> <chr>
1  38   Kawasaki
2  33.7 Hukuoka
```

```
3  32.4 Kyoto
```

ほぼ同様の機能は top_n という関数で実装されています（この方法だと並び順が変わることがあります）。

```
> sales_beef_region %>% top_n(3, beef)
# A tibble: 3 x 2
   beef region
  <dbl> <chr>
1  38   Kawasaki
2  32.4 Kyoto
3  33.7 Hukuoka
```

4-4-4 列名の変更

sales_beef_region データは、beef と region という列名でした。これを uriage と timei に変更する場合は rename 関数を使います。

```
> sales_beef_region %>%
+   rename(uriage = beef, timei = region) %>%
+   print(n = 3)
# A tibble: 8 x 2
  uriage timei
   <dbl> <chr>
1   26.9 Nagoya
2   30.9 Shinagawa
3   25.8 Yokohama
# ... with 5 more rows
```

4-4-5　データの変換

例えばデータを対数変換する場合などに便利な mutate 関数を紹介します。mutate 関数は何らかの処理をした結果の列をデータに付け加えることができます。

4-4-5-1　データの読み込み

分析対象となるデータを読み込みます。sales_population は地域の人口とその地域での売り上げを記録したデータです。コンソールの出力のみ記載します。

```
> # 対象のデータ
> sales_population <- read_csv("2-9-3-sales-population.csv")
Parsed with column specification:
cols(
  beef = col_double(),
  resident_population = col_double()
)
> sales_population
# A tibble: 8 x 2
   beef resident_population
  <dbl>               <dbl>
1  24.8                20.6
2  16.7                24.9
3  36.2                32.9
4  49.4                46.3
5  25.2                18.1
6  38.7                45.9
7  58.3                47.8
8  38                  36.4
```

4-4-5-2　mutate 関数の基本

牛肉の売り上げ beef を対数変換した結果を log_beef という列に格納します。mutate 関数を使います。mutate は引数に「追加したい列名 = 変換処理」

を指定します。

```
> sales_population %>%
+   mutate(log_beef = log(beef))
# A tibble: 8 x 3
   beef resident_population log_beef
  <dbl>               <dbl>    <dbl>
1  24.8                20.6     3.21
2  16.7                24.9     2.82
3  36.2                32.9     3.59
4  49.4                46.3     3.90
5  25.2                18.1     3.23
6  38.7                45.9     3.66
7  58.3                47.8     4.07
8  38                  36.4     3.64
```

2つ以上の変換処理を同時に行うこともできます。beef 列と resident_population をともに対数変換します。

```
> sales_population %>%
+   mutate(log_beef = log(beef),
+          log_population = log(resident_population))
# A tibble: 8 x 4
   beef resident_population log_beef log_population
  <dbl>               <dbl>    <dbl>          <dbl>
1  24.8                20.6     3.21           3.03
2  16.7                24.9     2.82           3.21
3  36.2                32.9     3.59           3.49
4  49.4                46.3     3.90           3.84
5  25.2                18.1     3.23           2.90
6  38.7                45.9     3.66           3.83
7  58.3                47.8     4.07           3.87
8  38                  36.4     3.64           3.59
```

4-4-5-3 mutate 関数の応用

以下は応用編です。以下の流れでパイプラインの中をデータが流れています。

対象データ：sales_population
第１段階　：mutate関数を適用して「人口当たりの売上高」をsales_per_population列に格納
第２段階　：arrange関数を適用してsales_per_population列で降順に並び替える

```
> sales_population %>%
+   mutate(sales_per_population = beef / resident_population) %>%
+   arrange(desc(sales_per_population))
# A tibble: 8 x 3
   beef resident_population sales_per_population
  <dbl>               <dbl>                <dbl>
1  25.2                18.1                1.39
2  58.3                47.8                1.22
3  24.8                20.6                1.20
4  36.2                32.9                1.10
5  49.4                46.3                1.07
6  38                  36.4                1.04
7  38.7                45.9                0.843
8  16.7                24.9                0.671
```

MEMO

上位n位までを取得

4-4-3節において、上位n位までを取得するコードを２通り紹介しました。mutate関数を使うと、さらにもう１種類の方法が使えるようになります。それは順位を得る関数であるrow_number関数を使う方法です。以下のようにして、降順で順位を取得できます。

```
> sales_beef_region %>%
+   mutate(rank = row_number(desc(beef)))
# A tibble: 8 x 3
   beef region     rank
  <dbl> <chr>     <int>
1  26.9 Nagoya        6
2  30.9 Shinagawa     5
3  25.8 Yokohama      8
```

```
4  38   Kawasaki       1
5  31.6 Osaka          4
6  25.9 Kobe           7
7  32.4 Kyoto          3
8  33.7 Hukuoka        2
```

後は、順位を意味する列である rank 列を対象にして、これが 3 以下のデータを filter 関数で取得すれば、上位 3 位までのデータが取得できます。

```
# 順位が3以下のものを取得
sales_beef_region %>%
  mutate(rank = row_number(desc(beef))) %>%
  filter(rank <= 3)
```

実は上記とほぼ同じ結果を mutate 関数を使わないで実装することもできます。関数が入れ子になって少し読みづらい点に注意してください。とはいえ、こちらのほうが短いコードで実装できます。

```
# 順位が3以下のものを取得(簡易版)
sales_beef_region %>%
  filter(row_number(desc(beef)) <= 3)
```

4-4-6 データの集計

続いてデータの集計処理を行います。sales_meat データに対して、売り上げの平均値を計算します。summarise 関数を使います。

```
> sales_meat %>%
+   summarise(sales_mean = mean(sales))
# A tibble: 1 x 1
  sales_mean
       <dbl>
1       38.8
```

summarise関数は引数に「集計結果の列名 = 集計処理」を指定します。2つ以上の集計処理を同時に行うこともできます。平均値・最大値・最小値をまとめて計算します。

```
> sales_meat %>%
+   summarise(sales_mean = mean(sales),
+             sales_max = max(sales),
+             sales_min = min(sales))
# A tibble: 1 x 3
  sales_mean sales_max sales_min
       <dbl>     <dbl>     <dbl>
1       38.8      68.9       7.9
```

4-4-7　グループ別の集計

sales_meatはお肉のカテゴリ別に売り上げを記録したデータです。お肉のカテゴリ別に売り上げの平均値を計算するコードは以下のようになります。

```
> sales_meat %>%
+   group_by(category) %>%
+   summarise(sales_mean = mean(sales))
# A tibble: 2 x 2
  category sales_mean
  <fct>         <dbl>
1 beef           47.0
2 pork           30.5
```

以下の流れでパイプラインの中をデータが流れています。

対象データ：sales_meat
第1段階　：group_by関数を適用してcategory別にグループ分けする
第2段階　：summarise関数を適用して平均値を計算する

重要なことは「カテゴリ別の集計値を得る関数」を使うのではないということです。summarise 関数を適用する前に、group_by 関数を使ってグループ分けをします。Tidyverse のマニュフェストの中に「複雑なことを 1 つの関数で行うよりも、単純な関数を %>% (パイプ) 演算子で組み合わせる」という項目があったのを思い出しましょう。

複数の集計値をまとめて計算することもできます。

```
> sales_meat %>%
+   group_by(category) %>%
+   summarise(sales_mean = mean(sales),
+             sales_max = max(sales),
+             sales_min = min(sales))
# A tibble: 2 x 4
  category sales_mean sales_max sales_min
  <fct>         <dbl>     <dbl>     <dbl>
1 beef           47.0      68.9      32.5
2 pork           30.5      45.1       7.9
```

4-4-8　少し複雑な集計事例

最後に応用編として、少し複雑な集計事例を紹介します。

4-4-8-1　カテゴリ別に順位 1 位のデータを取得する

sales_meat データにおいて、お肉のカテゴリ別に最も売り上げが大きかったデータを取得するコードは以下のようになります。

```
> sales_meat %>%
+   group_by(category) %>%
+   filter(row_number(desc(sales)) == 1)
# A tibble: 2 x 2
# Groups:   category [2]
  category sales
  <fct>    <dbl>
1 beef      68.9
```

```
2 pork       45.1
```

このコードは少々複雑な構造をしています。難しいコードだと感じた場合は、パイプを切り出して、途中経過を確認するのが良い方法だと思います。まずはgroup_by(category)をした後のrow_number(desc(sales))の結果を確認してみましょう。

```
> sales_meat %>%
+   group_by(category) %>%
+   mutate(rank = row_number(desc(sales)))
# A tibble: 16 x 3
# Groups:   category [2]
   category sales  rank
   <fct>    <dbl> <int>
 1 beef      35.6     6
 2 beef      47.8     5
 3 beef      32.5     8
 4 beef      68.9     1
 5 beef      49.9     4
 6 beef      32.7     7
 7 beef      52.3     3
 8 beef      56.1     2
 9 pork      35.8     3
10 pork      26.9     6
11 pork      45.1     1
12 pork      33.9     4
13 pork      23.8     7
14 pork       7.9     8
15 pork      41.2     2
16 pork      29.6     5
```

上記の結果を見ると、category別に、売り上げの順位がrank列に出力されているのがわかります。このrankが1であるデータが、各々のカテゴリで最も売り上げが大きいデータであるということになります。後は、filter関数を使って、rankが1であるデータを抽出すればよいですね。

```
> sales_meat %>%
+   group_by(category) %>%
+   mutate(rank = row_number(desc(sales))) %>%
+   filter(rank == 1)
# A tibble: 2 x 3
# Groups:   category [2]
  category sales  rank
  <fct>    <dbl> <int>
1 beef      68.9     1
2 pork      45.1     1
```

別の分析に使用するならばともかく、rank 列を残しておく必要性は薄いです。そのため、最初の実装例では mutate 関数を使わずに、filter 関数の中で row_number(desc(sales)) という処理を実装していました。

4-4-8-2　2 つ以上のカテゴリ別に分けた集計

糸の切断数データ warpbreaks を対象にして、2 つのカテゴリ別に分けた集計値を計算します。warpbreaks の最初の 3 行を確認します。breaks が切断数で、wool がウールの種類、tension が糸の張力です。

```
> warpbreaks %>% head(n = 3)
  breaks wool tension
1     26    A       L
2     30    A       L
3     54    A       L
```

ウールの種類別、糸の張力別の切断数平均値を得るコードは以下の通りです。素直に group_by の引数に 2 つのカテゴリを指定するだけです。

```
> warpbreaks %>%
+   group_by(wool, tension) %>%
+   summarise(mean_breaks = mean(breaks))
# A tibble: 6 x 3
# Groups:   wool [2]
```

```
  wool  tension mean_breaks
  <fct> <fct>         <dbl>
1 A     L              44.6
2 A     M              24
3 A     H              24.6
4 B     L              28.2
5 B     M              28.8
6 B     H              18.8
```

例えば1行目を見ると、wool がAで tension がLのときは平均して 44.6 回切断されるということがわかります。

第 5 章 日付の操作

章のテーマ

この章では、まずRの基本的な日付操作について解説します。ここで ts 型と Date 型、そして POSIXt 型と difftime 型のデータの取り扱いを解説します。その後に、Tidyverse のパッケージ群に含まれる lubridate パッケージと hms パッケージを用いた日付操作を解説します。

この章では以下のようにパッケージが読み込まれていることを前提とします。必要に応じて install.packages 関数を使ってパッケージをインストールして下さい。

```
library(readr)
library(lubridate)
library(hms)
```

readr は、データの読み込みや書き込みを支援するパッケージです。
lubridate は、日時の操作を支援するパッケージです。
hms は時間操作を支援するパッケージです。

章の概要

●時系列データと日付処理の基本

時系列データの基本 → ts 型 → Date 型 → POSIXlt と POSIXct

● Tidyverse における日付の操作

lubridate パッケージによる日時データの作成
→ lubridate パッケージによる日時データの操作
→ hms パッケージ → 日時データの読み込み → 時系列データの抽出と集計

4-5-1　時系列データの基本

Rにおける時間の操作を学ぶ前に、時系列データの基本を解説します。**時系列データ**を平たく言うと、時点ごとの測定値を時間の順に並べたデータのことだといえます。並び順に意味があるというのが最も大きな特徴です。時系列データではないデータを区別するために**トランザクションデータ**と呼びます。

例えば{0, 1, 2, 3}と{3, 2, 1, 0}という2つのデータセットがあったとします。仮にこれらがトランザクションデータならば、まったく同じデータだとみなされるかもしれません。しかし、これが「年間売り上げの遷移」だとしたら、まったく結果が変わります。{0, 1, 2, 3}は毎年売り上げが増加しているので一安心ですが、{3, 2, 1, 0}は売り上げが毎年減り続けているという危機的状況にあるわけです。

並び順に意味があるという時系列データの特徴を無視してはいけません。Rにおける時系列データの取り扱いを学ぶことはとても大切です。

4-5-2　基本のts型

Tidyverseの枠組みを解説する前に、R言語の標準機能を使った時系列データの処理を解説します。Rで時系列データを取り扱う際に、多くの方が最初に学ぶのが、ここで紹介するts型というデータの形式でしょう。時系列データを操作するのに必要最低限の機能を持っています。しかし後述するように、日単位や時間単位でのデータ処理は得意ではありません。

4-5-2-1　ts型のデータの作成

ts型のデータを作成する場合はts関数を使います。第一引数にデータの中身を指定します。今回は1から5の数値のベクトルを指定しました。続いてstartで時系列データの開始時点を、freqで「1周期で観測されるデータの頻度」を指定します。freq = 1で「1年に1回だけ観測されるデータ」すなわち年単位のデータであるという指定になります。2001年から5年間にわたって得られた年単位データts_yearを以下のように作成します。

```
> # 1年に1回取得されるデータ
> ts_year <- ts(1:5, start = 2001, freq = 1)
> ts_year
Time Series:
Start = 2001
End = 2005
Frequency = 1
[1] 1 2 3 4 5
```

1年に4回取得されるデータを四半期データと呼びます。これはfreq = 4とすることで作成できます。start = c(2001, 1)とすることで、開始時点が「2001年の第1四半期」という指定になります。

```
> # 1年に4回取得されるデータ
> ts_quarter <- ts(1:5, start = c(2001, 1), freq = 4)
> ts_quarter
     Qtr1 Qtr2 Qtr3 Qtr4
2001    1    2    3    4
2002    5
```

1年には12か月あります。そのため月単位のデータを作成する場合はfreq = 12とします。

```
> # 1年に12回取得されるデータ
> ts_month <- ts(1:5, start = c(2001, 1), freq = 12)
> ts_month
     Jan Feb Mar Apr May
2001   1   2   3   4   5
```

日単位のデータを作成する場合は、うるう年が4年に1回あるのを加味してfreq = 365.25とします。

```
> # 1年に365.25回（うるう年を加味）取得されるデータ
> ts_day <- ts(1:5, start = c(2000, 1), freq = 365.25)
> ts_day
Time Series:
Start = 2000
End = 2000.01095140315
Frequency = 365.25
[1] 1 2 3 4 5
```

上記の結果を見ると、End = 2000.01095140315 となっており、いったい何日が最終日なのかが判然としません。日単位のデータを扱う場合は、1週間すなわち7日という周期が大切になることがあります。その場合はあえて freq = 7 とすることもあります。しかし、週・月という複数の周期性を扱うのは、ts 型では困難です。

MEMO

複数の周期を扱う ts 型

Tidyverse からは外れますが forecast パッケージにおいて、複数の周期を指定できる ts 型の拡張として msts というデータ型が用意されています。しかし、適用できる場面が限定されているので、この本では扱いません。

4-5-2-2　多変量時系列データの作成

多変量の時系列データを作成します。いくつかの方法がありますが、2列以上の data.frame を用意して、それに対して ts 関数を適用するのが簡単です。以下では、2001年1月から1か月単位で取得された、豚肉と牛肉の売り上げデータを作成しています。

```
> # 多変量時系列データ
> sales_df <- data.frame(
+   beef = c(10, 23, 24, 30),
+   pork = c( 8, 13, 19, 20)
+ )
> ts(sales_df, start = c(2001, 1), freq = 12)
```

```
         beef pork
Jan 2001   10    8
Feb 2001   23   13
Mar 2001   24   19
Apr 2001   30   20
```

4-5-3　Date 型による日付の操作

ts 型は、データを時間の順番に並べたうえで、その周期を指定しました。とてもシンプルな方法ですが、日単位データの取り扱いが難しい、あるいは複数の周期に対応がしにくいなどの欠点もあります。

続いて、時間ラベルを時系列データとペアにして管理する方法を解説します。もっとも単純な方法が、data.frame（もちろん tibble でもよい）に日付を表す列を追加してあげる方法です。この節では、R 言語の標準機能を使った、日付の取り扱いを解説します。

> **MEMO**
>
> **xts パッケージ**
>
> 時間ラベルを時系列データとペアにして管理する方法はほかにもあります。応用上重要なものは xts パッケージを使うことでしょう。xts パッケージでも時間ラベルとデータを個別に管理できますが、Tidyverse の枠組みからはやや外れるのでこの本では紹介しません。xts パッケージについては例えば高柳他 (2014) などに解説があります。

4-5-3-1　Date 型のデータの作成

まずは日付を作ってみましょう。例えば「2001 年 1 月 12 日」という日付を作成します。以下のように実装すると、結果はただの文字列になります。

```
> # ただの文字列
> date_chr <- "2001-01-12"
> class(date_chr)
```

```
[1] "character"
```

単なる文字列である 2001-01-12 に as.Date 関数を適用すると、Date 型の日付を作成できます。

```
> # Date型の日付
> date_asDate <- as.Date("2001-01-12")
> date_asDate
[1] "2001-01-12"
> class(date_asDate)
[1] "Date"
```

MEMO

日付を数値に変換

Date 型の日付データを numeric（数値型）に変換してみます。

```
> as.numeric(date_asDate)
[1] 11334
```

この数値は 1970 年 1 月 1 日からの日数になっています。

4-5-3-2　日付の連番の取得

日付の連番を作成する場合は等差数列を作る場合などと同様に seq 関数を使います。from で開始日を、to で終了日を、by = "days" で 1 日単位であることを指定します。

```
> # 1日単位の日付
> seq(from = as.Date("2000-01-01"),
+     to = as.Date("2000-01-04"),
+     by = "days")
[1] "2000-01-01" "2000-01-02" "2000-01-03" "2000-01-04"
```

終了日 to の代わりに、ベクトルの長さを len で指定しても構いません。

```
> # 引数にlenを使う
> seq(from = as.Date("2000-01-01"),
+     len = 4,
+     by = "days")
[1] "2000-01-01" "2000-01-02" "2000-01-03" "2000-01-04"
```

引数 by = "days" だと 1 日単位で日付を変化させます。by = "weeks" だと 1 週間単位で、by = "months" だと 1 月単位で、by = "years" だと 1 年単位で日付を変化させることができます。

4-5-3-3 Date 型のデータに対する演算

date_asDate の中身を見てみると、単なる文字列のように見えます。しかし、Date 型に変換することでさまざまな日付処理ができます。

いくつか計算例を紹介します。2001 年 1 月 12 日の 46 日後は、何月何日でしょうか。この計算は素直に足し算をすることで得られます。正解は 2 月 27 日のようです。

```
> # 46日後の日付
> date_asDate + 46
[1] "2001-02-27"
```

2001 年 1 月 12 日から 2001 年 3 月 1 日までの日数を求めます。日付の引き算をすることで得られます。

```
> # 2001年3月1日までの日数
> diff_day <- as.Date("2001-03-01") - date_asDate
> diff_day
Time difference of 48 days
```

4-5-3-4　日付の差分と difftime 型

ここで１点補足をしておきます。日付の差分を取った結果の diff_day は difftime 型という特別なデータ型になっています。日時の差分の取り扱いは後ほどもう一度取り上げます。

```
> class(diff_day)
[1] "difftime"
```

4-5-4　POSIXlt と POSIXct による日時の操作

Date 型だと日付を扱うことはできますが、時・分・秒までは操作できません。ここで登場するのが POSIXct 型と POSIXlt 型です。両者はよく似ていますが、後述する理由から POSIXct を中心に扱います。

4-5-4-1　POSIXct 型と POSIXlt 型のデータの作成

まずは POSIXct と POSIXlt のデータを作ってみます。各々as.POSIXct 関数と as.POSIXlt 関数を使います。年・月・日・時・分・秒の情報をすべて格納できます。

```
> # POSIXct
> datetime_asct <- as.POSIXct("2019-02-03 10:20:05")
> datetime_asct
[1] "2019-02-03 10:20:05 JST"
> # POSIXlt
> datetime_aslt <- as.POSIXlt("2019-02-03 10:20:05")
> datetime_aslt
[1] "2019-02-03 10:20:05 JST"
```

MEMO

日時を数値に変換

1970 年 1 月 1 日 0 時 0 分 5 秒の POSIXct 型の日付データを numeric（数値型）に変換してみます。

```
> # 日時を数値に変換
> ct_1970 <- as.POSIXct("1970-01-01 00:00:05", tz = "UTC")
> as.numeric(ct_1970)
[1] 5
```

この数値は 1970 年 1 月 1 日 0 時 0 分 0 秒からの秒数であることが以下のコードから確認できます。ある特定の日付からの経過時間を使って日時を管理しているということは覚えておくと良いでしょう。

```
> # 1970年1月1日0時0分0秒からの秒数が格納されている
> ct_1970 - as.POSIXct("1970-01-01 00:00:00", tz = "UTC")
Time difference of 5 secs
```

4-5-4-2 POSIXct と POSIXlt の違い

POSIXct と POSIXlt の違いを確認します。重要なことは POSIXlt が list であることです。これは is.list 関数を使うことで確認できます。datetime_aslt だけは、結果が TRUE になります。

```
> # POSIXltはリスト
> is.list(datetime_asct)
[1] FALSE
> is.list(datetime_aslt)
[1] TRUE
```

POSIXlt が list であることのメリットは、以下のように $ マークを使うことで年や月の情報を取得できることです。ただし year は 1900 を足すことで、

monは1を足すことで、正しい年や月がわかります。

```
> datetime_aslt$year
[1] 119
> datetime_aslt$mon
[1] 1
```

要素の抽出ができるのは、便利ではあります。しかし、後述するlubridateパッケージの関数を使った方が、素直に年や月などの情報を取得できて便利です。そのため、POSIXltを使うメリットはそれほどありません。POSIXctの方が単純で扱いやすいので、この本ではPOSIXctを中心に活用します。

4-5-4-3　タイムゾーン

時差があるので、日本の時刻とイギリスの時刻は(夏時間ではなく、冬時間で見て)9時間異なっています。日時を扱うPOSIXctを使う場合は、この時差に注意が必要です。日本のタイムゾーンを採用したデータと、イギリスの協定世界時刻 (UTC: Universal Time Coordinated) を採用したデータを各々作成して、その差を見ると9時間となっています。

```
> tokyo <- as.POSIXct("2019-02-03 10:20:05", tz = "Asia/Tokyo")
> utc <-   as.POSIXct("2019-02-03 10:20:05", tz = "UTC")
> tokyo
[1] "2019-02-03 10:20:05 JST"
> utc
[1] "2019-02-03 10:20:05 UTC"
> # 時差
> utc - tokyo
Time difference of 9 hours
```

タイムゾーンはOlsonNames()という関数を実行することで、一覧を取得できます。

4-5-5 lubridate パッケージによる日時データの作成

4-5-4 節までの内容は、外部パッケージを一切使用しなくても実行できるコードでした。ここから lubridate パッケージの関数を使用していきます。まずは日時データを作成する方法を解説します。

4-5-5-1 文字列を日時データに変換する

as.Date 関数や as.POSIXct 関数は、変換で失敗することが多いです。例えば以下のコードはエラーになります。

```
> # 下記はエラー
> as.Date("20010112")
Error in charToDate(x) :
  文字列は標準的な曖昧さのない書式にはなっていません
> as.POSIXct("20190203102005")
Error in as.POSIXlt.character(x, tz, ...) :
  文字列は標準的な曖昧さのない書式にはなっていません
```

年・月・日・時・分・秒を単なる数値でまとめただけですと、それを日時だと判別できないのです。日時を表すフォーマットが変わると、読み込むのが少し面倒ですね。それをカバーしてくれるのが lubridate パッケージの ymd 関数と ymd_hms 関数です。

```
> date_ymd <- ymd("20010112")
> datetime_ymd_hms <- ymd_hms("20190204102005",
+                             tz = "Asia/Tokyo")
>
> date_ymd
[1] "2001-01-12"
> datetime_ymd_hms
[1] "2019-02-04 10:20:05 JST"
```

ymd関数やymd_hms関数は、日時のフォーマットが多少変わっても、日時を表すものだと認識して柔軟に変換をしてくれます。ただし、ymd_hms関数のタイムゾーンは標準だと協定世界時刻UTCになっているので、日本時間を得る場合はタイムゾーンを指定する必要があります。なお、日時の順番が「日・月・年・時・分・秒」の場合はdmy_hms関数を使います。このほかにもさまざまな関数が用意されています。詳細は?ymd_hmsとしてヘルプを参照してください。

日付データはDate型に、日時データはPOSIXct型になっています。

```
> class(date_ymd)
[1] "Date"
> class(datetime_ymd_hms)
[1] "POSIXct" "POSIXt"
```

4-5-5-2　個別の日時情報から作成する

年や月、日が個別に数値として与えられているとき、これを結合して1つの日付にできます。make_date関数を使います。

```
> make_date(year = 2000, month = 3, day = 20)
[1] "2000-03-20"
```

年・月・日・時・分・秒を個別に数値として与えて、日時データを作成することもできます。make_datetime関数を使います。

```
> make_datetime(year = 2000, month = 3, day = 20,
+               hour = 5, min = 20, sec = 15,
+               tz = "Asia/Tokyo")
[1] "2000-03-20 05:20:15 JST"
```

4-5-5-3 現在日や現在の日時の取得

現在日や現在の日時を取得する場合はtoday関数やnow関数を使います。実行結果は、当然ですが実行した日時によって変わります。結果は省略しますが、today関数の結果はDate型に、now関数の結果はPOSIXct型になります。

```
# 現在日の取得
today()
# 現在の日時の取得
now()
```

4-5-6 lubridateパッケージを使った日時の情報の取得と変更

この節ではlubridateパッケージを使って、日時の情報を取得したり変更したりする方法を解説します。

4-5-6-1 日時の情報の取得

以下のdatetime_ymd_hmsの結果を使って、日時の情報を取得します。

```
> # 対象となる日時
> datetime_ymd_hms
[1] "2019-02-04 10:20:05 JST"
```

年・月・日・時・分・秒は以下のようにして取得できます。

```
> year(datetime_ymd_hms)   # 年
[1] 2019
> month(datetime_ymd_hms)  # 月
[1] 2
> day(datetime_ymd_hms)    # 日
[1] 4
> hour(datetime_ymd_hms)   # 時
```

```
[1] 10
> minute(datetime_ymd_hms) # 分
[1] 20
> second(datetime_ymd_hms) # 秒
[1] 5
```

1月1日からみて、何日目に当たる日付なのかはyday関数を、何週目に当たる日付なのかを知る場合はweek関数を使うことで得られます。

```
> # 1月1日からみて何日目か
> yday(datetime_ymd_hms)
[1] 35
> # 1月1日からみて何週目か
> week(datetime_ymd_hms)
[1] 5
```

曜日を取得する場合はwday関数を使います。1が日曜日で、数字が増えると月、火……となります。label = TRUEとすれば曜日の略称が得られます。abbr = FALSEとすると曜日の名称が得られます。

```
> wday(datetime_ymd_hms)
[1] 2
> wday(datetime_ymd_hms, label = TRUE)
[1] 月
Levels: 日 < 月 < 火 < 水 < 木 < 金 < 土
> wday(datetime_ymd_hms, label = TRUE, abbr = FALSE)
[1] 月曜日
7 Levels: 日曜日 < 月曜日 < 火曜日 < 水曜日 < ... < 土曜日
```

四半期のいつに当たるかを取得する場合はquarter関数を使います。

```
> # 四半期
> quarter(datetime_ymd_hms)
[1] 1
```

日付のみを取得する場合は date 関数を使います。この関数の返り値は Date 型となります。

```
> # 日付のみ取得
> date(datetime_ymd_hms)
[1] "2019-02-04"
> class(date(datetime_ymd_hms))
[1] "Date"
```

4-5-6-2 日時の情報の変更

日時における特定の情報を取得できるだけでなく、その情報を変更することもできます。例えば、以下のようにすることで「分」だけを変更できます。

```
> # 変更前
> datetime_ymd_hms
[1] "2019-02-04 10:20:05 JST"
> # 59分に変更
> minute(datetime_ymd_hms) <- 59
> # 変更後
> datetime_ymd_hms
[1] "2019-02-04 10:59:05 JST"
```

4-5-7 hms パッケージによる時間の操作

hms パッケージは時間の操作を簡単にするパッケージです。「7 月 4 日の 9 時 20 分」といった日時ではなく、単に「2 時間」とか「3 分間」といった時間や期間を扱います。hms パッケージの基本的な使い方を解説します。

4-5-7-1 時間のデータの作成

hms パッケージの hms 関数を使って「秒・分・時」のデータを作成します。

```
> time_hms <- hms::hms(second = 10, minute = 23, hours = 5)
> time_hms
05:23:10
> class(time_hms)
[1] "hms"      "difftime"
```

difftimeという文字が見えます。hms型はdifftime型をより使いやすくしたものだと思うと良いでしょう。ところで、引数は「秒・分・時」の順番なので注意してください。「時・分・秒」ではありません。またhms関数はlubridateパッケージにもあります。しかしlubridate::hms(10, 23, 25)は正しく動かないので注意してください。紛らわしいので「hms::hms」とパッケージ名を指定するのをお勧めします。

文字列からhms型の時刻を作成する場合はparse_hms関数を使います。

```
> # 文字列から変換
> hms::parse_hms("05:23:10")
05:23:10
```

4-5-7-2　時間の情報の取得

日時データと同じく、lubridateパッケージの関数を使って時・分・秒を取得できます。

```
> # 時・分・秒の取得
> lubridate::hour(time_hms)
[1] 5
> lubridate::minute(time_hms)
[1] 23
> lubridate::second(time_hms)
[1] 10
```

as.numeric関数を使うことで、秒数に変換できます。

```
> # 秒数に変換
> as.numeric(time_hms)
[1] 19390
```

逆に、以下のように、秒を「時・分・秒」として扱うことができます。

```
> # 秒数からhmsに変換する
> hms::hms(19390)
05:23:10
```

4-5-7-3 hms 型データに対する演算

応用編として、マラソンにかかった時間を比較してみましょう。2 人がマラソンをして、かかった時間を各々以下のように記録しました。

```
> my_running_time  <- hms::hms(10, 54, 1)
> his_running_time <- hms::hms(15, 8, 2)
> my_running_time
01:54:10
> his_running_time
02:08:15
```

かかった時間の差を計算します。

```
> diff_running_time <- his_running_time - my_running_time
> diff_running_time
Time difference of 845 secs
> class(diff_running_time)
[1] "difftime"
```

845 秒の差があることがわかりました。なお、この結果に対して as_hms 関数を適用すると、hms 型に変換して、結果を見やすくできます。

```
> hms::as_hms(diff_running_time)
00:14:05
```

4-5-8　日時データの読み込み

CSV ファイルなどからデータを読み込む際における、日時データの取り扱いを解説します。

4-5-8-1　データを読み込む際に、データ型を変換する

標準的な日時のフォーマットである場合は、readr パッケージの read_csv 関数をそのまま適用することで、正しく日付を読み取ることができます。以下は 1 列目が日付であるデータです。

```
> tbl_day <- read_csv("4-5-1-ts-day.csv")
Parsed with column specification:
cols(
  time = col_date(format = ""),
  sales = col_double()
)
> tbl_day
# A tibble: 5 x 2
  time       sales
  <date>     <dbl>
1 2000-01-01     8
2 2000-01-02     6
3 2000-01-03    13
4 2000-01-04    10
5 2000-01-05    11
> class(tbl_day$time)
[1] "Date"
```

日時データの場合も同様です。ただし引数 locale を追加して、タイムゾーンを指定することに注意します。

```
> tbl_date_time_1 <- read_csv("4-5-2-ts-day-time.csv",
+                             locale = locale(tz = "Asia/Tokyo"))
Parsed with column specification:
cols(
  time = col_datetime(format = ""),
  sales = col_double()
)
> tbl_date_time_1
# A tibble: 5 x 2
  time                sales
  <dttm>              <dbl>
1 2000-01-01 00:00:00     8
2 2000-01-01 00:01:00     6
3 2000-01-01 00:02:00    13
4 2000-01-01 00:03:00    10
5 2000-01-01 00:04:00    11
> tbl_date_time_1$time
[1] "2000-01-01 00:00:00 JST" "2000-01-01 00:01:00 JST"
[3] "2000-01-01 00:02:00 JST" "2000-01-01 00:03:00 JST"
[5] "2000-01-01 00:04:00 JST"
> class(tbl_date_time_1$time)
[1] "POSIXct" "POSIXt"
```

4-5-8-2 format を指定して日付を読み込む

上述の方法は、日付のフォーマットによってはうまくいきません。例えば「2000-01-01 00:00:00」を「20000101000000」と記録したデータは、「time = col_double()」という出力を見るとわかるように、1 列目が数値として扱われてしまいます。

```
> # 日付を数値として読み込んでしまう
> tbl_date_time_2 <- read_csv("4-5-3-ts-day-time-2.csv")
Parsed with column specification:
cols(
  time = col_double(),
  sales = col_double()
)
```

この場合は、下記のように「col_datetime(format = "%Y%m%d%H%M%S")」とformatを指定して日付を読み込むとうまくいきます。

```
> tbl_date_time_3 <- read_csv(
+   "4-5-3-ts-day-time-2.csv",
+   col_types = cols(time = col_datetime(format = "%Y%m%d%H%M%S")),
+   locale = locale(tz = "Asia/Tokyo")
+ )
> tbl_date_time_3
# A tibble: 5 x 2
  time                sales
  <dttm>              <dbl>
1 2000-01-01 00:00:00     8
2 2000-01-01 00:01:00     6
3 2000-01-01 00:02:00    13
4 2000-01-01 00:03:00    10
5 2000-01-01 00:04:00    11
> class(tbl_date_time_3$time)
[1] "POSIXct" "POSIXt"
```

formatは日付フォーマットにあわせて変更してください。「%Y」など%記号がついたアルファベットで、formatを指定します。なお「%Y」が年で「%m」が月などとなります。例えば「2000-01-01 00:00:00」という形式を読み込む場合は「format = "%Y-%m-%d %H:%M:%S"」とします。

4-5-8-3　tibbleに対してデータ型を変換する

数値として読み込んでしまったtbl_date_time_2のtime列は、parse_date_time関数を使って日時データに変換することができます。ordersは日付フォーマットにあわせて変更してください。

```
> tbl_date_time_2$time <- parse_date_time(tbl_date_time_2$time,
+                                         orders = "ymdHMS",
+                                         tz = "Asia/Tokyo")
> tbl_date_time_2
# A tibble: 5 x 2
```

```
  time                  sales
  <dttm>                <dbl>
1 2000-01-01 00:00:00       8
2 2000-01-01 00:01:00       6
3 2000-01-01 00:02:00      13
4 2000-01-01 00:03:00      10
5 2000-01-01 00:04:00      11
> class(tbl_date_time_2$time)
[1] "POSIXct" "POSIXt"
```

4-5-9 日時を含むデータの抽出と集計

今までの日付処理を応用することで、柔軟にデータの抽出や集計処理を行うことができます。いくつかの実装例を紹介します。

4-5-9-1 分析の準備

まずは、データ操作のためのパッケージを読み込みます。詳細は第 4 部第 4 章を参照してください。

```
library(dplyr)
```

分析対象となるデータを作成します。2000 年の 1 年間のデータです。

```
> # データの作成
> target <- tibble(
+   time = seq(from = as.Date("2000-01-01"),
+              to = as.Date("2000-12-31"),
+              by = "days"),
+   data = 1:366
+ )
> target %>% print(n = 3)
# A tibble: 366 x 2
  time        data
  <date>     <int>
```

```
1 2000-01-01     1
2 2000-01-02     2
3 2000-01-03     3
# ... with 363 more rows
```

4-5-9-2　日付を活用したデータの抽出

特定の日付の行を取得します。

```
> # 特定の日付を抽出
> target %>% filter(time == "2000-01-31")
# A tibble: 1 x 2
  time        data
  <date>     <int>
1 2000-01-31    31
```

範囲指定もできます。

```
> # 日付の範囲を抽出
> target %>% filter(time >= "2000-02-01",
+                   time <= "2000-02-02")
# A tibble: 2 x 2
  time        data
  <date>     <int>
1 2000-02-01    32
2 2000-02-02    33
```

between 関数を使っても同じ結果が得られます。

```
> # between関数を使っても良い
> target %>%
+   filter(between(time,
+                  ymd("2000-02-01"),ymd("2000-02-02")))
# A tibble: 2 x 2
  time        data
  <date>     <int>
```

```
1 2000-02-01    32
2 2000-02-02    33
```

少し変わった範囲指定としては、例えば以下のコードで「第 2 週のデータ」を取得できます。

```
> # 第2週のデータを抽出
> target %>% filter(week(time) == 2)
# A tibble: 7 x 2
  time        data
  <date>     <int>
1 2000-01-08     8
2 2000-01-09     9
3 2000-01-10    10
4 2000-01-11    11
5 2000-01-12    12
6 2000-01-13    13
7 2000-01-14    14
```

上記コードの week を month に変更すると、特定の月のデータのみを取得できます。以下のコードを実行すると、3 月の月曜日のデータを抽出できます。

```
> # 3月の月曜日を取得
> target %>% filter(month(time) == 3,
+                   wday(time) == 2)
# A tibble: 4 x 2
  time        data
  <date>     <int>
1 2000-03-06    66
2 2000-03-13    73
3 2000-03-20    80
4 2000-03-27    87
```

4-5-9-3 日付を活用した集計

日付を活用した集計処理もできます。例えば以下のコードで「4 半期ごとの平均値」を計算できます。

```
> # 4半期ごとの平均値の取得
> target %>%
+   mutate(quarter = quarter(time)) %>%
+   group_by(quarter) %>%
+   summarise(mean_Q = mean(data))
# A tibble: 4 x 2
  quarter mean_Q
    <int>  <dbl>
1       1     46
2       2    137
3       3    228.
4       4    320.
```

対象データ：target
第1段階　：mutate関数を適用して四半期をquarter列に格納
第2段階　：group_by関数を適用してquarterごとにグループ分け
第3段階　：summarise関数を適用してグループごとの平均値を取得

mutate関数を挟まず、以下のようにしても計算できます。

```
> # 略した書き方
> target %>%
+   group_by(quarter = quarter(time)) %>%
+   summarise(mean_Q = mean(data))
# A tibble: 4 x 2
  quarter mean_Q
    <int>  <dbl>
1       1     46
2       2    137
3       3    228.
4       4    320.
```

第 6 章 データの可視化

章のテーマ

この章では ggplot2 パッケージを用いたデータの可視化の方法を解説します。この本では ggplot2 の膨大な機能のうちの、ほんの触りしか解説しません。手持ちのデータを短いコードで手軽に可視化する方法を中心に解説します。

この章では以下のようにパッケージが読み込まれていることを前提とします。必要に応じて install.packages 関数を使ってパッケージをインストールして下さい。

```
library(readr)
library(dplyr)
library(ggplot2)
```

readr は、データの読み込みや書き込みを支援するパッケージです。
dplyr は、データ操作を支援するパッケージです。
ggplot2 は、データの可視化を行うパッケージです。

章の概要

● **ggplot2 の基本**

ggplot2 の基本的な構文 → ヒストグラム → グラフタイトルなどの追加
→ カーネル密度推定 → 棒グラフ → 集計値に対する棒グラフ
→ 2 つ以上のグループを対象とした集計値に対する棒グラフ
→ 箱ひげ図 → バイオリンプロットとグレースケールの設定
→ グリッドの分割 → 散布図とグラフのテーマの設定
→ 折れ線グラフと軸ラベルの設定

● **ggplot2 の活用**

qplot を使った簡易的な実装 → グラフのファイル出力 → ggplot2 の拡張

4-6-1　ggplot2の基本的な構文

ggplot2を使ったグラフの作成方法の流れを先に整理します。

1つ目のポイントは、data.frameあるいはtibbleの、きれいに整形された後のデータを使うことです。データの整形のテクニックは次章で解説します。

2つ目のポイントはggplot関数を使うことです。こちらの関数でグラフのベースを指定します。ggplot関数を実行するだけだと、グラフのベース部分が用意されるだけで、グラフそのものは描かれません。

3つ目のポイントが名前の頭に「geom_」がついた関数を、ggplot関数に足し合わせることです。後ほど紹介しますがgeom_histogram関数を使うとヒストグラムを、geom_bar関数を使うと棒グラフを描くことができます。グラフは+記号を使っていくつも足し合わせることができます。また、グラフのタイトルや軸ラベルを追加する場合も、+記号を使って足し合わせていきます。

データはggplot関数の引数としても、頭に「geom_」がついた関数の引数としても指定できます。

X軸のデータ、Y軸のデータなど、データにおける大切な要素は**審美**(aesthetic) を略したaesで指定されます。審美はggplot関数の引数としても頭に「geom_」がついた関数の引数としても指定できます。

4-6-2　ヒストグラム

分析対象となるデータを読み込みます。コンソールの出力のみ記載します。

```
> # 対象のデータ
> sales_beef <- read_csv("2-9-1-sales-beef.csv")
Parsed with column specification:
cols(
  beef = col_double()
)
> sales_beef %>% print(n = 3)
# A tibble: 8 x 1
```

```
    beef
   <dbl>
1  26.9
2  30.9
3  25.8
# ... with 5 more rows
```

sales_beefは、牛肉の売り上げを8回記録したデータです。まずはこのデータを対象として、ヒストグラムを描きます。

```
ggplot(data = sales_beef) +
  geom_histogram(mapping = aes(x = beef),
                 bins = 3, alpha = 0.7, colour = "black")
```

1行目のggplot関数でデータを指定します。2行目のgeom_histogram関数がヒストグラムを描く関数です。これを+記号を使って加えます。mapping = aes(x = beef)でX軸が牛肉の売り上げデータであることを示します。

残りの引数はbins = 3でヒストグラムの階級の数を3つにしています。alpha = 0.7でグラフの背景の透過度を指定しています。colour = "black"で、ヒストグラムの線の色を黒色にしています。この3つの引数はaes関数の外側に指定する必要があることに注意してください。

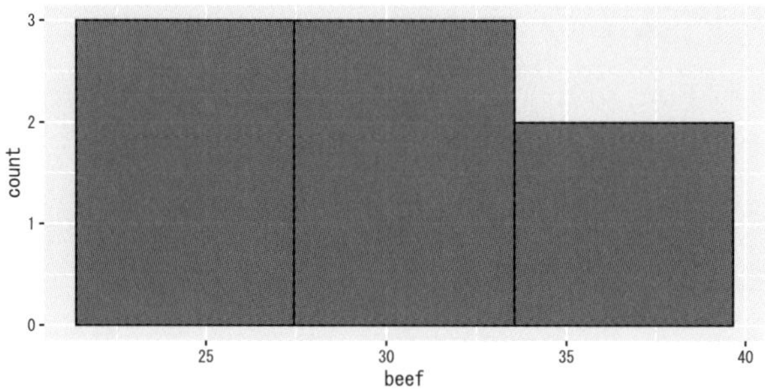

図4-1 ggplot2によるヒストグラム

4-6-3　グラフタイトルなどの追加

グラフタイトルなどの装飾をつける場合は、やはりグラフに+記号を使って要素を足しこんでいきます。

```
ggplot(data = sales_beef) +
  geom_histogram(mapping = aes(x = beef),
                 bins = 3, alpha = 0.7, colour = "black") +
  labs(title = "グラフのメインタイトル",
       subtitle = "グラフのサブタイトル") +
  xlab("X軸ラベル") +
  ylab("Y軸ラベル")
```

labs関数を足すことで、グラフのメインとサブタイトルを加えます。xlabとylabを足すことで、X軸ラベルとY軸ラベルを加えています。X軸ラベルとY軸ラベルはlabs関数の中で指定しても良いです。

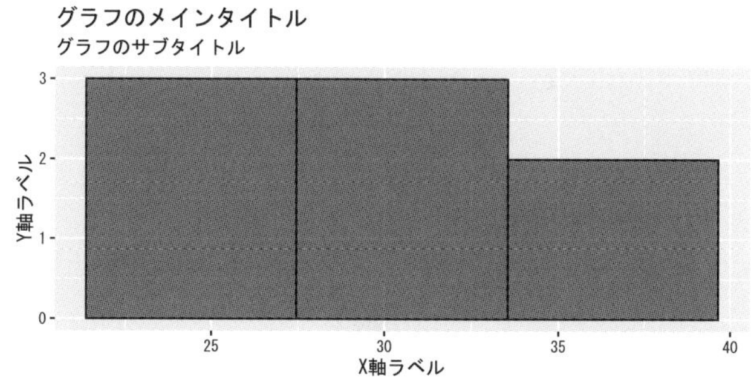

図4-2　グラフタイトルなどの追加

グラフタイトル以外に重要な項目は、例えばグラフのデザインを決めるテーマの追加や、グラフを複数に分ける指定の追加などがあります。後ほど事例を挙げて解説します。

4-6-4 カーネル密度推定

ヒストグラムは階級ごとに度数を表示しているので、階級が変わるとカクカクと高さが変化します。変化を滑らかにしたものを**カーネル密度推定**と呼びます。geom_density という関数を使うことで描画できます。カーネル密度推定の結果を使うことでも、データが密集している個所とそうでない箇所を視覚的に評価できます。ヒストグラムと並んで頻繁に用いられるグラフです。fill = "black" は塗りつぶしの色の指定です。

```
ggplot(data = sales_beef) +
  geom_density(mapping = aes(x = beef),
               alpha = 0.2, fill = "black")
```

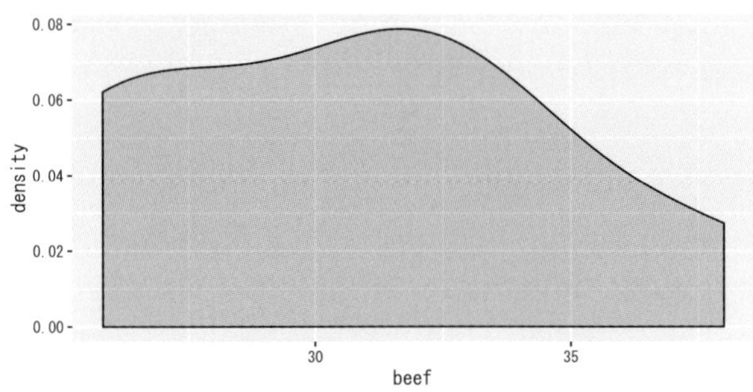

図 4-3 ggplot2 によるカーネル密度推定

4-6-5 棒グラフ

分析対象となるデータを読み込みます。コンソールの出力のみ記載します。

```
> # 対象のデータ
> sales_beef_region <- read_csv("2-9-2-sales_beef_region.csv")
Parsed with column specification:
cols(
  beef = col_double(),
  region = col_character()
)
> sales_beef_region %>% print(n = 3)
# A tibble: 8 x 2
   beef region
  <dbl> <chr>
1  26.9 Nagoya
2  30.9 Shinagawa
3  25.8 Yokohama
# ... with 5 more rows
```

sales_beef_region は地域ごとの牛肉の売り上げを記録したデータです。地域別の売り上げを棒グラフにします。geom_bar 関数を使います。

```
ggplot(data = sales_beef_region) +
  geom_bar(mapping = aes(x = region, y = beef),
           stat = "identity")
```

geom_bar 関数において stat = "identity" と指定することで、個別の数値をそのままグラフの縦軸の値にできます。データの平均値を縦軸の値にすることなどもできます。こちらは 4-6-6 節で紹介します。

また stat = "identity" を指定した geom_bar 関数の結果は、geom_col 関数を使うことでも得られます。この場合は以下のコードとなります。

```
ggplot(data = sales_beef_region) +
  geom_col(mapping = aes(x = region, y = beef))
```

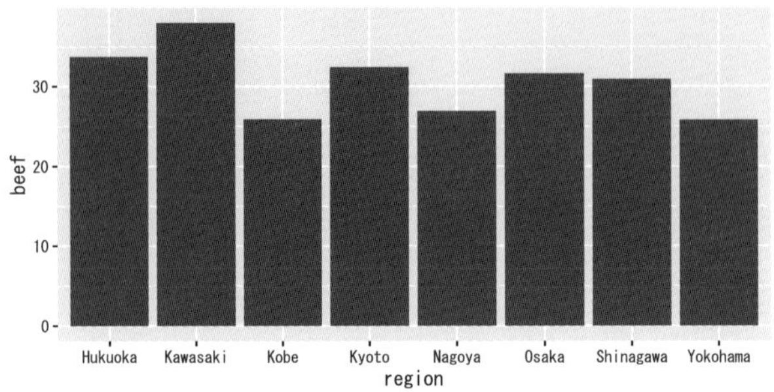

図 4-4 ggplot2 による棒グラフ

4-6-6 集計値に対する棒グラフ

集計値を対象とした棒グラフを描きます。まずは分析対象となるデータを読み込みます。コンソールの出力のみ記載します。

```
> # 対象のデータ
> sales_meat <- read_csv(
+   "2-9-4-sales-meat.csv",
+   col_types = cols(category = col_factor()))
> sales_meat %>% print(n = 3)
# A tibble: 16 x 2
  category sales
  <fct>    <dbl>
1 beef      35.6
2 beef      47.8
3 beef      32.5
# ... with 13 more rows
```

sales_meat はお肉のカテゴリ別に記録された売り上げデータです。お肉のカテゴリ別の売り上げ平均を棒グラフで可視化しましょう。

いくつかのやり方があります。まずはデータの集計処理を行ってから、グラフ描画を行う方法を解説します。dplyr の関数を使ってデータを集計します。

```
> # 集計
> summarise_meat <- sales_meat %>%
+   group_by(category) %>%
+   summarise(sales = mean(sales))
> summarise_meat
# A tibble: 2 x 2
  category sales
  <fct>    <dbl>
1 beef      47.0
2 pork      30.5
```

集計結果である summarise_meat を対象に棒グラフを描きます。

```
ggplot(summarise_meat) +
  geom_col(mapping = aes(x = category, y = sales))
```

上記のような２段構えでも良いのですが、geom_bar 関数内で集計処理を行う方法もあります。以下のように「stat = "summary", fun.y = "mean"」を指定すると、平均値に対する棒グラフが描けます。fun.y には median や max などほかの集計値を指定することもできます。

```
ggplot(data = sales_meat) +
  geom_bar(mapping = aes(x = category, y = sales),
           stat = "summary", fun.y = "mean")
```

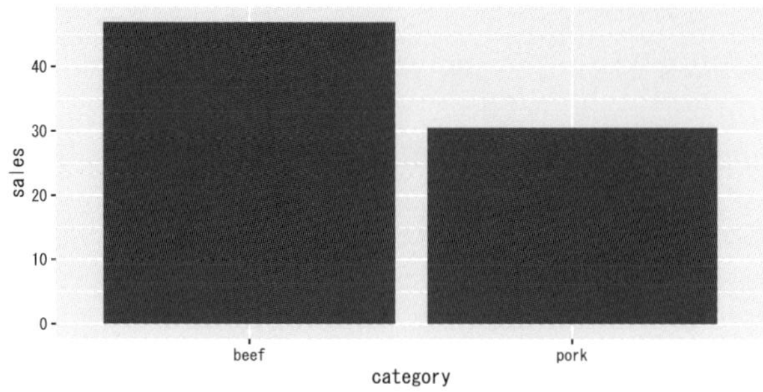

図 4-5 集計値に対する棒グラフ

4-6-7 2 つ以上のグループを対象とした集計値に対する棒グラフ

2 つ以上のグループ集計値を対象とした棒グラフを描きます。今回は R が提供している warpbreaks データを対象とします。breaks が切断数で、wool がウールの種類、tension が糸の張力です。コンソールの出力のみ記載します。

```
> # 対象のデータ
> warpbreaks %>% head(n = 3)
  breaks wool tension
1     26    A       L
2     30    A       L
3     54    A       L
```

まずは dplyr の関数を使ってデータを集計します。

```
> # 集計
> summarise_warpbreaks <- warpbreaks %>%
+   group_by(wool, tension) %>%
+   summarise(breaks = mean(breaks))
> summarise_warpbreaks
# A tibble: 6 x 3
# Groups:   wool [2]
```

```
  wool  tension breaks
  <fct> <fct>    <dbl>
1 A     L         44.6
2 A     M         24
3 A     H         24.6
4 B     L         28.2
5 B     M         28.8
6 B     H         18.8
```

集計結果であるsummarise_warpbreaksを対象に棒グラフを描きます。

```
ggplot(summarise_warpbreaks) +
  geom_col(mapping = aes(x = wool, fill = tension, y = breaks),
           position = "dodge")
```

aesの中のxとyは説明済みなのでよいでしょう。fillは塗りつぶしの指定です。2-6-4節のように「すべての色を」黒色に変更する場合は「aesの外側」にfill = "black"と指定します。一方で「tension別」に色を変える場合は「aesの内側」でfill = tensionと指定します。aesの内側に入れるか外側に入れるかで挙動が変わるので注意してください。position = "dodge"は、棒グラフを横に並べるという指定です。この指定を外すと、積み上げ棒グラフになります(明示的に積み上げ棒グラフにする場合はposition = "stack"とします)。

上記のような2段構えでも良いのですが、geom_bar関数内で集計処理を行う方法を使っても同じグラフが描けます。

```
ggplot(data = warpbreaks) +
  geom_bar(mapping = aes(x = wool, fill = tension, y = breaks),
           stat = "summary", fun.y = "mean", position = "dodge")
```

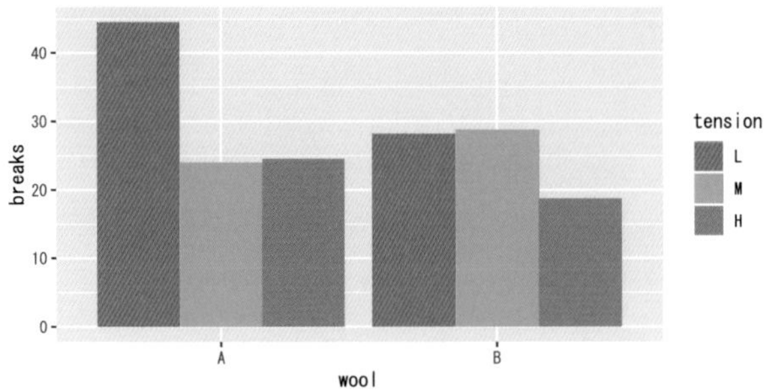

図 4-6 2 つ以上のグループを対象とした集計値に対する棒グラフ

MEMO

グループ分けの考え方

先ほどの事例では aes の中に fill という「塗りつぶしの色」の指定を追加することでグループ分けをしていました。仮に tension に対して色の変化を伴わないグループ分けの指定をする場合は、以下のように group = tension と指定します。作成されたグラフは黒一色なのでとても見づらいものです。とはいえ、グループ分けの基本的な方法は知っておくと応用が利きます。エラーバーの追加をする際にこの方法を使います。

```
ggplot(data = warpbreaks) +
  geom_bar(aes(x = wool, group = tension, y = breaks),
           stat = "summary", fun.y = "mean", position = "dodge")
```

MEMO

stat_summary の使用

geom_bar 関数の中で stat = "summary" を指定する代わりに、stat_summary 関数を使う方法もあります。

```
ggplot(data = warpbreaks) +
  stat_summary(aes(x = wool, fill = tension, y = breaks),
               geom = "bar", fun.y = "mean",
               position = "dodge")
```

stat_summary 関数を使う場合は、描かれるグラフの種類を例えば geom = "bar" のように指定します。他のグラフの種類を使うこともできます。

MEMO

エラーバーの追加

やや応用的な事例になりますが、エラーバー付きの棒グラフの実装例を紹介します。

```
ggplot(data = warpbreaks) +
  stat_summary(aes(x = wool, fill = tension, y = breaks),
               geom = "bar", fun.y = "mean",
               position = "dodge") +
  stat_summary(aes(x = wool, group = tension, y = breaks),
               geom = "errorbar", width = 0.25,
               fun.data = "mean_se",
               position = position_dodge(0.9))
```

もっとも重要なポイントは、2つのグラフを重ね合わせることで実装しているということです。1つ目の stat_summary で棒グラフを、2つ目の stat_summary でエラーバーを描画し、それを + 記号を使って重ね合わせています。「棒グラフとエラーバー」の組み合わせ以外にも、さまざまなグラフを重ね合わせることができます。逆に言えば、棒グラフ無しでエラーバーだけを描画することもできるわけです（2~4行目を削除すると、ちょっと格好が悪いですが、エラーバーだけが描かれます）。

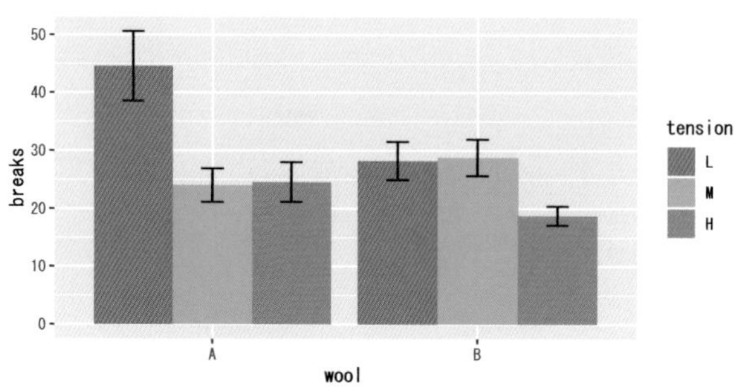

図4-7　エラーバー付きの棒グラフ

エラーバーを作成する場合はgeom_errorbar関数を使います。今回はstat_summary関数内にgeom = "errorbar"と指定する方法を使いました。fun.data = "mean_se"とするだけで集計処理が行われます。width = 0.25はエラーバーの横線の長さです。エラーバーを色分けする必要はありませんね。しかしグループ分けをする必要はあります。そのためgroup = tensionという指定をaesの中に入れてあります。

4-6-8　箱ひげ図とグラフ領域の指定

続いて箱ひげ図を描きます。warpbreaksデータを対象とします。ウールの種類別、糸の張力別の切断数を可視化します。

```
ggplot(data = warpbreaks) +
  geom_boxplot(aes(x = wool, fill = tension, y = breaks)) +
  ylim(0, 75)
```

今回はylim(0, 75)を使ってY軸の範囲を0以上75以下に設定しました。この設定は箱ひげ図以外にも適用できます。ちなみに、X軸の範囲を指定する場合はxlim関数を使います。

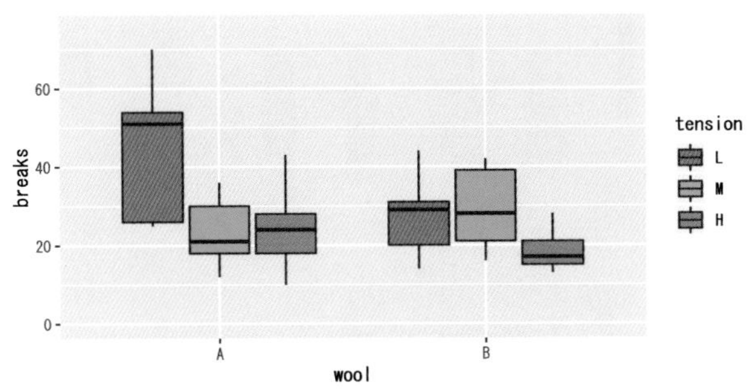

図 4-8　ggplot2 による箱ひげ図

4-6-9　バイオリンプロットとグレースケールへの変更

箱ひげ図と同じデータを対象としてバイオリンプロットを描きます。このとき、グラフをグレースケールで描くことにします。白黒で印刷する際などに便利です。scale_fill_greyを追加することでグレースケールにできます。

```
ggplot(data = warpbreaks) +
  geom_violin(aes(x = wool, fill = tension, y = breaks)) +
  ylim(0, 75) +
  scale_fill_grey()
```

バイオリンプロットは、箱ひげ図に、データの度数の情報も追加したようなグラフです。横幅が広いとデータが密集していることを示しています。

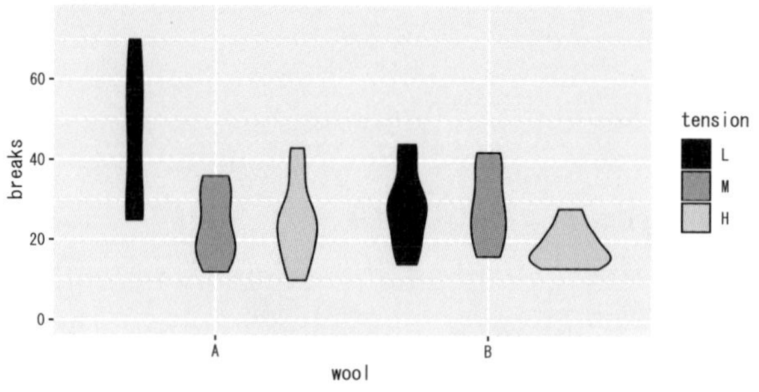

図 4-9 ggplot2 によるバイオリンプロット

4-6-10 グリッドの分割

複数のグループでグラフを描く場合、今までのように色分けをするというのが 1 つの方法です。他にもグリッドを分割するという方法もあります。グリッドを分割する場合には、以下のコード例のように + 記号を使って「グラフのグリッドを分割するという指定」を追加します。今回は facet_grid 関数を使いましたが、facet_wrap 関数を使うこともできます。これらはグリッドの並び順が異なっています。

```
ggplot(data = warpbreaks) +
  geom_violin(aes(x = wool, y = breaks)) +
  facet_grid(~ tension) +
  ylim(0, 75)
```

facet_grid 関数の中にチルダ記号（~）とグリッドの分割をしたいグループを指定します。facet_grid(~ tension) で tension ごとに分かれたグラフが描かれます。

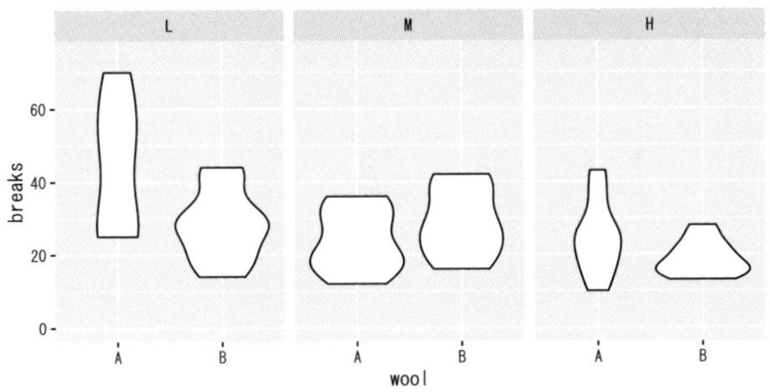

図 4-10　グリッドの分割

4-6-11　散布図とグラフのテーマの設定

以下のアヤメデータを対象に、散布図を描くことにします。

```
> # 対象のデータ
> iris %>% head(n = 3)
  Sepal.Length Sepal.Width Petal.Length Petal.Width Species
1          5.1         3.5          1.4         0.2  setosa
2          4.9         3.0          1.4         0.2  setosa
3          4.7         3.2          1.3         0.2  setosa
```

今回は、Sepal.Length をＸ軸に、Sepal.Width をＹ軸に置いた散布図を作成します。また Species ごとに色分けをします。そして、グラフのテーマを指定します。さまざまなテーマがありますが、シンプルなクラシックテーマを用います。theme_classic() をグラフに加算するだけでテーマの変更ができます。

```
ggplot(data = iris) +
  geom_point(aes(x = Sepal.Length, y = Sepal.Width,
                 colour = Species)) +
  theme_classic()
```

今まではグラフの背景が灰色になっていましたが、それがなくなりました。テーマを変えることでグラフのデザインを簡単に変更できます。クラシックテーマ以外にもいくつかのテーマが用意されています。標準は theme_gray です。このテーマだと背景が灰色になります。theme_bw だと、背景に枠線が引かれます。

文字サイズなどを変更する際も theme を使用します。例えば theme_gray(base_size = 20) のように theme を設定すると、文字サイズが大きくなります。もちろん theme_gray だけでなく theme_classic や theme_bw でも同様に文字サイズを指定できます。

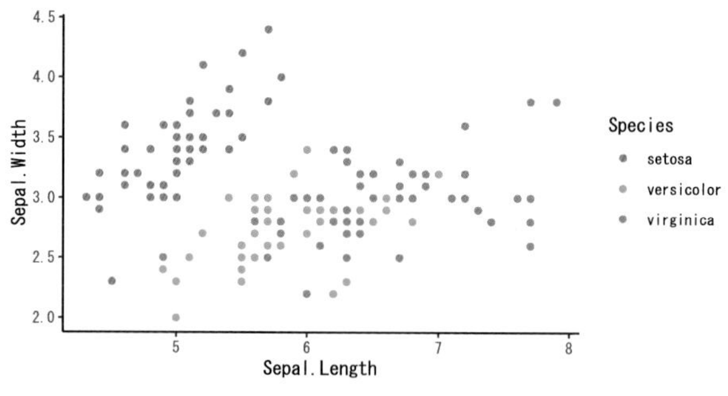

図 4-11　ggplot2 による散布図

4-6-12　折れ線グラフと軸ラベルの設定

以下の１分毎に得られた売り上げデータを対象に、折れ線グラフを描くことにします。

```
> # 対象のデータ
> tbl_day_time <- read_csv("4-5-2-ts-day-time.csv")
Parsed with column specification:
cols(
  time = col_datetime(format = ""),
  sales = col_double()
)
> tbl_day_time
```

```
# A tibble: 5 x 2
  time                sales
  <dttm>              <dbl>
1 2000-01-01 00:00:00     8
2 2000-01-01 00:01:00     6
3 2000-01-01 00:02:00    13
4 2000-01-01 00:03:00    10
5 2000-01-01 00:04:00    11
```

折れ線グラフは geom_line 関数で描くことができます。今回は横軸が日時データである POSIXct なので、それにあわせて横軸のラベルを変更しました。「%Y」など % 記号がついたアルファベットで、時間の情報を指定します。「¥n」は改行するという指定です。

```
ggplot(data = tbl_day_time) +
  geom_line(mapping = aes(x = time, y = sales)) +
  scale_x_datetime(date_labels = "%Y/%m/%d ¥n %H:%M:%S")
```

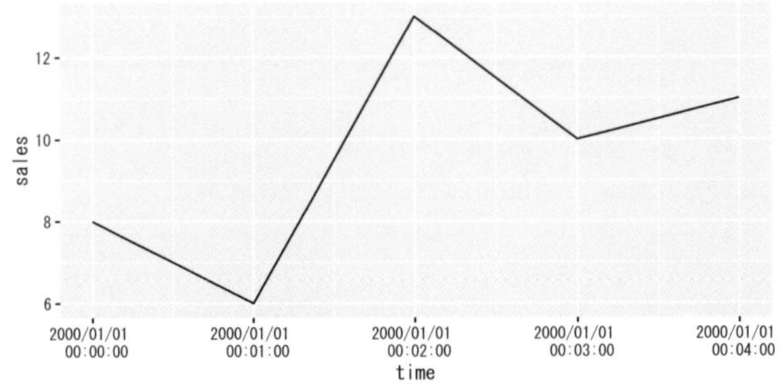

図 4-12　ggplot2 による折れ線グラフ

今回は POSIXct 型を対象としたので scale_x_datetime 関数を使いました。Date 型の場合は scale_x_date 関数を使います。数値データの場合は scale_x_continuous 関数を使います。Y 軸の調整をする場合は scale_y_continuous 関数などを使います。

4-6-13 qplotを使った簡易的な実装

グラフはこだわろうと思えばいくらでもこだわった複雑なものを作ることができるでしょう。しかし、手持ちのデータの特徴を今すぐ知りたいこともあります。グラフのデザインよりも、とにかく早くグラフを作成したいという場合はqplot関数を使うこともできます。これはquickplotの略称で、Rの標準のplot関数と同じように使うことができます。例えば棒グラフを描く場合は以下のようになります。

```
qplot(x = region, y = beef,
      data = sales_beef_region, geom = "col")
```

qplot関数では、xとyに来る変数名、そしてデータ、そしてグラフの形状(geom = "col")を指定します。これで4-6-5節と同じ棒グラフを描くことができます。

以下の折れ線グラフの事例のように、軸の設定を加えることもできます。

```
qplot(x = time, y = sales,
      data = tbl_day_time, geom = "line") +
  scale_x_datetime(date_labels = "%Y/%m/%d ¥n %H:%M:%S")
```

geom_line関数で作成されるグラフを描く場合はgeom = "line"と指定します。ほかのグラフも作成できます。例えばヒストグラムならgeom = "histogram"と、箱ひげ図ならgeom = "boxplot"と指定します。

4-6-14 グラフのファイル出力

グラフのファイル出力をする場合は、第2部第11章で紹介したようにRStudio上でグラフ出力をする方法や、svg関数などを使う方法を実行できます。

また、以下のように ggsave 関数を使うと、最後に描画されたグラフがファイル出力されます。

```
ggsave("plot.png", width = 5, height = 5)
```

4-6-15　ggplot2 の拡張

ggplot2 パッケージは大変に高機能ですが、このパッケージをさらに発展されたパッケージがさまざま公開されています。その一覧は例えば以下の URL から参照できます「http://www.ggplot2-exts.org/gallery/」。その中から、散布図行列を作成するパッケージである GGally パッケージを今回は紹介します。

GGally パッケージは Tidyverse のパッケージとは扱いが異なるため、別途インストールが必要です。パッケージのインストールができていれば、以下のようにして ggpairs 関数を使うと散布図行列が描けます。

```
library(GGally)
ggpairs(data = iris, mapping = aes(colour = Species))
```

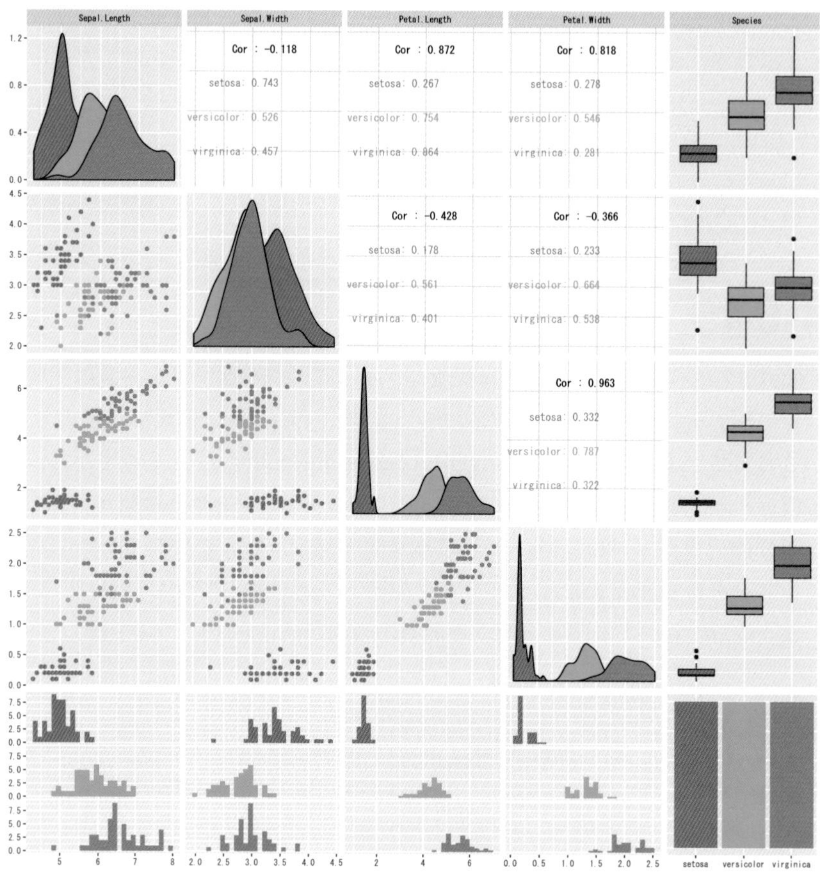

図 4-13 GGally による散布図行列

散布図行列の解釈は 2-11-6 節で紹介した `pairs` 関数の出力とほぼ同様です。ただし、GGally の結果では、散布図行列の対角線上にカーネル密度推定の結果が出力されています。1 行 2 列から 4 列目、2 行 3 列から 4 列目、3 行 4 列目の領域でみられる数値は相関係数です。

`GGally` パッケージ以外にもさまざまなパッケージがあります。ギャラリーからお気に入りのパッケージを見つけてみてください。

第7章
データの整形と結合

章のテーマ

この章では、実際にデータを分析する前に行う処理（いわゆる**前処理**）の方法を解説します。前処理の難しいところは「なぜこの前処理が必要なのか理解できない」ことがあるからです。なので、前処理をこの本の最後に持ってきました。雑然データを整然データに変換する方法と、２つ以上のテーブルデータを結合させる方法を、事例を交えて解説します。

この章では以下のようにパッケージが読み込まれていることを前提とします。必要に応じて install.packages 関数を使ってパッケージをインストールして下さい。

```
library(readr)
library(ggplot2)
library(tidyr)
library(dplyr)
```

readr は、データの読み込みや書き込みを支援するパッケージです。
ggplot2 は、データの可視化を行うパッケージです。
dplyr は、データ操作を支援するパッケージです。
tidyr は、整然データの作成を支援するパッケージです。

章の概要

●データの整形

縦持ちデータと横持ちデータ → 横持ちから縦持ちへ変換
→ 縦持ちから横持ちへ変換 → 列の分割と結合

●データの結合

inner_join → left_join と right_join → full_join

●分析事例

３つのテーブルを結合させる分析事例

★★★

4-7-1　縦持ちデータと横持ちデータ

縦持ちデータと**横持ちデータ**という少し聞きなれない言葉の解説から始めます。教科書によっては縦長データと横長データと呼ぶこともあるようです。第 2 部第 5 章で紹介した整然データ（tidy data）は縦持ちデータです。そのため横持ちデータは雑然データ（messy data）となります。縦持ちデータと横持ちデータがどのようなものか、具体例を挙げて見ていきます。

4-7-1-1　縦持ちデータの例

データの例を見てみましょう。縦持ちデータ tidy_1 を表示させます。コンソールのみ記載します。

```
> tidy_1 <- read_csv("4-7-1-tidy-data-1.csv")
Parsed with column specification:
cols(
  time = col_date(format = ""),
  product = col_character(),
  sales = col_double()
)
> tidy_1
# A tibble: 15 x 3
   time       product   sales
   <date>     <chr>     <dbl>
 1 2010-01-01 product_a  18.7
 2 2010-01-02 product_a  20.4
 3 2010-01-03 product_a  18.3
 4 2010-01-04 product_a  23.2
 5 2010-01-05 product_a  20.7
 6 2010-01-01 product_b  21.7
 7 2010-01-02 product_b  26.9
 8 2010-01-03 product_b  28.0
 9 2010-01-04 product_b  27.3
10 2010-01-05 product_b  23.8
11 2010-01-01 product_c  36.0
12 2010-01-02 product_c  31.6
13 2010-01-03 product_c  27.5
```

```
14 2010-01-04 product_c  21.1
15 2010-01-05 product_c  34.5
```

tidy_1は15行3列のデータです。1列目 timeが日付で、productが商品名を、salesが売り上げを表しています。

tidy_1の1行目のデータを見ると、「2010年1月1日に、product_aが18.7万円売れた」ということがわかります。1行が「ある日のある商品の売り上げ」を記録した観測値となっています。また、列ごとに「ある変数（興味の対象）」が分かれています。

4-7-1-2　横持ちデータの例

続いて横持ちデータmessy_1を表示させます。

```
> messy_1 <- read_csv("4-7-2-messy-data-1.csv")
Parsed with column specification:
cols(
  time = col_date(format = ""),
  product_a = col_double(),
  product_b = col_double(),
  product_c = col_double()
)
> messy_1
# A tibble: 5 x 4
  time       product_a product_b product_c
  <date>         <dbl>     <dbl>     <dbl>
1 2010-01-01      18.7      21.7      36.0
2 2010-01-02      20.4      26.9      31.6
3 2010-01-03      18.3      28.0      27.5
4 2010-01-04      23.2      27.3      21.1
5 2010-01-05      20.7      23.8      34.5
```

数値そのものは縦持ちデータとまったく変わりません。しかし、仮にこの横持ちデータだけを目の前にしたとき、少し戸惑うかもしれません。例えばproduct_aの列にある数値18.7はいったい何なのでしょうか。製造量なのでしょうか、売上なのでしょうか。データからはわかりません。変数の名前が列名になっているのが好ましいのですが、横持ちデータはそうなっていません。

一方、横持ちデータにも利点があります。行数が少なくて済むので、人間が一覧で数値を眺めるときに便利です。

横持ちデータが一概に問題であるわけではないですが、縦持ちデータは構造が明確であるため、Tidyverseでの分析が容易であるという特徴があります。そのためデータは基本的に縦持ちで管理しておくのが良いでしょう。

4-7-1-3 縦持ちデータの分析事例

縦持ちデータの分析事例を簡単に紹介します。製品の種類別に色分けした、売り上げの時系列折れ線グラフを描きます。ggplot2パッケージを使うことで、とても自然に実装できます。これと同じグラフをmessy_1で描くのは少し骨の折れる作業です。

```
ggplot(data = tidy_1) +
  geom_line(aes(x = time, y = sales, colour = product)) +
  ylim(0, 40) +
  scale_x_date(date_labels = "%m月%d日")
```

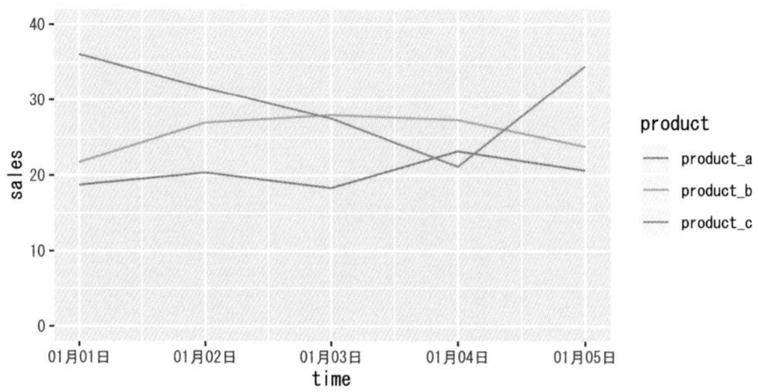

図4-14 縦持ちデータならばデータの可視化が容易

4-7-2　横持ちデータ→縦持ちデータの変換

横持ちデータはggplot2による可視化やdplyrによるデータ操作が少し面倒です。横持ちデータを、分析しやすい縦持ちデータに変換する方法を解説します。

4-7-2-1　pivot_longer関数の適用例

横持ちデータを縦持ちデータに変換するときは、pivot_longer関数を使います。コンソールのみ記載します。

```
> messy_1 %>%
+   pivot_longer(cols = c(product_a, product_b, product_c),
+                names_to = "product", values_to = "sales")
# A tibble: 15 x 3
   time       product   sales
   <date>     <chr>     <dbl>
 1 2010-01-01 product_a  18.7
 2 2010-01-01 product_b  21.7
 3 2010-01-01 product_c  36.0
 4 2010-01-02 product_a  20.4
 5 2010-01-02 product_b  26.9
 6 2010-01-02 product_c  31.6
 7 2010-01-03 product_a  18.3
 8 2010-01-03 product_b  28.0
 9 2010-01-03 product_c  27.5
10 2010-01-04 product_a  23.2
11 2010-01-04 product_b  27.3
12 2010-01-04 product_c  21.1
13 2010-01-05 product_a  20.7
14 2010-01-05 product_b  23.8
15 2010-01-05 product_c  34.5
```

pivot_longer関数を使うことで、横持ちデータを縦持ちデータに変換できました。結果は省略しますが、例えば以下のコードを実行すると、tidy_1を対象にして描いたグラフと同じ折れ線グラフを作成できます。２行追加するだけで前処理が終わってしまうので、とても便利です。

```
messy_1 %>%
  pivot_longer(cols = c(product_a, product_b, product_c),
               names_to = "product", values_to = "sales") %>%
  ggplot() +
  geom_line(aes(x = time, y = sales, colour = product)) +
  ylim(0, 40) +
  scale_x_date(date_labels = "%m月%d日")
```

4-7-2-2　pivot_longer 関数の使い方：names_to と values_to の指定

pivot_longer 関数の使い方を理解するのは少し難しいかもしれません。難しいと感じたら飛ばしても構わないですが、便利な関数なので、その使い方を補足します。

pivot_longer 関数で大切なのは、まずは names_to と values_to の指定です。この 2 つは「新たに作成する列の名前」です。単なる名前です。そのため、例えば以下のように name1, name2 と「安直な」名前を付けてもエラーにはなりません。

```
messy_1 %>%
  pivot_longer(cols = c(product_a, product_b, product_c),
               names_to = "name_1", values_to = "name_2")
```

横持ちデータ

time	product_a	product_b	product_c
1月1日	18.7	21.7	36.0
1月2日	20.4	26.9	31.6

縦持ちデータ

time	product	sales
1月1日	product_a	18.7
1月1日	product_b	21.7
1月1日	product_c	36.0
1月2日	product_a	20.4
1月2日	product_b	26.9
1月2日	product_c	31.6

図 4-15　横持ちデータと縦持ちデータ

しかし、先ほどのコードでは「names_to = "product", values_to = "sales"」としました。これは「列に格納されるデータを良く表す名前」だと判断したので、このようにしています。横持ちデータだと、例えば18.7という数値が入庫量なのか売上なのかわからないという問題がありました。しかし「values_to = "sales"」という列名にしたら問題解決です。product名称ごとの(names_to)、salesという値(values_to)なのだということを明示したいので「names_to = "product", values_to = "sales"」なのです。自由に指定できるとなると何を指定すればいいのか悩む方がいます。私たちが解釈しやすい列名を指定すれば良いです。

4-7-2-3　pivot_longer関数の使い方：集約される列名の指定

pivot_longer関数の実行時に、列名が渡されていました。「cols = c(product_a, product_b, product_c)」のことです。列名のベクトルを指定します。横持ちデータmessy_1の、この3列に売り上げデータが格納されています。「3列に分けて格納されていた値」を「1列にまとめる」先がvalues_toです。1列にまとめてしまっては商品ごとの区別がつかなくなりますね。そこで「3列に分けて格納されていた列名」をやはり「1列にまとめる」ことも行います。これがnames_toです。

ちなみに、指定されなかった列はそのまま残ります。言い換えるとnames_toとvalues_toに集約されません。これは以下のコードが参考になるでしょう。うっかりでproduct_c列を指定するのを忘れると、これはそのまま残ってしまいます。下記の実行結果は明らかな失敗です。

```
> messy_1 %>%
+   pivot_longer(cols = c(product_a, product_b),
+                names_to = "product", values_to = "sales")
# A tibble: 10 x 4
   time       product_c product   sales
   <date>         <dbl> <chr>     <dbl>
 1 2010-01-01      36.0 product_a  18.7
 2 2010-01-01      36.0 product_b  21.7
 3 2010-01-02      31.6 product_a  20.4
 4 2010-01-02      31.6 product_b  26.9
```

```
 5 2010-01-03      27.5 product_a  18.3
 6 2010-01-03      27.5 product_b  28.0
 7 2010-01-04      21.1 product_a  23.2
 8 2010-01-04      21.1 product_b  27.3
 9 2010-01-05      34.5 product_a  20.7
10 2010-01-05      34.5 product_b  23.8
```

列名を全部指定するのは面倒です。以下のように、集約させたくない列のみをマイナス記号で指定しても、正しい結果が得られます。このあたりの挙動は dplyr パッケージの select 関数に準じます。

```
messy_1 %>%
  pivot_longer(cols = -time,
               names_to = "product", values_to = "sales")
```

4-7-3 縦持ちデータ→横持ちデータの変換

横持ちデータは可視化などがしにくいものの、行数が少なくて一覧性が良いこともあります。縦持ちデータを横持ちデータに変換する場合は pivot_wider 関数を使います。pivot_longer の逆をしてくれます。

```
> tidy_1 %>%
+   pivot_wider(names_from = "product", values_from = "sales")
# A tibble: 5 x 4
  time       product_a product_b product_c
  <date>         <dbl>     <dbl>     <dbl>
1 2010-01-01      18.7      21.7      36.0
2 2010-01-02      20.4      26.9      31.6
3 2010-01-03      18.3      28.0      27.5
4 2010-01-04      23.2      27.3      21.1
5 2010-01-05      20.7      23.8      34.5
```

MEMO

gather 関数と spread 関数

tidyr パッケージのバージョン 1.0.0 からは pivot_longer 関数と pivot_wider 関数が導入されました。これ以前は gather 関数と spread 関数が代わりに使われていました。gather 関数と spread 関数でも同様の処理ができます。コードの例を以下に記載します。ただし、pivot_longer 関数と pivot_wider 関数を使った方が良いでしょう。

```
# gather
messy_1 %>%
  gather(key = "product", value = "sales",
         product_a, product_b, product_c)
# spread
tidy_1 %>%
  spread(key = "product", value = "sales")
```

4-7-4　列の分割と結合

雑然データにはさまざまなパターンがあり得ます。例えば「1 つのセルに 2 つ以上のデータが含まれる」データもあり得ます。この場合は列を 2 つ以上に分割する必要があります。その方法を解説します。

4-7-4-1　「1 つのセルに 2 つ以上のデータが含まれる」データの例

まずはデータを読み込みます。

```
messy_2 <- read_csv("4-7-3-messy-data-2.csv")
```

mcssy_2 を表示させます。コンソールのみ記載します。

```
> messy_2
# A tibble: 3 x 1
  data
  <chr>
1 male：13.8
2 male：14.3
3 female：6.8
```

messy_2 は data という列に、カニの性別とカニの甲羅の幅が記録されています。といっても第三者から「これはカニの甲羅の幅だよ」と教えてもらわないと 13.8 という数値が何者なのかわかりませんね。

4-7-4-2　separate 関数による列の分離

例えば「male：13.8」というデータは、コロン記号の左側と右側でカニの性別とカニの甲羅の幅で分離できそうです。この場合は separate 関数を使うことで、1 列のデータを 2 列に分離できます。

```
> tidy_2 <- messy_2 %>%
+   separate(col = data, into = c("sex", "shell_width"),
+            sep = "：", convert = TRUE)
> tidy_2
# A tibble: 3 x 2
  sex    shell_width
  <chr>        <dbl>
1 male          13.8
2 male          14.3
3 female         6.8
```

separate 関数において col で「分離させたい列名」を指定します。into で「分離後に新たに作られる列名」を指定します。sep で区切り文字を指定します。文字列ではなく数値を指定することもできます。例えば sep = 3 とすると、左から 3 文字目までと 4 文字目以降で列を分離させます。convert

= TRUE と指定すると、数値などを正しく変換してくれます。FALSE だと charactar のままになります。

4-7-4-3　unite 関数による列の結合

逆に２列を１つに結合させたい場合は unite 関数を使います。区切り文字をスラッシュ記号に変えてみました。

```
> tidy_2 %>%
+   unite(sex, shell_width, col = "unite", sep = "/")
# A tibble: 3 x 1
  unite
  <chr>
1 male/13.8
2 male/14.3
3 female/6.8
```

4-7-5　inner_join による結合

続いて２つ以上のテーブルデータを結合させる方法を解説します。dplyr の関数を使います。dplyr は第４部第４章でも紹介しましたね。dplyr には大きく２つの機能があります。１つが「単一のテーブルデータの操作」で２つ目が「２つ以上のテーブルの操作」です。テーブルというのは data.frame や tibble のことです。今回は「２つ以上のテーブルの操作」の解説をします。具体的には、複数のテーブルを結合させる処理の解説をします。

4-7-5-1　データの読み込み

まずはデータを読み込みます。

```
tbl_sales <- read_csv("4-7-4-tbl-sales.csv")
tbl_product <- read_csv("4-7-5-tbl-product.csv")
```

2つのデータを表示させます。コンソールのみ記載します。

```
> # 毎日の売り上げデータ
> tbl_sales
# A tibble: 6 x 3
  time       product_id sales_quantity
  <date>          <dbl>          <dbl>
1 2010-01-01          1             19
2 2010-01-02          1             20
3 2010-01-01          2             15
4 2010-01-02          2             24
5 2010-01-01          3             41
6 2010-01-02          3             37
> # 商品情報
> tbl_product
# A tibble: 4 x 4
     id name  category price
  <dbl> <chr> <chr>    <dbl>
1     1 curry food       980
2     3 beer  drink      450
3     4 juice drink      200
4     5 bread food       500
```

tbl_salesは2日間の売り上げデータを格納したテーブルです。日付ごと、product_idごとに販売個数が記録されています。

tbl_productは商品の情報を記録したテーブルです。idごとに商品名、商品カテゴリ、商品価格が記録されています。

ところで食べ物foodと飲み物drinkはどちらの方が多く売れているでしょうか。そして（売上個数ではなく）売上金額は食べ物foodと飲み物drinkでどちらの方が多いでしょうか。tbl_salesだけを見ていても、tbl_productだけを見ていてもわかりません。2つのテーブルを結合させる必要があります。

売り上げデータ

time	product_id	sales
1月1日	1	19
1月2日	1	20
1月1日	2	15
1月2日	2	24
1月1日	3	41
1月2日	3	37

商品情報

id	name	category	price
1	curry	food	980
3	beer	drink	450
4	juice	drink	200
5	bread	food	500

図4-16　結合対象データ

4-7-5-2　inner_join関数によるテーブルの結合

まずはinner_join関数を使ってテーブルを結合させる方法を解説します。実行結果を示します。

```
> tbl_sales %>%
+   inner_join(tbl_product, by = c("product_id" = "id"))
# A tibble: 4 x 6
  time       product_id sales_quantity name  category price
  <date>          <dbl>          <dbl> <chr> <chr>    <dbl>
1 2010-01-01          1             19 curry food       980
2 2010-01-02          1             20 curry food       980
3 2010-01-01          3             41 beer  drink      450
4 2010-01-02          3             37 beer  drink      450
```

tbl_salesにtbl_productを結合させます。「by = c("product_id" = "id")」とすることで「tbl_salesのproduct_id列」と「tbl_productのid列」が一致する行同士を結合させる処理になります。

product_id=1の商品はcurryですね。1月1日にはcurryが19個、2日には20個売れたことがわかりました。product_id=3の商品はbeerです。1月1日にはbeerが41個、2日には37個売れたことがわかりました。この結果が一目でわかるのは、テーブルを結合させた成果です。

結合させたテーブルに対して、さらに集計処理を行うことができます。飲み物と食べ物で売上個数・金額の2日間平均値を各々計算するコードは以下の通りです。

```
> tbl_sales %>%
+   inner_join(tbl_product, by = c("product_id" = "id")) %>%
+   group_by(category) %>%
+   summarise(mean_sales_quantity = mean(sales_quantity),
+             mean_sales_price = mean(sales_quantity * price))
# A tibble: 2 x 3
 category mean_sales_quantity mean_sales_price
 <chr>                  <dbl>            <dbl>
1 drink                    39            17550
2 food                     19.5          19110
```

発売個数はdrinkが上ですが、単価はfoodの方が高いので、売上金額はfoodの方が上になりました。上記コードの流れをまとめておきます。

対象データ：tbl_sales
第1段階　：inner_join 関数で tbl_product テーブルと結合
第2段階　：group_by 関数で category ごとにグループ分け
第3段階　：summarise 関数で発売個数の平均値 mean_sales_quantity と売上金額の平均値 mean_sales_price を計算

4-7-6　left_join と right_join による結合

inner_join でテーブルの結合ができましたが、1つ気になることがあります。もともとの売上データ tbl_sales は6行あったのに、結合後のデータは4行しかありません。これは inner_join 関数が「tbl_sales と tbl_product に共通して存在する product_id を持つ行」のみを結合対象にしているからです。tbl_sales には product_id=2 のデータがあります。しかし id=2 のデータは tbl_product にありません。そのため product_id=2 のデータは排除されました。この結合の仕方を**内部結合**と呼びます。

これでは困ることもあります。例えば「発売個数の総計」を得たいときに、売上データが勝手に無くなってしまうのでは問題です。そこで用いられるのが外部結合です。この節では**左外部結合**と**右外部結合**を解説します。左外部結合は left_join 関数を、右外部結合は right_join 関数を使います。両者は順番が違うだけです。どちらを使っても同じ処理ができます。

4-7-6-1　left_join 関数によるテーブルの結合

左外部結合を実行してみます。

```
> tbl_sales %>%
+   left_join(tbl_product, by = c("product_id" = "id"))
# A tibble: 6 x 6
  time       product_id sales_quantity name  category price
  <date>          <dbl>          <dbl> <chr> <chr>    <dbl>
1 2010-01-01          1             19 curry food       980
2 2010-01-02          1             20 curry food       980
3 2010-01-01          2             15 NA    NA          NA
4 2010-01-02          2             24 NA    NA          NA
5 2010-01-01          3             41 beer  drink      450
6 2010-01-02          3             37 beer  drink      450
```

パイプ演算子の左側が tbl_sales で、右側が tbl_product です。left_join 関数は、左側の tbl_sales の情報を減らさないようにしてくれます。id=2 のデータは tbl_product にありません。このときは tbl_product の情報が NA になります。

4-7-6-2　right_join 関数によるテーブルの結合

右外部結合を実行してみます。

```
> tbl_sales %>%
+   right_join(tbl_product, by = c("product_id" = "id"))
# A tibble: 6 x 6
  time       product_id sales_quantity name  category price
```

```
  <date>          <dbl>          <dbl> <chr> <chr>    <dbl>
1 2010-01-01          1             19 curry food       980
2 2010-01-02          1             20 curry food       980
3 2010-01-01          3             41 beer  drink      450
4 2010-01-02          3             37 beer  drink      450
5 NA                  4             NA juice drink      200
6 NA                  5             NA bread food       500
```

right_join関数は、右側のtbl_productの情報を減らさないようにしてくれます。product_id=4または5のデータはtbl_salesにありません。このときはtbl_salesの情報がNAになります。

4-7-7 full_joinによる結合

最後にfull_join関数を紹介します。これは**完全外部結合**と呼ばれるもので、左側のtbl_salesの情報も、右側のtbl_productの情報も減らさないようにテーブルを結合させます。

```
> tbl_sales %>%
+   full_join(tbl_product, by = c("product_id" = "id"))
# A tibble: 8 x 6
  time       product_id sales_quantity name  category price
  <date>          <dbl>          <dbl> <chr> <chr>    <dbl>
1 2010-01-01          1             19 curry food       980
2 2010-01-02          1             20 curry food       980
3 2010-01-01          2             15 NA    NA          NA
4 2010-01-02          2             24 NA    NA          NA
5 2010-01-01          3             41 beer  drink      450
6 2010-01-02          3             37 beer  drink      450
7 NA                  4             NA juice drink      200
8 NA                  5             NA bread food       500
```

★★★

4-7-8　３つのテーブルを結合させる分析事例

最後に、３つのテーブルを結合させたうえで、簡単な集計・可視化処理を行う分析事例を紹介します。

4-7-8-1　データの読み込み

まずはデータを読み込みます。

```
mst_sales <- read_csv("4-7-6-mst-sales.csv")
mst_shop <- read_csv("4-7-7-mst-shop.csv")
mst_product <- read_csv("4-7-8-mst-product.csv")
```

３つのデータを表示させます。コンソールのみ記載します。

```
> # 売上データ
> mst_sales
# A tibble: 100 x 4
   shop_id product_id sex    sales
     <dbl>      <dbl> <chr>  <dbl>
 1       1          1 male    1084
 2       1          1 female  1224
 3       2          1 male     826
 4       2          1 female  1048
 5       3          1 male     949
 6       3          1 female   992
 7       4          1 male     640
 8       4          1 female   753
 9       5          1 male     814
10       5          1 female   870
# ... with 90 more rows
> # 店舗情報
> mst_shop
# A tibble: 5 x 2
     id region
  <dbl> <chr>
1     1 Kanto
```

```
2     2 Kanto
3     3 Kanto
4     4 Kansai
5     5 Kansai
> # 商品情報
> mst_product
# A tibble: 10 x 4
      id name          price category
   <dbl> <chr>         <dbl>    <dbl>
 1     1 curry           980        1
 2     2 omurice         850        1
 3     3 hamburg_steak  1280        2
 4     4 beefsteak      1980        2
 5     5 chicken_saute   980        2
 6     6 tonkatsu       1180        2
 7     7 wine            450        3
 8     8 apple_juice     300        3
 9     9 cola            300        3
10    10 beer            400        3
```

店舗別、商品別、性別に発売個数を記録したものが mst_sales です。店舗 ID と店舗の地域を記録したものが mst_shop です。商品 ID と商品名、そして商品価格と商品カテゴリを記録したものが mst_product です。この 3 つのテーブルを結合させたうえで、集計処理を行います。

4-7-8-2 テーブルの結合

結合させるためのコードは以下の通りです。

```
join_data <- mst_sales %>%
  left_join(mst_shop, by = c("shop_id" = "id")) %>%
  left_join(mst_product, by = c("product_id" = "id")) %>%
  rename(product = name) %>%
  select(-product_id)
```

対象データ：mst_sales

第 1 段階　：left_join 関数で mst_shop テーブルと結合

第２段階　：left_join 関数で mst_product テーブルと結合
第３段階　：rename 関数で name 列を product 列へと、列名を変更
第４段階　：select 関数で product_id 列を除く
(製品名列があるので ID は不要とみなしました)

結果は以下のようになります。

```
> join_data
# A tibble: 100 x 7
   shop_id sex    sales region product price category
     <dbl> <chr>  <dbl> <chr>  <chr>   <dbl>    <dbl>
 1       1 male    1084 Kanto  curry     980        1
 2       1 female  1224 Kanto  curry     980        1
 3       2 male     826 Kanto  curry     980        1
 4       2 female  1048 Kanto  curry     980        1
 5       3 male     949 Kanto  curry     980        1
 6       3 female   992 Kanto  curry     980        1
 7       4 male     640 Kansai curry     980        1
 8       4 female   753 Kansai curry     980        1
 9       5 male     814 Kansai curry     980        1
10       5 female   870 Kansai curry     980        1
# ... with 90 more rows
```

店舗の情報、商品の情報、そして売り上げの情報を 1 つにまとめることができました。後は、この join_data を使って分析を進めます。

実際の集計処理に移る前に、表示のオプションを変更しておきます。下記のように実行すると、有効数字を 5 桁に増やすことができます。

```
# 有効数字を5桁に増やす
options(pillar.sigfig = 5)
```

4-7-8-3　最も売れている商品を調べる

まずは、最も売れている商品を調べます。商品の売上個数の合計値でソートします。

```
> # 最も売れている商品は（個数）
> join_data %>%
+   group_by(product) %>%
+   summarise(sum_sales = sum(sales)) %>%
+   arrange(desc(sum_sales))
# A tibble: 10 x 2
   product       sum_sales
   <chr>             <dbl>
 1 beer              17014
 2 chicken_saute     11729
 3 omurice            9541
 4 tonkatsu           9536
 5 curry              9200
 6 apple_juice        6996
 7 cola               4049
 8 hamburg_steak      3249
 9 wine                809
10 beefsteak           547
```

対象データ：join_data
第1段階　：group_by関数を適用してproduct別にグループ分けする
第2段階　：summarise関数を適用してsalesの合計値を計算する
第3段階　：arrange関数でsum_salesの降順で並び替える

最も売れているのはbeerであることがわかりました。しかし、上記の結果は「売上個数」での比較です。「売上個数×単価÷10000＝売上金額（万円）」で並び替えたものは以下のようになります。

```
> # 最も売れている商品は（金額：万円）
> join_data %>%
+   group_by(product) %>%
+   summarise(sum_prices = sum(sales * price / 10000)) %>%
+   arrange(desc(sum_prices))
# A tibble: 10 x 2
   product       sum_prices
   <chr>              <dbl>
 1 chicken_saute     1149.4
```

```
 2 tonkatsu        1125.2
 3 curry            901.6
 4 omurice          810.98
 5 beer             680.56
 6 hamburg_steak    415.87
 7 apple_juice      209.88
 8 cola             121.47
 9 beefsteak        108.31
10 wine              36.405
```

単価を加味すると、chicken_sauteが最も売れていることがわかりました。

4-7-8-4　最も売れている店舗を調べる

同様にして「最も多く売れている店舗」を調べます。group_by(product)をgroup_by(shop_id)に変更するだけです。

```
> # 最も売れているお店は(金額：万円)
> join_data %>%
+   group_by(shop_id) %>%
+   summarise(sum_prices = sum(sales * price / 10000)) %>%
+   arrange(desc(sum_prices))
# A tibble: 5 x 2
  shop_id sum_prices
    <dbl>      <dbl>
1       1     1358.5
2       5     1129.8
3       3     1097.3
4       2     1050.3
5       4      923.84
```

4-7-8-5　製品別・男女別・地域別の売上集計

最後に、製品別、男女別、地域別の売上集計値の棒グラフを描きます。

```
join_data %>%
  group_by(product, sex, region) %>%
```

```
  summarise(sales = sum(sales * price / 10000)) %>%
  ggplot() +
  geom_col(aes(x = product, y = sales, fill = sex),
           position = "dodge") +
  facet_grid( ~ region) +
  theme(axis.text.x = element_text(angle = 90, hjust = 1))
```

対象データ：join_data

第1段階　：group_by関数を適用してproduct, sex, region別にグループ分けする

第2段階　：summarise関数を適用して売上金額（万円）の合計値を計算する

第3段階　：ggplot()関数を使ったグラフ描画を行う。

グラフ描画のコードについて補足します。geom_colで棒グラフを描きます。aes(x = product, y = sales, fill = sex)とすることで、横軸が製品の種類、縦軸が売上金額（万円）、そして性別ごとに色分けをしています。facet_grid(~ region)とすることで地域別にグリッドを分割しています。最後にthemeを付け加えることで軸ラベルを90度回転させています。

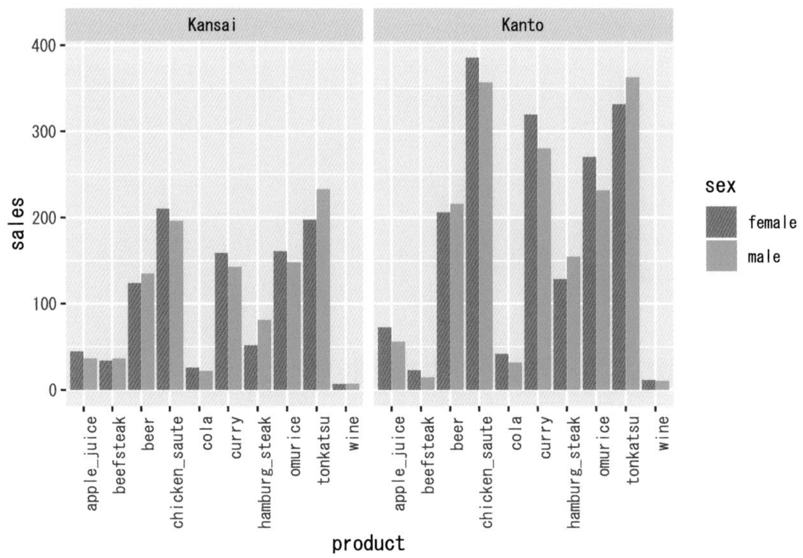

図4-17　商品別・地域別・性別の売上グラフ

この本は、R言語を用いたデータ分析のチュートリアルとなることを狙って執筆しました。この本を最後まで読了しても、Rのすべての機能を網羅的に理解できるわけではありません。しかし、R言語の豊富な機能の一端を垣間見ることはできるのではないかと思います。

Rの分析コードを手渡すと「呪文のようだ」とおっしゃられる方がいます。プログラムは確かに呪文のように見えるかもしれません。でも、これらの機能は魔法ではないし、練習をすれば多くの方が使える技術です。迷ったときは本書を読みなおしたり、ヘルプを参照したり、マニュアルに立ち戻ったりしてください。そうした日々を送っていたら、いつの間にかそれは「呪文」ではなくなっているはずです。

参考文献リスト

- Cory Althoff. (清水川貴之 監訳、新木雅也 訳). (2018). 独学プログラマー Python言語の基本から仕事のやり方まで. 日経BP社
- David N. Reshef・Yakir A. Reshef・Hilary K. Finucane・Sharon R. Grossman・Gilean McVean・Peter J. Turnbaugh・Eric S. Lander・Michael Mitzenmacher・Pardis C. Sabet. (2011). Detecting Novel Associations in Large Data Sets. Science. 334(6062): 1518-1524
- Dustin Boswell・Trevor Foucher. (角征典 訳). (2012). リーダブルコード―より良いコードを書くためのシンプルで実践的なテクニック. オライリージャパン
- Graham Upton, Ian Cook. (白幡慎吾 監訳). (2010). 統計学辞典. 共立出版
- Hadley Wickham. (2014). Tidy data. Journal of Statistical Software, 59 (10)
- Hadley Wickham. (石田基広・市川太祐・高柳慎一・福島真太朗 訳). (2016). R言語徹底解説. 共立出版
- Hadley Wickham・Garrett Grolemund. (黒川利明 訳、大橋真也 技術監修). (2017). Rではじめるデータサイエンス. オライリージャパン
- Jared P. Lander. (高柳慎一・津田真樹・牧山幸史・松村杏子・簑田高志 訳). (2018). みんなのR 第2版. マイナビ出版
- Norman Matloff. (大橋真也 監訳、木下哲也 訳). (2012). アート・オブ・Rプログラミング. オライリージャパン
- 石田基広. (2016). 改訂3版 R言語逆引きハンドブック. シーアンドアール研究所
- 粕谷英一. (1998). 生物学を学ぶ人のための統計のはなし～君にも出せる有意差～. 文一総合出版
- 粕谷英一. (2012). 一般化線形モデル. 共立出版
- 高橋康介. (石田基広 監修、市川太祐・高橋康介・高柳慎一・福島真太朗・松浦健太郎 編). (2018). 再現可能性のすゝめ. 共立出版
- 高橋信. (2004). マンガでわかる統計学. オーム社
- 高柳慎一・井口亮・水木栄. (金明哲 編). (2014). 金融データ解析の基礎. 共立出版
- 西原史暁. (2017). 整然データとは何か. 情報の科学と技術. 67(9): 448-453
- 馬場真哉. (2015). 平均・分散から始める一般化線形モデル入門. プレアデス出版
- 松原望・縄田和満・中井検裕. (東京大学教養学部統計学教室 編). (1991). 統計学入門. 東京大学出版会

- 松村優哉・湯谷啓明・紀ノ定保礼・前田和寛. (2018). Rユーザのための RStudio[実践]入門—tidyverseによるモダンな分析フローの世界—. 技術評論社
- 村井潤一郎. (2013). はじめてのR　ごく初歩の操作から統計解析の導入まで. 北大路書房
- 湊川あい. (DQNEO 監修). (2017). わかばちゃんと学ぶ　Git使い方入門〈GitHub、Bitbucket、SourceTree〉. シーアンドアール研究所
- 本橋智光. (株式会社ホクソエム 監修). (2018). 前処理大全[データ分析のためのSQL/R/Python実践テクニック]. 技術評論社

- magrittr - Ceci n'est pas un pipe「URL: https://cran.r-project.org/web/packages/magrittr/vignettes/magrittr.html」(2019年11月26日最終閲覧)
- magrittrのvignetteの訳「URL: https://qiita.com/nozma/items/9e52b446c813d7e92c8a」(2019年11月26日最終閲覧)
- 【翻訳】整然データ「URL: https://id.fnshr.info/2017/01/09/trans-tidy-data/」(2019年7月2日最終閲覧)

索引 INDEX

さ行

た行

な行

は行

ま行

や行

ら行

わ行

R リファレンス

R の標準機能

基本構文

R の操作

基本的なデータの型とその操作

ベクトルの作成と操作

行列の作成と操作

配列の作成と操作

データフレームの作成と操作

リストの作成と操作

時系列データの操作（lubridate のリファレンスも参照のこと）

入出力と文字列操作

データセット等

演算子

論理値型データの取り扱い

数値計算

基本集計

可視化と画像ファイルの出力

確率分布

推測統計

制御構文

関数の作成と例外処理

汎関数（関数を引数に取る関数）

Tidyverse

magrittr（パイプ演算子などを提供するパッケージ）

tibble（tibble というデータ構造を提供するパッケージ）

readr（データの読み書きを支援するパッケージ）

dplyr（さまざまなデータ操作を支援するパッケージ）

lubridate（日時の操作を支援するパッケージ）

hms（時間の操作を支援するパッケージ）

ggplot2（データの可視化を支援するパッケージ）

tidyr（整然データの作成を支援するパッケージ）